·2025全国一级建造师执业资格考试经典题荟萃·

建筑工程管理与实务
百题讲坛

主　编　龙炎飞

中国建设科技出版社有限责任公司
China Construction Science and Technology Press Co., Ltd.
北　京

图书在版编目（CIP）数据

建筑工程管理与实务百题讲坛/龙炎飞主编．
北京：中国建设科技出版社有限责任公司，2025.3.
（2025全国一级建造师执业资格考试经典题荟萃）．
ISBN 978-7-5160-4339-4

Ⅰ．TU71-44

中国国家版本馆 CIP 数据核字第 2024WK6859 号

建筑工程管理与实务百题讲坛
JIANZHU GONGCHENG GUANLI YU SHIWU BAITI JIANGTAN
主　编　龙炎飞

出版发行：中国建设科技出版社有限责任公司
地　　址：北京市西城区白纸坊东街2号院6号楼
邮　　编：100054
经　　销：全国各地新华书店
印　　刷：北京印刷集团有限责任公司
开　　本：787mm×1092mm　1/16
印　　张：17.5
字　　数：400千字
版　　次：2025年3月第1版
印　　次：2025年3月第1次
定　　价：99.80元

本社网址：www.jskjcbs.com，微信公众号：zgjskjcbs
请选用正版图书，采购、销售盗版图书属违法行为
版权专有，盗版必究。本社法律顾问：北京天驰君泰律师事务所，张杰律师
举报信箱：zhangjie@tiantailaw.com　举报电话：（010）63567684
本书如有印装质量问题，由我社事业发展中心负责调换，联系电话：（010）63567692

序 言

"2025全国一级建造师执业资格考试经典题荟萃"系列丛书共6册，分别为：

《市政公用工程管理与实务百题讲坛》　　　　胡宗强　主编
《建筑工程管理与实务百题讲坛》　　　　　　龙炎飞　主编
《机电工程管理与实务百题讲坛》　　　　　　杨海军　主编
《建设工程经济百题讲坛》　　　　　　　　　黄金芳　主编
《建设工程项目管理百题讲坛》　　　　　　　李　娜　主编
《建设工程法规及相关知识百题讲坛》　　　　唐　忍　主编

本系列丛书以"百题讲坛"的形式，筛选出历年有价值的经典题，并根据最新考纲编写了有针对性的模拟题，对其精准剖析，帮助考生掌握考点、全面了解命题思路及考试趋势，同时提高学习效率。

公共基础科目

"建设工程经济""建设工程项目管理"和"建设工程法规及相关知识"三门公共基础科目，全部为客观题，以如下编写原则，形成公共基础科目的"百题讲坛"：

① 紧跟命题趋势，直击得分核心；
② 甄选热点经典，全新精解精讲；
③ 考点分门别类，知识系统全面；
④ 更新标准规范，依据最新考纲。

市政公用工程管理与实务科目

本书进行了全面修订和更新，修订内容主要涉及题目的增补删改、解析内容的优化和知识点的调整。本书分为两部分：第一部分为52道经典一建案例题（2013—2024年）；第二部分为53道经典案例模拟题。本书通过对这105道案例题的深入解析，希望能够帮助考生厘清分析思路，揣摩命题考点，并掌握答题方法和技巧，从而事半功倍、攻克难关。

建筑工程管理与实务科目

本书通过对历年经典题和最新考纲的深入研究和把控，做了较大规模修改。本书分为两部分：第一部分为知识点索引，对应关联94道经典案例题，全面系统梳理关键考点；第二部分为94道经典案例题，结合最新标准规范和命题趋势，精准剖析，举一反三，对知识点纵横引申。

机电工程管理与实务科目

本书为2025"百题讲坛"新增科目，分为两部分：第一部分为70道一建经典案例题；第二部分为30道二建经典案例题。本书在精准剖析这100道案例题的基础上，每道案例题均增设了"分析思路及作答要求"，进一步根据现行标准规范对知识点进行拓展补充，以便考生学得系统全面，从而灵活应试。

本系列丛书的作者均为在教学一线工作多年的权威、资深专家，对考试和考生学习情况都十分了解，解析内容经反复推敲，力争精练准确。在"2025全国一级建造师执业资格考试经典题荟萃"系列丛书编写过程中，虽经反复推敲核正，仍难免有疏漏和不妥之处，恳请广大读者提出宝贵的意见和建议。

编 委 会
2025年1月

目 录

第一部分
案例题知识点索引

第二部分
经典案例题

案例 1　2024 年一建案例题一　……………………　13
案例 2　2024 年一建案例题二　……………………　15
案例 3　2024 年一建案例题三　……………………　19
案例 4　2024 年一建案例题四　……………………　21
案例 5　2024 年一建案例题五　……………………　24
案例 6　2023 年一建案例题一　……………………　27
案例 7　2023 年一建案例题二（有删减）　………　31
案例 8　2023 年一建案例题三（有改动）　………　33
案例 9　2023 年一建案例题四（有改动）　………　37
案例 10　2023 年一建案例题五　……………………　39
案例 11　2022 年一建案例题一　……………………　42
案例 12　…………………………………………………　48
案例 13　2022 年一建案例题三（有改动）　………　50
案例 14　2022 年一建案例题四　……………………　54
案例 15　2022 年一建案例题五（有改动）　………　57
案例 16　2021 年一建案例题一　……………………　62
案例 17　2021 年一建案例题二（有改动）　………　66
案例 18　2021 年一建案例题三　……………………　68
案例 19　2021 年一建案例题四（有改动和删减）　……　73
案例 20　2021 年一建案例题五　……………………　76
案例 21　2020 年一建案例题二　……………………　80

案例 22	2020年一建案例题三（有改动）	82
案例 23	2020年一建案例题四	85
案例 24	2020年一建案例题五（改动大）	89
案例 25	2019年一建案例题一（有改动）	92
案例 26	2019年一建案例题二	95
案例 27		99
案例 28	2019年一建案例题四	102
案例 29	2019年一建案例题五（改动大）	106
案例 30	2018年一建案例题一	108
案例 31	2018年一建案例题三（有改动）	110
案例 32	2018年一建案例题五（有改动）	113
案例 33	2017年一建案例题一（改动大）	118
案例 34		121
案例 35	2017年一建案例题三（有改动）	123
案例 36	2017年一建案例题五（有改动）	125
案例 37	2016年一建案例题一	128
案例 38	2016年一建案例题五（有改动）	131
案例 39	2015年一建案例题一（有改动）	135
案例 40		138
案例 41	2015年一建案例题五（改动大）	141
案例 42	2014年一建案例题一	143
案例 43	2014年一建案例题二（有改动）	146
案例 44	2014年一建案例题四（有改动）	149
案例 45		153
案例 46		155
案例 47	2014年一建案例题五（有改动）	158
案例 48	2013年一建案例题一	160
案例 49		164
案例 50		166
案例 51	2010年一建案例题一（改动大）	168
案例 52		171
案例 53		174
案例 54		176
案例 55		180
案例 56		183
案例 57		187
案例 58		190
案例 59		193

案例 60	195
案例 61	198
案例 62	201
案例 63	202
案例 64	204
案例 65	206
案例 66	208
案例 67	212
案例 68	214
案例 69	216
案例 70	219
案例 71	221
案例 72	225
案例 73	227
案例 74	230
案例 75	233
案例 76	236
案例 77	239
案例 78	241
案例 79	243
案例 80	245
案例 81	248
案例 82	250
案例 83	252
案例 84	254
案例 85	256
案例 86	258
案例 87	260
案例 88	262
案例 89	264
案例 90	266
案例 91	267
案例 92	269
案例 93	270
案例 94	271

第一部分
案例题知识点索引

案例题序号	知识点索引
1	（1）施工机具名称及使用先后顺序 （2）太阳能、空气能利用技术 （3）常见的传统能源 （4）施工阶段能源用量的计算方法 （5）施工阶段碳排放计算边界
2	（1）网络计划及工期索赔 （2）基坑支护 （3）施工资料责任部门 （4）受冻临界强度 （5）低温型灌浆料温度要求
3	（1）现场质量检查的"三检"制度、现场试验法 （2）叠合板预制构件进场后实体检验内容 （3）填充墙与主体结构交接处裂缝及防治措施 （4）装饰抹灰质量问题、幕墙工程安全和功能检测项目 （5）围护结构子分部工程包括的分项工程
4	（1）工程量清单计价的强制性内容 （2）投标文件对招标文件的实质性响应内容 （3）违法分包 （4）目标成本、专项施工成本分析内容 （5）结算造价计算
5	（1）基础工程施工安全控制的主要内容 （2）检测试验计划内容、混凝土标准养护设施 （3）施工安全检查内容、最常发生的安全事故类别 （4）脚手架工程专项施工方案中脚手架计算书内容和设计图纸 （5）项目管理绩效评价过程和评价指标

续表

案例题序号	知识点索引
6	(1)《建设工程质量检测管理办法》（住房城乡建设部令第57号） (2) 混凝土质量缺陷 (3) 基础防水构造图例 (4) 混凝土孔洞治理工艺流程
7	(1) 双代号网络图关键路线和工期 (2) 成倍节拍流水施工 (3) 施工过程质量检测试验参数 (4) 主体结构分部工程验收参加人员 (5) 混凝土结构实体检验项目
8	(1) 工程质量策划 (2) 桩身完整性检测 (3) 钢筋连接接头、钢筋直螺纹接头加工和安装质量检测专用工具 (4) 屋面卷材流淌原因 (5) 钉钉子法
9	(1) 土建施工图纸 (2) 施工平面管理总体要求 (3) 工程造价计算 (4) 单位工程量成本比较法、施工机械设备选择的原则 (5) 劳动力投入量计算、编制劳动力需求计划考虑因素
10	(1) 安全检查形式，作业班组安全检查时间 (2) 塔吊布置需考虑因素，塔吊一般项目内容 (3) 钢结构施工高处作业安全防护，防护栏杆条纹警戒标示颜色 (4) 临时用电管理 (5) 绿色建筑评价
11	(1)《房屋建筑和市政基础设施工程危及生产安全施工工艺、设备和材料淘汰目录（第一批）》 (2) 混凝土同条件养护试件的等效龄期 (3) 混凝土强度评定方法（依据《混凝土强度检验评定标准》GB/T 50107—2010） (4) 填充墙施工记录图
12	(1) 调整双代号网络计划 (2) 标准化临时设施 (3) 预应力构件拆除底模及支架的前置条件 (4) 单位工程质量验收合格标准 (5) 工程质量控制资料缺失的处理方式
13	(1) 沉管灌注桩施工方法、成桩过程 (2) 大体积混凝土温控指标、竖向测温点 (3) 混凝土表面缺陷、拆底模和支架强度要求、重大事故隐患判定 (4) 装饰图纸"三交底"、施工质量管理"三检制"

第一部分 案例题知识点索引

续表

案例题序号	知识点索引
14	（1）招标文件改错 （2）施工企业签署的工程合同类型 （3）分摊其规税和合同价计算 （4）地砖用量、原价，物资采购合同标的内容 （5）建筑工人进场条件、纳入实名制管理人员（《建筑工人实名制管理办法（试行）》）
15	（1）施工企业安全生产管理制度 （2）满堂脚手架安全检查评定保证项目、一般项目 （3）混凝土浇筑过程安全隐患主要表现形式 （4）民用建筑室内各部位装修材料的燃烧性能 （5）室内环境污染物检测抽检房间及数量要求 （6）室内环境污染物种类及浓度限量标准
16	（1）《住房和城乡建设部等部门关于加快培育新时代建筑产业工人队伍的指导意见》 （2）常用高分子防水卷材类型 （3）屋面隔离层材料，屋面淋水、蓄水试验 （4）倒置式屋面构造层
17	（1）变形测量精度、基准点类型及设置要求 （2）混凝土表面收缩裂缝现象及原因 （3）地面瓷砖面层施工工艺 （4）建筑内部装修工程验收
18	（1）工程施工组织方式、流水施工的工艺参数和时间参数 （2）施工总平面布置图设计要点、布置施工升降机应考虑的条件和因素 （3）根据实际进度前锋线分析进度实际进展情况 （4）根据实际进度前锋线重新绘制调整后的双代号时标网络计划 （5）主体结构验收工程实体应具备条件、施工方应参加人员
19	（1）预付款、起扣点计算 （2）用总费用法计算索赔金额 （3）施工机械设备供应渠道、机械设备使用成本费用中的固定费用 （4）检验试验索赔事项
20	（1）"临时用电组织设计"、临时用电管理 （2）劳动防护用品 （3）脚手架拆除作业安全管理要点 （4）检测试验参数、确定抽检频次条件 （5）围护结构子分部工程所包含分项工程、墙体保温隔热材料复验指标
21	（1）各类施工进度计划编制改错、施工总进度计划中编制说明的内容 （2）双代号网络图逻辑关系调整后的表示方法、工期、关键线路 （3）进度事后控制的措施 （4）主体结构包含分项工程内容、结构实体检验内容

续表

案例题序号	知识点索引
22	（1）静力压桩法、桩身完整性分类、Ⅱ类桩的缺陷特征 （2）材料质量验证记录、材料质量控制环节 （3）装配式叠合构件钢筋工程隐蔽验收内容 （4）资料移交
23	（1）招投标改错 （2）混凝土泄洪沟签证费用计算 （3）因素分析法 （4）检验试验费、保管费 （5）钢筋综合单价调整
24	（1）安全检查评分表、安全检查评定结论、安全检查评定依据 （2）安全检查形式 （3）宿舍 （4）绿色建筑评价
25	（1）根据混凝土配合比计算各组分材料重量 （2）跳仓法施工时，封仓顺序 （3）大体积混凝土竖向测温点（基础底板） （4）混凝土输送和布料设备
26	（1）专家论证（住房城乡建设部令第37号） （2）成倍节拍流水施工 （3）进度计划监测方法 （4）实际进度前锋线 （5）门窗工程包含分项工程内容、门窗工程有关安全和功能检测项目
27	（1）施工质量管理记录内容（问答） （2）现场消防安全责任，灭火器设置位置 （3）填充墙与主体连接改错，拉拔试验 （4）屋面卷材铺贴方法、铺贴顺序和方向（问答）
28	（1）《建设工程施工合同（示范文本）》 （2）预付款、起扣点、进度款 （3）物资采购合同的重点条款、合同标的内容 （4）施工劳动力计划编制要求、劳动力使用不均衡出现的问题 （5）设计变更的步骤、索赔
29	（1）冬期施工基础底板混凝土养护方法及温控指标 （2）脚手架荷载分类，作业脚手架分类 （3）电气焊场所防火要求、气瓶的使用 （4）绿色建筑评价
30	（1）现场平面布置 （2）文明施工宣传方式

续表

案例题序号	知识点索引
31	(1) 土方回填施工 (2) 后浇带施工主要技术措施 (3) 钢筋套筒灌浆质量要求、灌浆料标养试块、坐浆料标养试块、外墙板接缝淋水试验 (4) 项目进度报告
32	(1) 施工机械设备选择的原则和方法、塔吊试吊检查内容 (2) 安全生产费用内容、需编制高处作业安全技术措施的高处作业项 (3) 施工检测试验计划 (4) 节能与能源利用中的用电项 (5) 室内消防给水系统
33	(1) 进度事前控制内容 (2) 工期压缩 (3) 地下工程水泥砂浆防水层 (4) 室内环境污染物类型及检测时间
34	(1) 项目质量计划内容 (2) 分项工程和检验批划分依据 (3) 重大危险源控制系统 (4) 屋面卷材割补法工艺
35	(1) "五牌一图" (2) 基础底板钢筋绑扎 (3) 安全事故调查 (4) 经常性安全检查形式
36	(1) 需要专家论证的专项施工方案（住房城乡建设部2018年第31号文） (2) 排桩形式 (3) 重点部位防火图例找错（模板堆、电线杆） (4) 混凝土结构实体检验正确做法、回弹-取芯法判定混凝土强度合格标准 (5) 单位工程质量竣工验收记录表
37	(1) 泥浆护壁钻孔灌注桩 (2) 变形测量异常情况及采取措施 (3) 无节奏流水施工绘图 (4) 安全检查要求
38	(1) 消火栓的布置要求、供水系统内容 (2) 总用水量计算、管径计算 (3) 同条件养护试件（依据《混凝土结构工程施工质量验收规范》GB 50204—2015附录C） (4) 塔吊混凝土基础

续表

案例题序号	知识点索引
39	（1）施工总进度计划内容 （2）绘制调整后双代号网络图、关键线路、工期计算 （3）索赔 （4）新型保温材料施工前的程序性工作、节能分部工程验收规定
40	（1）办理施工许可证前，总包单位需完成保证工程质量和安全的技术文件与手续 （2）实施工业产品生产许可证管理的建筑材料 （3）预付款、起扣点、索赔费用组成 （4）劳务用工管理
41	（1）检测试验管理制度、抽检频次确定的依据 （2）施工总平面图布置 （3）临时用电组织设计 （4）塔吊试吊
42	（1）双代号时标网络计划、总时差计算、工期索赔 （2）费用索赔一览表改错 （3）材料 ABC 分类法
43	（1）钢筋强屈比、超屈比、重量偏差 （2）检验批一般项目验收 （3）悬挑式操作平台、三违 （4）涂饰工程质量通病
44	（1）招标行为改错 （2）中标造价计算及分类 （3）安全文明施工费支付及组成 （4）项目安全生产领导小组组成 （5）优先受偿权
45	（1）单位工程进度计划编制步骤 （2）施工总平面图设计要点、标明内容 （3）屋面网架安装方法、钢构件堆场应具备的条件 （4）室内环境质量验收
46	（1）合同管理工作及原则 （2）铆焊设备 （3）价值工程 （4）索赔：涉及不可抗力、新材料检验试验费、总承包服务费、垫资利息等
47	（1）文明施工内容 （2）灭火器摆放 （3）竣工结算价款调整方法 （4）调值公式

第一部分 案例题知识点索引

续表

案例题序号	知识点索引
48	（1）横道图转化双代号网络计划、关键线路 （2）等节拍流水施工 （3）计算劳动力投入量、编制劳动力需求计划需考虑参数 （4）专业分包和劳务分包范围
49	（1）综合单价、预付款 （2）砂石地基所用原材料、施工过程中检查内容 （3）楼板混凝土收缩裂缝原因及防治措施 （4）索赔（降排水费增加）、索赔起因
50	（1）平面控制测量程序 （2）防火设施平面布置改错 （3）降水回收利用技术、选择土方机械考虑因素 （4）施工升降机安全检查项目（保证项目、一般项目）
51	（1）工期计算、关键线路 （2）分包与业主关系 （3）现浇混凝土模板支撑体系施工主要安全隐患 （4）成倍节拍流水施工
52	（1）流水施工 （2）《建设工程质量检测管理办法》（住房城乡建设部令第57号） （3）脚手架验收内容、危大工程验收参与人员 （4）起重吊装保证项目和一般项目，安全评定等级
53	（1）其他项目清单、预付款保函 （2）模板支撑工程超危大标准 （3）专家论证 （4）钢筋机械连接接头 （5）塔吊停止作业的恶劣天气及重新起吊时的试吊 （6）危险源辨识方法、重大危险源类型
54	（1）流水施工 （2）见证与取样（依据《建筑工程检测试验技术管理规范》JGJ 190—2010） （3）后浇带浇筑及养护措施 （4）填充墙施工方案改错
55	（1）制造成本法和完全成本法计算施工项目成本 （2）夜间施工时间段、噪声限值、施工前准备工作 （3）价款调整计算 （4）费用索赔（不可抗力） （5）室内环境质量验收（建筑分类、检测污染物名称）

续表

案例题序号	知识点索引
56	（1）屋面基层与保护工程 （2）流水施工流水步距计算、工期计算、横道图绘制 （3）施工进度计划调整步骤 （4）钢筋机械连接常用工具 （5）底模拆除时的混凝土强度要求
57	（1）专家论证施工方应参加人员、专家论证内容 （2）子分部工程划分依据、分部工程验收合格标准 （3）女儿墙根部卷材漏水 （4）归档文件质量要求
58	（1）双代号网络图调整 （2）设备租赁时长计算 （3）单位工程施工进度计划
59	（1）清单投标报价的"五统一" （2）施工检测试验计划编制和审批 （3）钢筋原材复试项目 （4）强度等级不同构件的混凝土浇筑 （5）竣工验收程序
60	（1）招标文件改错 （2）一般措施费用项目 （3）转包及违法分包 （4）索赔（不可抗力、设计变更）
61	（1）项目部组建步骤 （2）安全专项施工方案 （3）混凝土浇筑前，模板分项工程检查内容 （4）混凝土浇筑及振捣
62	（1）土方机械选择依据 （2）塔吊遇停电时应采取的措施 （3）后张法预应力梁模板拆除 （4）安全事故、交叉作业时的安全隔离措施
63	（1）工程造价计算 （2）钢筋分项工程 （3）劳务工人实名制管理 （4）施焊作业
64	（1）单位工程施工组织设计的内容、审批人 （2）实际进度前锋线 （3）结合实际进度的工期索赔

第一部分 案例题知识点索引

续表

案例题序号	知识点索引
65	(1) 文明施工保证项目 (2) 消防器材配备 (3) 模板支撑体系搭设 (4) 移动式操作平台
66	(1) 安全专项施工方案 (2) 钢筋进场复验 (3) 节能分部工程验收 (4) 室内环境质量验收
67	(1) 施工组织设计编制、审批 (2) 混凝土强度等级达不到设计要求原因分析 (3) 双代号网络图总时差、自由时差、关键线路及工期 (4) 工期索赔（结合总时差计算）
68	(1) 绿色施工创新技术 (2) 混凝土抗压强度标养试件和抗渗试件 (3) 设备供应合同 (4) 竖向洞口和水平洞口
69	(1) 重大危险源风险分析评价内容 (2) 重大危险源管理的组织措施 (3) 泥浆护壁钻孔灌注桩 (4) 钢筋冷拉调直 (5) 机械设备使用管理制度
70	(1) 文明施工管理要求、劳动防护用品 (2) 混凝土工程安全控制内容 (3) 灭火器 (4) 电梯井口防护
71	(1) 基坑监测 (2) 绘制双代号网络计划 (3) 费用索赔 (4) 竣工日期、竣工结算
72	(1) 围挡设置 (2) 基坑临边 (3) 施工组织设计修改 (4) 分部工程验收
73	(1) 临时用水类型 (2) 节能与能源利用技术要点 (3) 砂浆试块强度代表值、强度验收判定 (4) 消防器材配备 (5) 室内环境污染物浓度检测

续表

案例题序号	知识点索引
74	(1) 支护结构 (2) 基坑降水 (3) 专项方案内容 (4) 大体积混凝土 (5) 安全技术交底
75	(1) 泥浆护壁钻孔灌注桩改错、桩身完整性检测方法 (2) 泥浆护壁灌注桩坍孔原因 (3) 基坑支护结构变形观测 (4) 混凝土小型空心砌块
76	(1) 锤击沉桩法终止沉桩 (2) 从业人员实名制监管数据 (3) 常见职业病、职业健康检查 (4) 脚手架拆除改错
77	(1) 基坑降水方式、降水深度、截水帷幕 (2) 基坑支护选型的依据 (3) 赢得值法 (4) 资料组卷
78	(1) 固定总价合同 (2) 装配式混凝土结构专项方案内容、预制构件堆放 (3) 工程资料 (4) 调值公式
79	(1) 劳动合同、劳务用工档案 (2) 主体结构验收程序改错、验收需检查的工程资料 (3) 竣工结算支付申请、拖欠款利息 (4) 项目成本考核内容
80	(1) 灌注桩排桩支护 (2) 土方开挖安全要点、选择土方机械的依据 (3) 起拱、底模拆除构件强度 (4) 箍筋加密区钢筋接头、粗骨料最大粒径
81	(1) 新上岗操作工人安全教育培训 (2) 安全防护设施验收资料、落地式操作平台 (3) 专职安全员安全生产职责 (4) 外围护部品隐蔽工程验收对象 (5) 外墙板防水密封材料嵌填质量要求
82	(1) 《绿色建造技术导则（试行）》（建办质〔2021〕9号） (2) 机械数量计算 (3) 塔式起重机保证项目 (4) 装配式混凝土结构

续表

案例题序号	知识点索引
83	（1）物料提升机 （2）起重吊装保证项目 （3）基坑检查评分表计算 （4）"三定"原则、安全检查方法、移动式操作平台 （5）安全防护设施验收内容
84	（1）目标成本计算及分解方法 （2）总包合同管理内容、总包单位对分包单位进行安全检查和考核的内容 （3）地下防水混凝土施工及施工缝渗漏水原因 （4）价值工程
85	（1）钢筋代换、箍筋弯钩 （2）钢构件加工前应完成的工作 （3）预制墙板现场试验与测试、外墙板接缝处淋水试验 （4）建筑垃圾回收利用
86	（1）特种作业操作资格证 （2）塔吊和物料提升机的安全防护装置 （3）施工电梯投入使用前检查内容、需停止作业的恶劣天气 （4）安全检查评分
87	（1）基坑验槽 （2）钢筋加工 （3）后浇带两侧模板及竖向施工缝处理 （4）模板工程重大事故隐患 （5）设备设施安全验收检查对象
88	（1）工程量清单计价特点 （2）基坑工程专项施工方案 （3）高强度螺栓连接 （4）幕墙子分部工程安全和功能检测项目
89	（1）申请领取施工许可证条件 （2）企业安全生产费用 （3）钢桩施工结束后检验内容 （4）建筑垃圾监管技术
90	（1）工程进度检查内容 （2）施工进度调整的内容 （3）地基基础包含子分部工程、地下防水子分部工程包括的分项工程 （4）预制构件进场实体检验 （5）建筑节能分部工程验收合格条件

续表

案例题序号	知识点索引
91	（1）主要材料月度需求计划内容 （2）岗前教育培训内容 （3）人工挖孔桩安全控制要点 （4）不合格材料退场记录
92	材料单价
93	价值工程
94	网络图转化流水施工

第二部分
经典案例题

案例1 2024年一建案例题一

▶▶ **知识点索引**

（1）施工机具名称及使用先后顺序
（2）太阳能、空气能利用技术
（3）常见的传统能源
（4）施工阶段能源用量的计算方法
（5）施工阶段碳排放计算边界

背 景 资 料

某新建保障房项目，单位工程为地下2层，地上9~12层，总建筑面积15.5万 m^2，施工总承包单位按照合同组建项目部进场施工。项目部根据工程计划进场的混凝土搅拌运输车、串筒等部分混凝土和土方施工机具照片如下图所示。

项目部编制的绿色施工方案中，采用太阳能热水技术等施工现场绿色能源技术以减少施工阶段的碳排放。对建造阶段的碳排放进行计算，采用施工能耗清单统计法对施工阶段的能源用量进行估算，以确定施工阶段的用电等产生碳排放的传统源消耗量。工程施工阶段碳排放的计算边界确定为：

（1）碳排放计算时间从垫层施工起至项目竣工验收止。
（2）建筑施工场地区域内外的机械设备等使用过程中消耗的能源产生的碳排放应计入。
（3）现场搅拌的混凝土和砂浆产生的碳排放应计入，现场制作的构件和部品产生的碳排放不计入。
（4）建造阶段使用的办公用房、生活用房和材料库房等临时设施的施工、使用和拆除过程中消耗的能源产生的碳排放不计入。

监理工程师在审查绿色施工方案时，提出以上方案内容存在不妥之处，要求整改。

混凝土和土方施工机具

问题1：写出图中 B~F 处的施工机具名称。（如：A 混凝土搅拌运输车）
【答案】
B 混凝土固定泵；C 布料机；D 串筒；E 振捣棒；F 反铲挖掘机。

问题2：写出图中用于混凝土浇筑施工的机具使用先后顺序（表示为：A—B）。混凝土浇筑自由倾落高度不满足要求时，除串筒外，可以使用的机具还有哪些？
【答案】
（1）混凝土施工机具使用先后顺序：A—B—C—D—E。
（2）溜管、溜槽。

问题3：施工现场太阳能、空气能利用技术还有哪些？施工现场常用的传统能源还有哪些？
【答案】
（1）施工现场太阳能、空气能利用技术还有：施工现场太阳能光伏发电照明技术、空气能热水技术。
（2）施工现场常用的传统能源还有：汽油、柴油、燃气等。

知识点 引申

绿色施工技术

（1）绿色施工技术包括：施工现场水收集综合利用技术、建筑垃圾减量化与资源化利用技术、施工现场太阳能/空气能利用技术、施工扬尘控制技术、施工噪声控制技术、工具式定型化临时设施技术、垃圾管道垂直运输技术。

（2）施工现场水收集综合利用技术包括：基坑施工降水回收利用技术、雨水回收利用技术、现场生产和生活废水回收利用技术。

（3）可回收的建筑垃圾包括：散落的砂浆和混凝土、剔凿产生的砖石和混凝土碎块、打桩截下的钢筋混凝土桩头、砌块碎块、废旧木材、钢筋余料、塑料等。

问题 4：施工阶段的能源用量计算方法选择是否妥当？说明理由。

【答案】

施工阶段的能源用量计算方法选择：不妥当。

理由：施工能耗清单统计法无法在施工前估算，只能是现场统计汇总。能源总用量估算宜采用施工工序能耗估算法。

知识点 引申

建造阶段碳排放计算方法

建造阶段碳排放的关键在于确定施工阶段的电、汽油、柴油、燃气等能源的消耗量，方法主要有两种：

（1）施工工序能耗估算法。根据各分部分项工程和措施项目的工程量、单位工程的机械台班消耗量和单位台班机械的能源用量逐一计算，汇总得到建造阶段能源总用量。

（2）施工能耗清单统计法，即通过现场电表、汽油和柴油的计量进行统计，汇总得到建造阶段的实测总能耗。根据现场实测数据计算，理论上可行，结果准确可靠，但无法在施工前估算。

建造阶段的能源总用量宜采用施工工序能耗估算法计算。

问题 5：改正施工阶段碳排放计算边界中的不妥之处。

【答案】

改正 1：施工阶段碳排放计算时间从项目开工起至项目竣工验收止。

改正 2：建筑施工场地区域内的机械设备等使用过程中消耗的能源产生的碳排放应计入，区域外的机械设备不应计入。

改正 3：现场制作的构件和部品产生的碳排放应计入。

改正 4：建造阶段使用的办公用房、生活用房和材料库房等临时设施使用消耗的能源产生的碳排放应计入。

案例 2 2024 年一建案例题二

▶▶ **知识点索引**

（1）网络计划及工期索赔

（2）基坑支护

（3）施工资料责任部门

(4)受冻临界强度
(5)低温型灌浆料温度要求

背景资料

某商品住宅项目,地下 2 层,地上 12~18 层,装配式剪力墙结构,总建筑面积 8.4 万 m^2。施工总承包单位中标后组建项目部进场施工。

项目部编制了网络进度计划,如下图所示。施工过程中发生了以下事件:① 由于设计变更,致使工作 E 工程量增加,作业时间延长 2 周;② 施工单位的施工机械出现故障,需订购零部件替换,致使工作 G 作业时间延长 1 周。

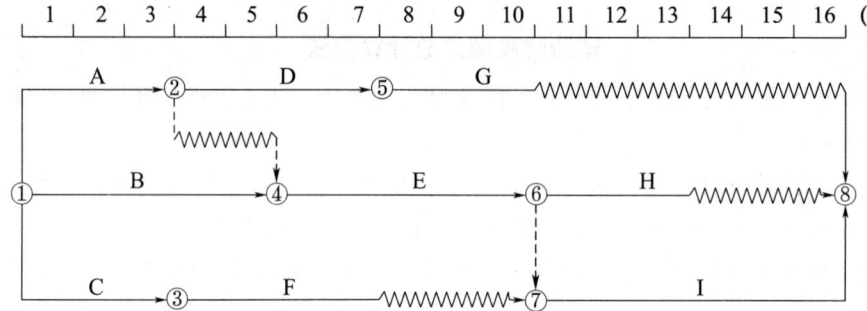

公司技术部门在审核基坑专项施工方案时,提出以下内容存在不妥之处,要求修改:

(1)灌注桩桩身设计强度等级 C20,采用水下灌注时提高一个等级。

(2)高压旋喷桩截水帷幕与灌注桩排桩净距小于 200mm,先施工截水帷幕,后施工灌注桩。

(3)灌注桩顶部泛浆高度不大于 300mm,节约混凝土用量。

(4)基坑内支撑的拆除顺序根据现场施工工况调整。

(5)项目部委托具备相应资质的第三方进行基坑监测。

项目技术负责人组织编制了项目工程资料管理方案,明确项目部工程、技术、质量、物资、商务等部门在工程资料形成过程中的职责分工。专业资料管理人员整理的部分工程资料统计见下表。

项目工程资料统计表(部分)

资料名称	责任部门(岗位)
分项工程和检验批的划分方案	A
分包单位资质报审表	B
施工日志	C
施工物资资料	物资
建设工程质量事故报告书	D
单位工程观感质量检查记录	E

冬期施工方案中规定：①基础底板采用 C40P6 抗渗混凝土，养护期间按规定进行温度测量；②预制墙板钢筋套筒灌浆连接采用低温型灌浆料。监理工程师要求项目部密切关注施工环境温度和灌浆部位温度，底板混凝土在达到受冻临界强度后方可停止测温。

问题1：指出上图（调整前）的关键线路（采用工作方式表达，如 A→B）和工作 A、工作 F 的总时差。分别答出事件①、②工期索赔是否成立？

【答案】
（1）关键线路为：B→E→I。
（2）工作 A 的总时差为 2 周；工作 F 的总时差为 3 周。
（3）事件①工作 E 索赔 2 周成立，事件②工作 G 索赔 1 周不成立。

问题2：指出项目部基坑专项施工方案中不妥之处的正确做法。

【答案】
正确做法1：桩身混凝土强度等级不宜低于 C25。
正确做法2：采用高压旋喷桩时，应先施工灌注桩，再施工高压旋喷截水帷幕。
正确做法3：灌注桩顶应充分泛浆，高度不应小于 500mm。
正确做法4：基坑内支撑拆除顺序应与支撑结构的设计工况一致，严格执行先撑后挖的原则。
正确做法5：建设单位委托具备相应资质的第三方进行基坑监测。

知识点 引申

内支撑

（1）内支撑包括钢筋混凝土支撑和钢支撑。
（2）支撑系统的施工与拆除顺序应与支撑结构的设计工况一致，严格执行先撑后挖的原则。立柱穿过主体结构底板，以及支撑穿越地下室外墙的部位应有止水构造措施。
（3）钢筋混凝土支撑拆除，可采用机械拆除、爆破拆除，爆破孔宜采取预留方式。爆破前应先切割支撑与围檩或主体结构连接的部位。

问题3：指出表中 A、B、C、D、E 处对应的责任部门（岗位）。

【答案】
A：技术；B：商务；C：工程；D：质量；E：质量。

知识点 引申

施工管理资料（C1）责任部门（岗位）

（1）施工检测试验计划、分项工程和检验批的划分方案、检测设备检定证书登记台账：责任部门（岗位）为技术部门（岗位）。
（2）企业资质证书及相关专业人员岗位证书、特种作业人员证书复印件、分包单位资质报审表、分包资质证书及相关专业人员岗位证书：责任部门（岗位）为商务部门（岗位）。

(3) 施工日志、工程开工报审表、监理工程师通知回复单：责任部门（岗位）为工程部门（岗位）。

(4) 施工现场质量管理检查记录、建设工程质量事故调查/勘察记录、建设工程质量事故报告书：责任部门（岗位）为质量部门（岗位）。

问题4：指出基础底板抗渗混凝土的最小受冻临界强度值。
【答案】
基础底板抗渗混凝土的最小受冻临界强度值为20MPa。

知识点 引申

受冻临界强度

(1) 采用蓄热、暖棚法、加热法等施工的普通混凝土，采用硅酸盐水泥、普通硅酸盐水泥配制时，其受冻临界强度不应小于设计混凝土强度等级的30%；采用矿渣硅酸盐水泥、粉煤灰硅酸盐水泥、火山灰质硅酸盐水泥、复合硅酸盐水泥时，不应小于设计混凝土强度等级的40%。

(2) 当室外最低气温不低于−15℃时，采用综合蓄热法、负温养护法施工的混凝土受冻临界强度不应小于4.0MPa；当室外最低气温不低于−30℃时，采用负温养护法施工的混凝土受冻临界强度不应小于5.0MPa。

(3) 对强度等级等于或高于C50的混凝土，不宜小于设计混凝土强度等级值的30%。

(4) 对有抗渗要求的混凝土，不宜小于设计混凝土强度等级值的50%。

问题5：分别指出低温型灌浆料施工开始24h内的灌浆部位温度、施工环境温度最低要求值。
【答案】
(1) 低温型灌浆料施工开始24h内的灌浆部位温度最低要求：−5℃。
(2) 低温型灌浆料施工环境温度最低要求：0℃。

知识点 引申

依据《钢筋套筒灌浆连接应用技术规程》 JGJ 355—2015（2023年版）6.3.7A 条摘选
常温型灌浆料的使用

(1) 当日平均气温高于25℃时，应测量施工环境温度、灌浆料拌合物温度；当日最高气温低于10℃时，应测量施工环境温度、灌浆部位温度及灌浆料拌合物温度。

(2) 灌浆料拌合物温度不应低于5℃，不宜高于30℃。

(3) 当灌浆施工开始前的气温、施工环境温度低于5℃时，应采取加热及封闭保温措施，宜确保从灌浆施工开始24h内施工环境温度、灌浆部位温度不低于5℃，之后宜继续封闭保温2d。

低温型灌浆料的使用

（1）当连续 3d 的施工环境温度、灌浆部位温度的最高值均低于 10℃ 时，可采用低温型灌浆料。

（2）灌浆施工过程中的施工环境温度、灌浆部位温度不应高于 10℃。

（3）应采取封闭保温措施确保灌浆施工过程中施工环境温度不低于 0℃，确保从灌浆施工开始 24h 内灌浆部位温度不低于 −5℃。

案例 3　2024 年一建案例题三

▶▶ 知识点索引

（1）现场质量检查的"三检"制度、现场试验法

（2）叠合板预制构件进场后实体检验内容

（3）填充墙与主体结构交接处裂缝及防治措施

（4）装饰抹灰质量问题、幕墙工程安全和功能检测项目

（5）围护结构子分部工程包括的分项工程

背景资料

某施工单位中标新建教学楼工程，建筑面积 2.46 万 m^2，地上 4 层。钢筋混凝土框架-剪力墙结构，部分楼板采用预制钢筋混凝土叠合板，砌体采用空心混凝土砌块，外立面为玻璃和石材幕墙，部分内墙采用装饰抹灰工艺。

项目部建立了质量保证体系并制定质量管理制度，要求施工重要工序和关键节点工序交接检查时严格执行"三检"制度，采用目测法、实测法及试验法对现场工程质量进行检查。

叠合板预制构件未进行结构性能检验，无驻厂监督生产。进场后，项目部会同监理工程师按规定对叠合板预制构件主要受力钢筋规格等项目进行实体检验，合格后批准使用。

项目部在自检中发现填充墙与主体结构交接处出现裂缝，技术人员制定了包括柱或墙边设置间距 500mm 的 2φ6 钢筋、里口用半砖斜砌墙等专项防治措施，要求现场严格执行。

公司在装饰抹灰检查中发现有抹灰层脱层、空鼓、面层爆灰、裂缝、表面不平整、接槎和抹纹明显等与一般抹灰相同的质量通病；在检查幕墙安全和功能检验资料时发现，只有硅酮结构胶相容性和剥离粘结性、幕墙气密性和水密性等检验项目报告。

施工完成后，项目部对建筑节能工程的所有分部分项工程进行了验收，符合要求后提交了竣工预验收申请。

问题 1：现场质量检查的"三检"制度是哪三检？现场试验法检查的两种方法是什么？

【答案】

（1）"三检"制度：自检、互检、专检。

（2）现场试验法检查的两种方法：理化试验和无损检测。

知识点 引申

施工质量检查内容与方法

1. 现场质量检查内容

（1）现场质量检查内容：开工前检查、工序交接检查、隐蔽工程的检查、停工后复工的检查、分项/分部工程完工后的检查。

（2）对重要的工序或对工程质量有重大影响的工序，严格执行"三检"制度，即自检、互检、专检。

注：屋面工程施工过程"三检"制度是指自检、交接检和专职人员检查。装饰装修工程施工阶段"三检"制度是指自检、互检及工序交接检查。

2. 现场质量检查方法

（1）目测法：概括为看、摸、敲、照。
（2）实测法：概括为靠、量、吊、套。
（3）试验法：包括理化试验和无损检测。

问题2：叠合板预制构件进场后的实体检验项目还有哪些？
【答案】
主要受力钢筋数量、间距、保护层厚度及混凝土强度。

知识点 引申

预制构件
依据《装配式混凝土建筑技术标准》GB/T 51231—2016

11.2.2 专业企业生产的预制构件进场时，预制构件结构性能检验应符合下列规定：

1 梁板类简支受弯预制构件进场时应进行结构性能检验。

2 对于不可单独使用的叠合板预制底板，可不进行结构性能检验。对叠合梁构件，是否进行结构性能检验、结构性能检验的方式应根据设计要求确定。

3 对本条第1、2款之外的其他预制构件，除设计有专门要求外，进场时可不做结构性能检验。

4 本条第1、2、3款规定中不做结构性能检验的预制构件，应采取下列措施：

（1）施工单位或监理单位代表应驻厂监督生产过程。

（2）当无驻场监督时，预制构件进场时应对其主要受力钢筋数量、规格、间距、保护层厚度及混凝土强度等进行实体检验。

检验数量：同一类型预制构件不超过1000个为一批，每批随机抽取1个构件进行结构性能检验。

问题3：填充墙与主体结构交接处的裂缝一般出现在哪些部位？其防治措施还有哪些？
【答案】
（1）出现部位有：框架梁或板底、柱或墙边。
（2）防治措施还有：
① 填充墙与承重主体结构间的空（缝）隙部位施工，应在填充墙砌筑14d后进行。
② 将窗台改为细石混凝土并加配钢筋。
③ 柱与填充墙接触处应设加强网片。

问题4：除一般抹灰常见质量问题外，装饰抹灰常见质量问题还有哪些？幕墙安全和功能检验项目还有哪些？
【答案】
（1）装饰抹灰常见质量问题还有：色差、掉角、脱皮。
（2）幕墙安全和功能检验项目还有：
① 幕墙后置埋件和槽式预埋件的现场拉拔力。
② 幕墙的抗风压性能及层间变形性能。

问题5：除墙体节能工程外，建筑围护结构节能子分部的分项工程还有哪些？
【答案】
分项工程还有：幕墙节能工程，门窗节能工程，屋面节能工程，地面节能工程。

知识点 引申

建筑节能工程质量验收合格标准

（1）建筑节能各分项工程应全部合格。
（2）质量控制资料应完整。
（3）外墙节能构造现场实体检验结果应对照图纸进行核查，并符合要求。
（4）建筑外窗气密性能现场实体检验结果应对照图纸进行核查，并符合要求。
（5）建筑设备系统节能性能检测结果应合格。
（6）太阳能系统性能检测结果应合格。

案例4　2024年一建案例题四

▶▶ 知识点索引

（1）工程量清单计价的强制性内容
（2）投标文件对招标文件的实质性响应内容
（3）违法分包

(4) 目标成本、专项施工成本分析内容
(5) 结算造价计算

背景资料

建设单位投资兴建某工程的招标文件部分要求有：承包模式为施工总承包，报价采用工程量清单计价，投标单位须遵守工程量清单使用范围等强制性内容的规定；投标单位承担项目的进度、质量、安全等管理责任，应对招标文件中要求的技术标准、质量、投标有效期等作出实质性响应；中标单位不得违法分包，如将工程分包给个人等；工程竣工验收后6个月内完成结算，工程结算据实调整。

某施工单位工程中标造价为7782.60万元。其中：分部分项工程费为6000.00万元；措施项目费为600.00万元（按分部分项工程费的10%计取）；其他项目费为400.00万元，暂列金额为297.00万元，专业分包暂估价为100.00万元，总承包服务费费率为3%；规费为140.00万元（费率为2%）；税金为642.60万元（费率为9%）。

施工单位确定项目自行施工工程造价为7222.22万元，目标利润率为10%。项目部对项目目标成本进行了专项施工成本分析，内容包括工期成本分析、技术措施节约效果分析等，做好项目成本管理工作。

经建设单位和施工单位确认：增补某缺项工程量清单费用，其工程量为2000.00m³，综合单价为500.00元/m³；签订施工总承包合同时未确定的设备实际采购价为268.00万元；工程价款调整及设计变更为119.00万元；专业分包90.00万元。

工程按期完工，各方办理了竣工验收，建设单位和施工单位办理了竣工结算。

问题1：工程量清单的强制性内容还有哪些？

【答案】

强制性内容还有：计价方式、竞争费用、风险处理、工程量清单编制方法、工程量计算规则。

知识点 引申

工程量清单计价具有以下特点：

强制性	对工程量清单的使用范围、计价方式、竞争费用、风险处理、工程量清单编制方法、工程量计算规则均做出强制性规定，不得违反
统一性	采用综合单价形式
完整性	包括工程项目招标、投标、过程计价以及结算的全过程管理
规范性	对计价方式、计价风险、清单编制、分部分项工程量清单编制、招标控制价的编制与复核、投标价的编制与复核、合同价款调整、工程计价表格式均做出统一规定和标准
竞争性	
法定性	

问题 2：投标单位对招标文件要求做出实质性响应的内容还有哪些？
【答案】
对招标文件要求做出实质性响应的内容还有：招标范围、工期、安全标准、法律法规、权利义务、报价编制等。

问题 3：中标单位还应避免哪些违法分包行为？
【答案】
（1）将工程分包给不具备相应资质单位的。
（2）将施工总承包合同范围内工程主体结构的施工分包给其他单位的，钢结构工程除外。
【解析】本问的主题是"中标单位"，而不是"施工单位"。题目背景明确实行施工总承包模式，中标单位即施工总承包单位，针对专业分包单位和作业分包单位的违法分包行为，不应作为答案。

知识点 引申

违法分包

依据《建筑工程施工发包与承包违法行为认定查处管理办法》（建市规〔2019〕1号）第十二条的规定，存在下列情形之一的，属于违法分包：
（1）承包单位将其承包的工程分包给个人的。
（2）施工总承包单位或专业承包单位将工程分包给不具备相应资质单位的。
（3）施工总承包单位将施工总承包合同范围内工程主体结构的施工分包给其他单位的，钢结构工程除外。
（4）专业分包单位将其承包的专业工程中非劳务作业部分再分包的。
（5）专业作业承包人将其承包的劳务再分包的。
（6）专业作业承包人除计取劳务作业费用外，还计取主要建筑材料款和大中型施工机械设备、主要周转材料费用的。

问题 4：施工单位自行施工工程的目标成本是多少万元？（四舍五入取整数）专项施工成本分析内容还有哪些？
【答案】
（1）目标成本：7222.22×（1-10%）=6500万元。
（2）专项施工成本分析内容还有：成本盈亏异常分析、质量成本分析、资金成本分析、其他有利因素和不利因素分析。

知识点 引申

施工项目成本计划编制的主要依据

（1）项目部与企业签订的项目目标责任书，包括各项管理指标。

(2) 施工图计算出的工程量。
(3) 企业定额，包括人工、材料、机械等价格。
(4) 劳务分包合同及其他分包合同。
(5) 施工设计及施工方案。
(6) 项目岗位责任成本控制指标。

问题5：按照综合单价法，分步骤列式计算施工单位的结算造价是多少万元？（四舍五入取整数）

【答案】
(1) 分部分项工程费＝6000+2000×500÷10000＝6100万元
(2) 措施项目费＝6100×10%＝610万元
(3) 其他项目费＝268+119+90+90×3%＝480万元
(4) 规费＝（6100+610+480）×2%＝144万元
(5) 税金＝（6100+610+480+144）×9%＝660万元
(6) 结算造价＝6100+610+480+144+660＝7994万元

【解析】本题存在三处难点，逐一解析。
(1) 增补某缺项工程，此项费用属于分部分项工程费。
(2) 专业工程暂估价中的专业工程，要能分析出来属于建设单位指定分包的专业工程。中标造价中其他项目费400.00万元，其中暂列金额是297.00万元，专业分包暂估价为100.00万元，还差3.00万元。同时题目背景中告知总承包服务费费率3%，那么差的3万元就是100.00×3%＝3.00万元。据此可确定此专业工程属于建设单位指定分包，结算价中的此专业工程90.00万元需要计取3%的总承包服务费。
(3) 合同签订时未确定采购的设备，最终实际采购的费用268.00万元由暂列金额支出；工程价款调整及设计变更119.00万元由暂列金额支出。

案例5　2024年一建案例题五

▶ **知识点索引**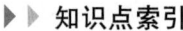
(1) 基础工程施工安全控制的主要内容
(2) 检测试验计划内容、混凝土标准养护设施
(3) 施工安全检查内容、最常发生的安全事故类别
(4) 脚手架工程专项施工方案中脚手架计算书内容和设计图纸
(5) 项目管理绩效评价过程和评价指标

背景资料

某办公楼工程,建筑面积 5.2 万 m^2,地下 2 层,地上 20 层,采用桩基础。地上部分为框架-剪力墙结构。基坑采用桩+放坡形式支护,施工时需要降水。项目部组建后开始施工。

项目总工程师向管理人员进行基础工程施工方案交底,其中基础施工安全控制的主要内容包括边坡与基坑支护安全、防水施工防火、防毒安全等。

项目部编制了施工现场混凝土检测试验计划,内容主要包括检测试验项目名称、检测试验参数等。现场试验站面积较小,不具备设置标准养护室条件,混凝土试件标准养护采用其他设施代替。

公司对项目部施工安全管理进行全面检查,包括安全思想、安全责任、设备设施、教育培训、劳动防护用品使用、伤亡事故处理等十项主要内容。特别对现场最常发生的高处坠落、坍塌等五类事故进行警示教育,要求重点防范。

结构施工采用扣件式钢管落地外脚手架方案,一定高度时采用悬挑钢梁卸载。脚手架工程专项施工方案中规定:脚手架计算书包括受弯构件强度,连墙件的强度、稳定性和连接强度,立杆地基承载力等计算内容;绘制设计图纸包括脚手架平面、立(剖)面图(含剪刀撑布置),垂直施工机械及其他特殊部位布置及构造图等。

项目完成后,公司对项目部进行项目管理绩效评价,评价过程包括成立评价机构、确定评价专家等四项工作;评价的指标包括安全、质量、成本等目标完成情况,供方管理有效性、风险预防与持续改进能力等管理效果。最终评价结论为良好。

问题1:基础工程施工安全控制的主要内容还有哪些?

【答案】

(1)施工机械作业安全。

(2)降水设施与临时用电安全。

(3)桩基施工的安全防范。

知识点 引申

基坑(槽)开挖前的勘察内容

(1)搜集工程地质和水文地质资料。

(2)查明地上、地下各种管线的分布和形状、位置和运行状况。

(3)了解和查明周围建(构)筑物的状况。

(4)了解和查明周围道路交通状况。

(5)了解周围施工条件。

问题2:混凝土检测试验计划内容还有哪些?混凝土标准养护设施还有哪些?

【答案】

(1)混凝土检测试验计划内容还有:①试样规格;②代表批量;③施工部位;④计划检测试验时间。

(2)混凝土标准养护设施还有:养护箱、养护池。

知识点 引申

现场试验站基本条件
依据《建筑工程检测试验技术管理规范》JGJ 190—2010 的 5.2.4 条

单位工程建筑面积超过 10000m² 或造价超过 1000 万元人民币时，可设立现场试验站。基本条件如下：

（1）现场试验人员：宜为 1~3 人。

（2）仪器设备：一般应配备天平、台（案）秤、温度计、湿度计、混凝土振动台、试模、坍落度筒、砂浆稠度仪、钢直（卷）尺、环刀、烘箱等。

（3）设施：工作间（操作间）面积不宜小于 15m²，温、湿度应满足规定。对混凝土结构工程，宜设标准养护室，不具备条件时可采用养护箱或养护池。

问题 3：现场施工安全管理检查还有哪些内容？现场最常发生的事故类别还有哪些？
【答案】

（1）现场施工安全管理检查内容还有：安全制度、安全措施、安全防护、操作行为等。

（2）现场最常发生的事故类别还有：物体打击、机械伤害、触电。

问题 4：脚手架计算书还应有哪些计算内容？还应绘制哪些设计图纸？
【答案】

（1）还应包括的计算内容有：连接扣件的抗滑移、立杆稳定性、悬挑架钢梁挠度。

（2）还应绘制的设计图纸有：脚手架基础节点图、连墙件布置图及节点详图。

知识点 引申

脚手架工程专项施工方案
依据《危险性较大的分部分项工程专项施工方案编制指南》（建办质〔2021〕48 号）

1. 基坑工程专项施工方案

（1）验收内容：基坑开挖至基底且变形相对稳定后支护结构顶部水平位移及沉降、建（构）筑物沉降、周边道路及管线沉降、锚杆（支撑）轴力控制值、坡顶（底）排水措施和基坑侧壁完整性。

（2）相关施工图纸：施工总平面布置图、基坑周边环境平面图、监测点平面图、基坑土方开挖示意图、基坑施工顺序示意图、基坑马道收尾示意图等。

2. 模板支撑体系工程专项施工方案

（1）计算书：支撑架构配件的力学特性及几何参数，荷载组合包括永久荷载、施工荷载、风荷载，模板支撑体系的强度、刚度及稳定性的计算，支撑体系基础承载力、变形计算等。

（2）相关图纸：支撑体系平面布置、立（剖）面图（含剪刀撑布置）、梁模板支撑节点详图与结构拉结节点图，支撑体系监测平面布置图等。

3. 脚手架工程专项施工方案

（1）落地式脚手架计算书：受弯构件的强度和连接扣件的抗滑移、立杆稳定性、连墙件的强度、稳定性和连接强度；落地架立杆地基承载力；悬挑架钢梁挠度。

（2）附着式脚手架计算书：架体结构的稳定计算（厂家提供）、支撑结构穿墙螺栓及螺栓孔混凝土局部承压计算、连接节点计算。

（3）吊篮计算书：吊篮基础支撑结构承载力核算、抗倾覆验算、加高支架稳定性验算。

（4）脚手架相关图纸：平面布置、立（剖）面图（含剪刀撑布置），脚手架基础节点图，连墙件布置图及节点详图，塔机、施工升降机及其他特殊部位布置及构造图等。

（5）吊篮相关图纸：平面布置、全剖面图，非标吊篮节点图，施工升降机及其他特殊部位布置及构造图等。

问题5：项目管理绩效评价过程工作还有哪些？评价的指标内容还有哪些？
【答案】
（1）项目管理绩效评价过程工作还有：①制定绩效评价标准；②形成绩效评价结果。
（2）评价的指标内容还有：①项目环保、工期目标完成情况；②合同履约率、相关方满意度；③项目综合效益。

案例6　2023年一建案例题一

▶ 知识点索引

（1）《建设工程质量检测管理办法》（住房城乡建设部令第57号）
（2）混凝土质量缺陷
（3）基础防水构造图例
（4）混凝土孔洞治理工艺流程

背 景 资 料

某新建住宅小区，单位工程分别为地下2层，地上9~12层，总建筑面积15.5万m^2。

各单位为贯彻落实《建设工程质量检测管理办法》（住房城乡建设部令第57号）要求，在工程施工质量检测管理中做了以下工作：

（1）建设单位委托具有相应资质的检测机构负责本工程质量检测工作；

（2）监理工程师对混凝土试件制作与送样进行了见证，试验员如实记录了其取样、现场检测等情况，制作了见证记录；

（3）混凝土试样送检时，试验员向检测机构填报了检测委托单；

（4）总包项目部按照建设单位要求，每月向检测机构支付当期检测费用。

地下室混凝土模板拆除后,发现混凝土墙体、楼板面存在蜂窝、麻面、露筋、裂缝、孔洞和层间错台等质量缺陷。质量缺陷图片资料详见图1~图6。项目部按要求制定了质量缺陷处理专项方案,按照"凿除孔洞松散混凝土……剔除多余混凝土"的工艺流程进行孔洞质量缺陷治理。

项目部编制的基础底板混凝土施工方案中确定了底板混凝土后浇带留设的位置,明确了后浇带处的基础垫层、卷材防水层、防水加强层、防水找平层、防水保护层、止水钢板、外贴止水带等防水构造要求,见图7。

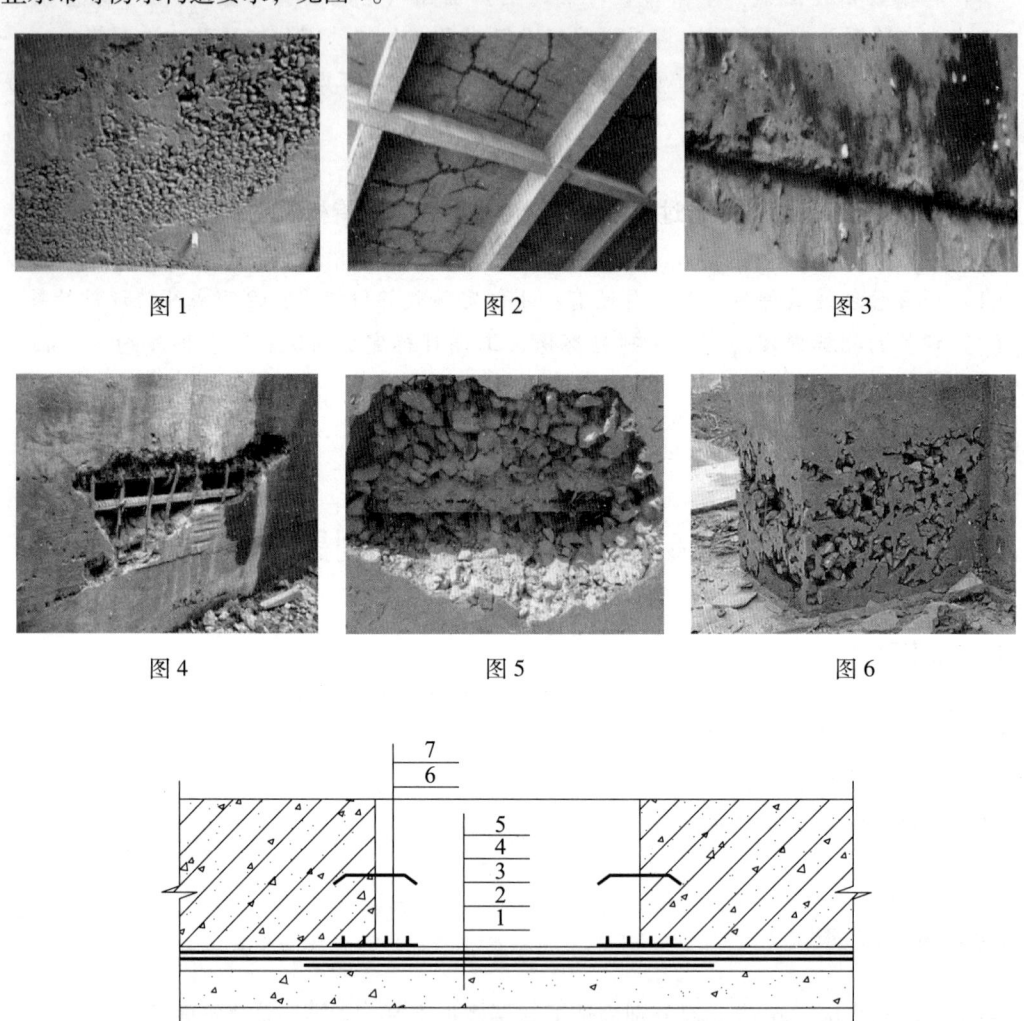

图1　　　　　　　　图2　　　　　　　　图3

图4　　　　　　　　图5　　　　　　　　图6

图7　后浇带防水构造图(部分)

问题1:指出工程施工质量检测管理工作中的不妥之处,并写出正确做法(本问题2项不妥,多答不得分)。混凝土试件制作与取样见证记录内容还有哪些?

【答案】

1. 不妥之处及正确做法:

不妥1:试验员制作见证记录。

正确做法：见证人员（监理工程师）制作见证记录。（住房城乡建设部令第57号第十八条）

不妥2：总包单位支付检测费用。

正确做法：建设单位支付。（住房城乡建设部令第57号第十七条）

2. 见证记录还有：制样、标识、封志、送检。

知识点 引申

依据《建设工程质量检测管理办法》住房城乡建设部令第57号

第十七条　建设单位应当在编制工程概预算时合理核算建设工程质量检测费用，单独列支并按照合同约定及时支付。

第十八条　建设单位委托检测机构开展建设工程质量检测活动的，建设单位或者监理单位应当对建设工程质量检测活动实施见证。见证人员应当制作见证记录，记录取样、制样、标识、封志、送检及现场检测等情况，并签字确认。

问题2：写出图1~图6的质量缺陷名称（如图1—麻面）。

【答案】

图1—麻面；

图2—裂缝；

图3—层间错台；

图4—露筋；

图5—孔洞；

图6—蜂窝。

知识点 引申

依据《混凝土结构工程施工规范》GB 50666—2011

表8.9.1　混凝土结构外观缺陷分类（节选）

名称	现象
露筋	构件内钢筋未被混凝土包裹而外露
蜂窝	混凝土表面缺少水泥砂浆而形成石子外露
孔洞	混凝土中孔穴深度和长度均超过保护层厚度
夹渣	混凝土中夹有杂物且深度超过保护层厚度
疏松	混凝土中局部不密实
裂缝	缝隙从混凝土表面延伸至混凝土内部
外形缺陷	缺棱掉角、棱角不直、翘曲不平、飞边凸肋等
外表缺陷	构件表面麻面、掉皮、起砂、玷污等

问题3：写出图7中防水构造层编号的构造名称（如1—基础垫层）。
【答案】
1—基础垫层；
2—防水找平层；
3—防水加强层；
4—卷材防水层；
5—防水保护层；
6—外贴止水带；
7—止水钢板。

问题4：补充完整混凝土表面孔洞质量缺陷治理工艺流程内容。
【答案】
（1）清理基层（冲洗孔洞）；
（2）支设模板；
（3）洒水湿润；
（4）涂抹混凝土界面剂；
（5）高一级细石混凝土浇筑密实；
（6）养护7d；
（7）拆除模板。

知识点 引申

依据《混凝土结构工程施工规范》GB 50666—2011

8.9.3 混凝土结构外观一般缺陷修整应符合下列规定：

1 露筋、蜂窝、孔洞、夹渣、疏松、外表缺陷，应凿除胶结不牢固部分的混凝土，应清理表面，洒水湿润后应用1:2~1:2.5的水泥砂浆抹平。

2 应封闭裂缝。

3 连接部位缺陷、外形缺陷可与面层装饰施工一并处理。

8.9.4 混凝土结构外观严重缺陷修整应符合下列规定：

1 露筋、蜂窝、孔洞、夹渣、疏松、外表缺陷，应凿除胶结不牢固部分的混凝土至密实部位，清理表面，支设模板，洒水湿润，涂抹混凝土界面剂，应采用比原混凝土强度等级高一级的细石混凝土浇筑密实，养护时间不应少于7d。

2 开裂缺陷修整应符合下列规定：

（1）民用建筑的地下室、卫生间、屋面等接触水介质的构件，均应注浆封闭处理。民用建筑不接触水介质的构件，可采用注浆封闭、聚合物砂浆粉刷或其他表面封闭材料进行封闭。

（2）无腐蚀介质工业建筑的地下室、屋面、卫生间等接触水介质的构件，以及有腐蚀介质的所有构件，均应注浆封闭处理。无腐蚀介质工业建筑不接触水介质的构件，可采用注浆封闭、聚合物砂浆粉刷或其他表面封闭材料进行封闭。

3 清水混凝土的外形和外表严重缺陷，宜在水泥砂浆或细石混凝土修补后用磨光机械磨平。

8.9.5 混凝土结构尺寸偏差一般缺陷，可结合装饰工程进行修整。

8.9.6 混凝土结构尺寸偏差严重缺陷，应会同设计单位共同制定专项修整方案，结构修整后应重新检查验收。

案例7　2023年一建案例题二（有删减）

▶▶ **知识点索引**

（1）双代号网络图关键路线和工期
（2）成倍节拍流水施工
（3）施工过程质量检测试验参数
（4）主体结构分部工程验收参加人员
（5）混凝土结构实体检验项目

背景资料

某新建商品住宅项目，建筑面积2.4万 m^2。地下2层，地上16层，由两栋结构类型与建筑规模完全相同的单体建筑组成。总承包项目部进场后绘制了进度计划网络图，如图1所示。项目部针对四个施工过程拟采用四个专业施工队组织流水施工，各施工过程的流水节拍见表1。

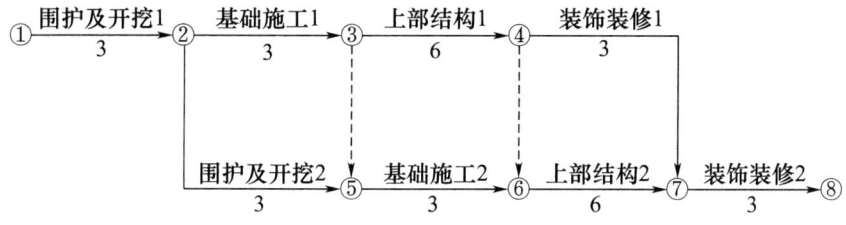

图1　项目进度计划网络图（月）

表1　流水节拍（部分）

施工过程编号	施工过程	流水节拍（月）
Ⅰ	围护及开挖	3
Ⅱ	基础施工	
Ⅲ	上部结构	
Ⅳ	装饰装修	3

建设单位要求缩短工期，项目部决定增加相应的专业施工队，组织成倍节拍流水施工。

项目部编制了施工检测试验计划，部分检测试验内容见表2。由于工期缩短，施工进度计划调整，监理工程师要求对检测试验计划进行调整。

表2 施工过程质量检测试验主要内容（部分）

类别	检测试验项目	主要检测试验参数
地基与基础	桩基	A
		桩身完整性
钢筋连接	机械连接现场检验	B
砌筑砂浆	C	强度等级、稠度
装饰装修	饰面砖粘贴	D

项目主体结构完成后，总监理工程师组织施工单位项目负责人等对主体结构分部工程进行验收。验收时发现部分同条件养护试件强度不符合要求。经协商，采用回弹-取芯法对该批次对应的混凝土进行实体强度检验。

问题1：写出图1的关键路线（采用节点方式表述，如①→②）和总工期。写出表1中基础施工和上部结构的流水节拍数。分别计算成倍节拍流水步距、专业施工队数和总工期。

【答案】

(1) 关键线路：①→②→③→④→⑥→⑦→⑧。总工期为21个月。

(2) 基础施工的流水节拍数为3月，上部结构的流水节拍数为6月。

(3) 成倍节拍流水步距 $K=\min(3, 3, 6, 3)=3$ 月。

(4) 各施工过程队组数：

围护及开挖：$b_1=3\div3=1$

基础施工：$b_2=3\div3=1$

上部结构：$b_3=6\div3=2$

装饰装修：$b_4=3\div3=1$

专业施工队数总和：$N=1+1+2+1=5$ 队

(5) 总工期 $T=(M+N-1)K+G=(2+5-1)\times3+0=18$ 个月。

问题2：写出表2中A、B、C、D处的内容。除了施工进度调整外，还有哪些情况需要调整施工检测试验计划？

【答案】

(1) 表2内容：A—承载力；B—抗拉强度；C—配合比设计；D—粘结强度。

(2) 需要调整施工检测试验计划的情况还有：设计变更，施工工艺改变，材料和设备的规格、型号或数量变化。

知识点 引申

施工检测试验管理

1. 检测试验管理制度应包括：

(1) 岗位职责；

(2) 现场试样制取及养护管理制度；

(3) 仪器设备管理制度；
(4) 现场检测试验安全管理制度；
(5) 检测试验报告管理制度。
2. 施工现场检测试验技术管理程序：
(1) 制定检测试验计划；
(2) 制取试样；
(3) 登记台账；
(4) 送检；
(5) 检测试验；
(6) 检测试验报告管理。

问题3：主体结构工程的分部工程验收还应有哪些人员参加？结构实体检验除混凝土强度外，还有哪些项目？

【答案】

1. 主体结构工程的分部工程验收人员还应有：
(1) 施工单位项目技术负责人；
(2) 施工单位技术部门负责人；
(3) 施工单位质量部门负责人；
(4) 设计单位项目负责人。
2. 结构实体检验项目还有：
(1) 钢筋保护层厚度；
(2) 结构位置；
(3) 尺寸偏差；
(4) 合同约定的项目。

知识点 引申

主体结构工程验收组织

组织者	总监理工程师（建设单位项目负责人）
参加者	(1) 设计方：项目负责人。 (2) 施工方：项目经理；项目技术负责人；单位技术、质量部门负责人

案例 8　2023 年一建案例题三（有改动）

▶▶ 知识点索引
(1) 工程质量策划

(2) 桩身完整性检测
(3) 钢筋连接接头、钢筋直螺纹接头加工和安装质量检测专用工具
(4) 屋面卷材流淌原因
(5) 钉钉子法

背景资料

某施工企业中标一新建办公楼工程，地下 2 层，地上 28 层，钢筋混凝土灌注桩基础，上部为框架-剪力墙结构，建筑面积 $28600m^2$。

项目部在开工后进行了质量策划，明确了质量目标和要求、管理组织体系及管理职责、质量控制点等，并根据工程进展实施静态管理。其中，设置质量控制点的关键部位和环节包括：影响施工质量的关键部位和环节；影响使用功能的关键部位和环节；采用新材料、新设备的部位和环节等。

桩基施工完成后，项目部采用高应变法按要求进行了工程桩桩身完整性检测，其抽检数量按照相关标准规定选取。

钢筋施工专项技术方案中规定，采用专用量规等检测工具对钢筋直螺纹加工和安装质量进行检测；纵向受力钢筋采用机械连接或焊接接头时的接头面积百分率等要求如下：

(1) 受拉接头不宜大于 50%；
(2) 受压接头不宜大于 75%；
(3) 直接承受动力荷载的结构件不宜采用焊接；
(4) 直接承受动力荷载的结构构件采用机械连接时，不宜超过 50%。

项目部质量员在现场发现屋面卷材有流淌现象，经质量分析讨论，对产生屋面卷材流淌现象的原因分析如下：

(1) 胶结料耐热度偏低；
(2) 找平层的分格缝设置不当；
(3) 胶结料粘结层过厚；
(4) 屋面板因温度变化产生胀缩；
(5) 卷材搭接长度太小。

针对原因分析，整改方案采用钉钉子法：在卷材上部离屋脊 200～350mm 范围内钉一排 20mm 长圆钉，钉眼涂防锈漆。监理工程师认为屋面卷材流淌现象的原因分析和钉钉子法做法存在不妥，要求修改。

问题 1：指出工程质量策划的不妥之处，并写出正确做法。工程质量策划中应设置质量控制点的关键部位和环节还有哪些？

【答案】

1. 不妥之处及正确做法：

不妥 1：在开工后进行工程质量策划。

正确做法：应在开工前进行。

不妥 2：根据工程进展实施静态管理。

正确做法：根据工程进展实施动态管理。

2. 质量控制点的关键部位和环节还有：
(1) 影响结构安全的关键部位、关键环节；
(2) 采用新技术、新工艺的部位和环节；
(3) 隐蔽工程验收。

> **知识点** 引申

依据《建筑与市政工程施工质量控制通用规范》GB 55032—2022

3.1.2 工程项目开工前应进行质量策划，应确定质量目标和要求、质量管理组织体系及管理职责、质量管理与协调的程序、质量控制点、质量风险、实施质量目标的控制措施，并应根据工程进展实施动态管理。

3.1.5 施工前应对施工管理人员和作业人员进行技术交底，交底的内容应包括施工作业条件、施工方法、技术措施、质量标准，以及安全与环保措施等，并应保留相关记录。

问题2：灌注桩桩身完整性检测方法还有哪些？桩身完整性抽检数量的标准规定有哪些？

【答案】
(1) 灌注桩桩身完整性检测方法还有：钻芯法、低应变法和声波透射法。
(2) 抽检数量标准规定：抽检数量不应少于总桩数的20%，且不应少于10根。每根柱子承台下的桩抽检数量不应少于1根。

> **知识点** 引申

桩身完整性检测
依据《建筑地基基础工程施工质量验收标准》GB 50202—2018

1. 工程桩作为桩基础时，完整性检测依据5.1.7条。

5.1.7 工程桩的桩身完整性的抽检数量不应少于总桩数的20%，且不应少于10根。每根柱子承台下的桩抽检数量不应少于1根。

2. 灌注桩排桩作为支护结构时，完整性检测依据7.2.4条。

7.2.4 灌注桩排桩应采用低应变法检测桩身完整性，检测桩数不宜少于总桩数的20%，且不得少于5根。采用桩墙合一时，低应变法检测桩身完整性的检测数量应为总桩数的100%；采用声波透射法检测的灌注桩排桩数量不应低于总桩数的10%，且不应少于3根。当根据低应变法或声波透射法判定的桩身完整性为Ⅲ类、Ⅳ类时，应采用钻芯法进行验证。

问题3：指出钢筋连接接头面积百分率等要求中的不妥之处，并写出正确做法（本问题2项不妥，多答不得分）。现场钢筋直螺纹接头加工和安装质量检测专用工具还有哪些？

【答案】
(1) 不妥之处及正确做法：
不妥1：受压接头不宜大于75%。

正确做法：受压接头的接头面积百分率可不受限制。

不妥2：直接承受动力荷载的结构构件采用机械连接时，不宜超过50%。

正确做法：直接承受动力荷载的结构构件，采用机械连接时，不应超过50%。

(2) 现场钢筋直螺纹接头加工和安装质量检测专用工具还有：通规、止规、扭力扳手。

备注：依据《钢筋机械连接技术规程》JGJ 107—2016 中的第6部分。

知识点 引申

钢筋接头
依据《混凝土结构工程施工质量验收规范》GB 50204—2015

5.4.4 钢筋接头的位置应符合设计和施工方案要求。有抗震设防要求的结构中，梁端、柱端箍筋加密区范围内不应进行钢筋搭接。接头末端至钢筋弯起点的距离不应小于钢筋直径的10倍。

5.4.6 当纵向受力钢筋采用机械连接接头或焊接接头时，同一连接区段内纵向受力钢筋的接头面积百分率应符合设计要求。当设计无具体要求时，应符合下列规定：

1 受拉接头，不宜大于50%；受压接头，可不受限制。

2 直接承受动力荷载的结构构件中，不宜采用焊接；当采用机械连接时，不应超过50%。

5.4.7 当纵向受力钢筋采用绑扎搭接接头时，接头的设置应符合下列规定：

1 接头的横向净间距不应小于钢筋直径，且不应小于25mm。

2 同一连接区段内，纵向受拉钢筋的接头面积百分率应符合设计要求。当设计无具体要求时，应符合下列规定：

(1) 梁类、板类及墙类构件，不宜超过25%；基础筏板，不宜超过50%。

(2) 柱类构件，不宜超过50%。

(3) 当工程中确有必要增大接头面积百分率时，对梁类构件，不应大于50%。

问题4：写出屋面卷材流淌原因分析中的不妥项（本问题3项不妥，多答不得分）。写出钉钉子法的正确做法。

【答案】

(1) 不妥项：

不妥项1：找平层的分格缝设置不当。

不妥项2：屋面板因温度变化产生胀缩。

不妥项3：卷材搭接长度太小。

(2) 钉钉子法的正确做法：在卷材的上部离屋脊300~450mm范围内钉三排50mm长圆钉，钉眼上灌胶结料。

案例 9　2023 年一建案例题四（有改动）

▶▶ **知识点索引**
（1）土建施工图纸
（2）施工平面管理总体要求
（3）工程造价计算
（4）单位工程量成本比较法、施工机械设备选择的原则
（5）劳动力投入量计算、编制劳动力需求计划考虑因素

背 景 资 料

某施工单位承接一工程，双方按《建设项目工程总承包合同（示范文本）》（GF-2020-0216）签订了工程总承包合同。合同部分内容：质量为合格，工期 6 个月，按月度完成工作量的 85% 支付进度款，总价包干。分部分项工程费见表 1。

表 1　分部分项工程费

名称	工程量（m³）	综合单价（元/m³）	费用（万元）
A	9000	2000	1800
B	12000	2500	3000
C	15000	2200	3300
D	4000	3000	1200

措施费为分部分项工程费的 16%，安全文明施工费为分部分项工程费的 6%。其他项目费用包括：暂列金额 100 万元；分包专业工程暂估价为 200 万元，另计总包服务费 5%。规费费率为 2.05%，增值税率 9%。

工程某施工设备从以下三种型号中选择，设备每天使用时间均为 8h。设备相关信息见表 2。

表 2　三种型号设备相关信息

设备	固定费用（元/d）	可变费用（元/h）	单位时间产量（m³/h）
E	3200	560	120
F	3800	785	180
G	4200	795	220

施工单位进场后，技术人员发现土建图纸中缺少了建筑总平面图，要求建设单位补发。按照施工平面管理总体要求，包括满足施工要求、不损害公众利益等内容，绘制了施工平面布置图，满足了施工需要。

施工单位为保证施工进度，针对编制的劳动力需用计划，综合考虑现有工作量、劳动力投入量、劳动效率、材料供应能力等因素，进行了钢筋加工劳动力调整。在 20d 内完成了

3000t 钢筋加工制作任务，满足了施工进度要求。

问题 1：通常情况下，一套完整的建筑工程土建施工图纸由哪几部分组成？
【答案】
一套完整的建筑工程土建施工图纸由图纸目录、设计说明、建筑图纸、结构图纸和总平面图组成。

问题 2：建筑工程施工平面管理的总体要求还有哪些？
【答案】
建筑工程施工平面管理的总体要求还有现场文明、安全有序、整洁卫生、不扰民、绿色环保。

知识点 引申

施工平面管理

（1）目的：使场容美观、整洁，道路畅通，材料放置有序，施工有条不紊，安全文明，相关方都满意，管理方便、有序。

（2）五牌一图：工程概况牌、消防保卫牌、安全生产牌、文明施工牌、管理人员名单及监督电话牌和施工现场总平面图。

（3）施工现场的主要道路及材料加工地面应进行硬化处理，如采取铺设混凝土、钢板、碎石等方法。裸露的场地和堆放的土方应采取覆盖、固化或绿化等措施。

（4）工程施工可能对环境造成的影响有大气污染、室内空气污染、水污染、土壤污染、噪声污染、光污染、垃圾污染等。

问题 3：签约合同价中的项目措施费、安全文明施工费、签约合同价各是多少万元？（计算结果四舍五入取整数）
【答案】
（1）项目措施费 =（1800+3000+3300+1200）×16% = 1488 万元
（2）安全文明施工费 =（1800+3000+3300+1200）×6% = 558 万元
（3）签约合同价 = [（1800+3000+3300+1200）+1488+100+200×（1+5%）]×（1+2.05%）×（1+9%）≈ 12345 万元

问题 4：用单位工程量成本比较法列式计算选用哪种型号的设备（计算公式：$C=\dfrac{R+F\times X}{Q\times X}$）。除考虑经济性外，施工机械设备选择原则还有哪些？
【答案】
（1）单位工程量成本计算
E 设备：C_E =（3200+560×8）/（120×8）= 8 元/m³
F 设备：C_F =（3800+785×8）/（180×8）= 7 元/m³

G 设备：C_G =（4200+795×8）/（220×8）= 6 元/m³

所以应选择 G 设备。

(2) 施工机械设备选择原则还有：适应性、高效性、稳定性、安全性。

问题 5：如果每人每个工作日的劳动效率为 5t，完成钢筋加工制作投入的劳动力是多少人？编制劳动力需求计划时需要考虑的因素还有哪些？

【答案】

(1) 投入的劳动力：3000÷（20×5）= 30 人。

(2) 编制劳动力需求计划时需要考虑的因素还有：持续时间、班次、每班工作时间、设备能力。

> **知识点 引申**
>
> **劳动力配置计划的编制方法**
>
> (1) 按设备计算定员；
> (2) 按劳动定额定员；
> (3) 按岗位计算定员；
> (4) 按比例计算定员；
> (5) 按劳动效率计算定员；
> (6) 按组织机构职责范围、业务分工计算管理人员的人数。

案例 10　2023 年一建案例题五

▶ **知识点索引**

(1) 安全检查形式，作业班组安全检查时间
(2) 塔吊布置需考虑因素，塔吊一般项目内容
(3) 钢结构施工高处作业安全防护，防护栏杆条纹警戒标示颜色
(4) 临时用电管理
(5) 绿色建筑评价

背 景 资 料

某新建学校工程，总建筑面积 12.5 万 m²，由 12 栋单体建筑组成。其中，主教学楼为钢筋混凝土框架结构，体育馆屋盖为钢结构，合同要求工程达到绿色建筑三星标准。施工单位中标后，与甲方签订合同并组建项目部。

项目部安全检查制度规定了安全检查主要形式包括：日常巡查、专项检查、经常性安全检查、设备设施安全验收检查等。其中，经常性安全检查方式有：专职安全人员每天安全巡检；

项目经理等专业人员检查生产工作时的安全检查；作业班组按要求时间进行安全检查等。

项目部在塔吊布置时充分考虑了吊装构件重量、运输和堆放、使用后拆除和运输等因素，按照《建筑工程安全检查标准》中"塔式起重机"的载荷限制装置、吊钩、滑轮、卷筒与钢丝绳、验收与使用等保证项目和结构设施等一般项目进行了检查验收。

屋盖钢结构施工高处作业安全专项方案规定如下：
（1）钢结构构件宜地面组装，安全设施一并设置；
（2）坠落高度超过2m的安装使用梯子攀登作业；
（3）施工层搭设的水平通道不设置防护栏杆；
（4）作为水平通道的钢梁一侧两端头设置安全绳；
（5）安全防护采用工具化、定型化设置，防护盖板用黄色和红色标示。

施工单位管理部门在装修阶段对现场施工用电进行专项检查情况如下：
（1）项目仅按照项目临时用电施工组织设计进行施工用电管理；
（2）现场瓷砖切割机与砂浆搅拌机共用一个开关箱；
（3）主教学楼一开关箱使用插座插头与配电箱连接；
（4）专业电工在断电后对木工加工机械进行检查和清理。

工程竣工后，项目部组织专家对整体工程进行绿色建筑评价，评分结果见下表，专家提出资源节约项、提高与创新加分项评分偏低，为主要扣分项，建议重点整改。

绿色建筑评价分值表

	控制项基础分值	评分项分值					提高与创新加分项分值
					资源节约		
评价分值	400	100	100	100	200	100	100
评级得分	400	90	70	80	80	70	40

问题1：建设工程施工安全检查的主要形式还有哪些？作业班组安全检查的时间有哪些？

【答案】
（1）建设工程施工安全检查的主要形式还有：定期安全检查，季节性安全检查，节假日安全检查，开工、复工安全检查，专业性安全检查等。
（2）作业班组安全检查的时间有：班前、班中、班后。

问题2：施工现场布置吊塔时，应考虑的因素还有哪些？安全检查标准中塔式起重机的一般项目有哪些？

【答案】
（1）施工现场布置吊塔时应考虑的因素还有：基础设置、周边环境、覆盖范围、附墙杆件位置和距离。
（2）安全检查标准中塔式起重机的一般项目有：附着、基础与轨道、结构设施、电气安全。

问题 3：指出钢结构施工高处作业安全防护方案中的不妥之处，并写出正确做法（本题有 3 项不妥，多答不得分）。安全防护栏杆的条纹警戒标示用什么颜色？

【答案】

（1）不妥之处及正确做法：

不妥1：坠落高度超过 2m 的安装，使用梯子攀登作业。

正确做法：坠落高度超过 2m 的安装，应设置操作平台。

不妥2：施工层搭设的水平通道未设置防护栏杆。

正确做法：水平通道两侧应设置防护栏杆。

不妥3：作为水平通道的钢梁一侧两端头设置安全绳。

正确做法：当利用钢梁作为水平通道时，应在钢梁一侧设置连续的安全绳。

（2）防护栏杆的条纹警戒标示用黑黄或红白相间的条纹标示。

知识点 引申

依据《建筑施工高处作业安全技术规范》JGJ 80—2016

3.0.13 安全防护设施宜采用定型化、工具化设施，防护栏应为黑黄或红白相间的条纹标示，盖件应为黄或红色标示。

5.1.9 钢结构安装时，应使用梯子或其他登高设施攀登作业。坠落高度超过 2m 时，应设置操作平台。

5.2.2 构件吊装和管道安装时的悬空作业应符合下列规定：

1 钢结构吊装，构件宜在地面组装，安全设施应一并设置。

2 吊装钢筋混凝土屋架、梁、柱等大型构件前，应在构件上预先设置登高通道、操作立足点等安全设施。

3 在高空安装大模板、吊装第一块预制构件或单独的大中型预制构件时，应站在作业平台上操作。

4 钢结构安装施工宜在施工层搭设水平通道，水平通道两侧应设置防护栏杆；当利用钢梁作为水平通道时，应在钢梁一侧设置连续的安全绳，安全绳宜采用钢丝绳。

5 钢结构、管道等安装施工的安全防护宜采用工具化、定型化设施。

问题 4：指出装修阶段施工用电专项安全检查中的不妥之处，并写出正确做法（本题有 3 项不妥，多答不得分）。

【答案】

不妥之处及正确做法：

不妥1：仅按照项目临时用电施工组织设计进行施工用电管理。

正确做法：装饰装修工程施工阶段，应补充编制单项施工用电方案。

不妥2：现场瓷砖切割机与砂浆搅拌机共用一个开关箱。

正确做法：每台用电设备必须有各自专用的开关箱。

不妥3：开关箱使用插座插头与配电箱连接。

正确做法：配电箱、开关箱的电源进线端严禁采用插头和插座做活动连接。

问题 5：写出表中绿色建筑评价指标空缺评分项，计算绿色建筑评价总得分，并判断是否满足绿色三星标准。

【答案】
(1) 空缺评分项：安全耐久、健康舒适、生活便利、环境宜居。
(2) 总得分 $Q=$（400+90+70+80+80+70+40）/10＝83。
(3) 不满足绿色三星标准。

知识点 引申

依据《绿色建筑评价标准》GB/T 50378—2019

1．"健康舒适"控制项内容
(1) 室内空气中的污染物浓度应符合现行国家标准的有关规定。
(2) 建筑室内和建筑主出入口处应禁止吸烟，并应在醒目位置设置禁烟标志。
(3) 采取措施避免厨房、餐厅、打印复印室、卫生间、地下车库等区域的空气和污染物串通到其他空间。
(4) 防止厨房、卫生间的排气倒灌。
2．"资源节约"控制项内容
(1) 对建筑的体形、平面布局、空间尺度、围护结构等进行节能设计。
(2) 采取措施降低部分负荷、部分空间使用下的供暖、空调系统能耗。
(3) 根据建筑空间功能设置分区温度，合理降低室内过渡区空间的温度设定标准。
3．"环境宜居"控制项内容
(1) 建筑规划布局应满足日照标准，且不得降低周边建筑的日照标准。
(2) 室外热环境应满足国家现行有关标准的要求。
(3) 配建的绿地应符合所在地城乡规划的要求。

案例 11　2022 年一建案例题一

▶▶ 知识点索引

(1)《房屋建筑和市政基础设施工程危及生产安全施工工艺、设备和材料淘汰目录（第一批）》
(2) 混凝土同条件养护试件的等效龄期
(3) 混凝土强度评定方法（依据《混凝土强度检验评定标准》GB/T 50107—2010）
(4) 填充墙施工记录图

背 景 资 料

新建住宅小区，单位工程地下 2~3 层，地上 2~12 层，总建筑面积 12.5 万 m^2。
施工总承包单位项目部为落实住房城乡建设部《房屋建筑和市政基础设施工程危及生

产安全施工工艺、设备和材料淘汰目录（第一批）》要求，在施工组织设计中明确了建筑工程禁止和限制使用的施工工艺、设备和材料清单，相关信息见表1。

表1 房屋建筑工程危及生产安全的淘汰施工工艺、设备和材料（部分）

名称	淘汰类型	限制条件和范围	可替代的施工工艺、设备、材料
现场简易制作钢筋保护层垫块工艺	禁止	—	专业化压制设备和标准模具生产垫块工艺等
卷扬机钢筋调直工艺	禁止	—	E
饰面砖水泥砂浆粘贴工艺	A	C	水泥基粘结材料粘贴工艺等
龙门架、井架物料提升机	B	D	F
白炽灯、碘钨灯、卤素灯	限制	不得用于建设工地的生产、办公、生活等区域的照明	G

某配套工程地上1~3层结构柱混凝土设计强度等级C40。于2022年8月1日浇筑1F柱，8月6日浇筑2F柱，8月12日浇筑3F柱，分别留置了一组C40混凝土同条件养护试块。1F、2F、3F柱同条件养护试块在规定等效龄期内（自浇筑日起）进行抗压强度试验，其试验强度值转化成实体混凝土抗压强度评定值分别为38.5N/mm²、54.5N/mm²、47.0 N/mm²。施工现场8月份日平均气温记录见表2。

表2 施工现场8月份日平均气温记录表

日期	1	2	3	4	5	6	7	8	9	10	11
日平均气温（℃）	29	30	29.5	30	31	32	33	35	31	34	32
累计气温（℃）	29	59	88.5	118.5	149.5	181.5	214.5	249.5	280.5	314.5	346.5
日期	12	13	14	15	16	17	18	19	20	21	22
日平均气温（℃）	31	32	30.5	34	33	35	35	34	34	36	35
累计气温（℃）	377.5	409.5	440	474	507	542	577	611	645	681	716
日期	23	24	25	26	27	28	29	30	31		
日平均气温（℃）	34	35	36	36	35	36	35	34	34		
累计气温（℃）	750	785	821	857	892	928	963	997	1031		

项目部填充墙施工记录中留存有包含施工放线、墙体砌筑、构造柱施工、卫生间坎台施工等工序内容的图像资料，如图1~图4所示。

图1

图2

图3

图4

问题1：补充表1中A~G处的信息内容。

【答案】

A：禁止。

B：限制。

C：—。

D：不得用于25m及以上的建设工程。

E：普通钢筋调直机、数控钢筋调直切断机的钢筋调直工艺等。

F：人货两用施工升降机等。

G：LED灯、节能灯等。

知识点 引申

依据《房屋建筑和市政基础设施工程危及生产安全施工工艺、设备和材料淘汰目录（第一批）》

房屋建筑工程部分

名称	淘汰类型	限制条件和范围	可替代的施工工艺、设备、材料
现场简易制作钢筋保护层垫块工艺	禁止	—	专业化压制设备和标准模具生产垫块工艺等

续表

名称	淘汰类型	限制条件和范围	可替代的施工工艺、设备、材料
卷扬机钢筋调直工艺	禁止	—	普通钢筋调直机、数控钢筋调直切断机的钢筋调直工艺等
饰面砖水泥砂浆粘贴工艺	禁止	—	水泥基粘结材料粘贴工艺等
钢筋闪光对焊工艺	限制	在非固定的专业预制厂（场）或钢筋加工厂（场）内，对直径大于或等于22mm的钢筋进行连接作业时，不得使用钢筋闪光对焊工艺	套筒冷挤压连接、滚压直螺纹套筒连接等机械连接工艺
基桩人工挖孔工艺	限制	存在下列条件之一的区域不得使用：（1）地下水丰富、软弱土层、流沙等不良地质条件的区域；（2）孔内空气污染物超标；（3）机械成孔设备可以到达的区域	冲击钻、回转钻、旋挖钻等机械成孔工艺
沥青类防水卷材热熔工艺（明火施工）	限制	不得用于地下密闭空间、通风不畅空间、易燃材料附近的防水工程	粘结剂施工工艺（冷粘、热粘、自粘）等
竹（木）脚手架	禁止	—	承插型盘扣式钢管脚手架、扣件式非悬挑钢管脚手架等
门式钢管支撑架	限制	不得用于搭设满堂承重支撑架体系	承插型盘扣式钢管支撑架、钢管柱梁式支架、移动模架等
白炽灯、碘钨灯、卤素灯	限制	不得用于建设工地的生产、办公、生活等区域的照明	LED灯、节能灯等
龙门架、井架物料提升机	限制	不得用于25m及以上的建设工程	人货两用施工升降机等
有碱速凝剂	禁止	—	溶液型液体无碱速凝剂、悬浮液型液体无碱速凝剂等

问题2：分别写出配套工程1F、2F、3F柱C40混凝土同条件养护试件的等效龄期（d）和日平均气温累计数（℃·d）。

【答案】

1F柱：等效龄期19d，日平均气温累计数611℃·d。

2F柱：等效龄期18d，日平均气温累计数600.5℃·d。

3F柱：等效龄期18d，日平均气温累计数616.5℃·d。

> **知识点 引申**

依据《混凝土结构工程施工质量验收规范》GB 50204—2015

10.1.2 结构实体混凝土强度应按不同强度等级分别检验，检验方法宜采用同条件养护试件方法；当未取得同条件养护试件强度或同条件养护试件强度不符合要求时，可采用回弹-取芯法进行检验。

结构实体混凝土同条件养护试件强度检验应符合本规范附录C的规定；结构实体混凝土回弹-取芯法强度检验应符合本规范附录D的规定。

混凝土强度检验时的等效养护龄期可取日平均温度逐日累计达到600℃·d时所对应的龄期，且不应小于14d。日平均温度为0℃及以下的龄期不计入。

冬期施工时，等效养护龄期计算时温度可取结构构件实际养护温度，也可根据结构构件的实际养护条件，按照同条件养护试件强度与在标准养护条件下28d龄期试件强度相等的原则由监理、施工等各方共同确定。

问题3：两种混凝土强度检验评定方法是什么？1~3F柱C40混凝土实体强度评定是否合格？并写出评定理由。（合格评定系数 $\lambda_3=1.15$，$\lambda_4=0.95$）

【答案】

（1）评定方法：统计方法、非统计方法。

（2）强度评定结果：合格。

理由：

平均值：$(38.5+54.5+47.0)/3=46.67\text{N/mm}^2 \geqslant 1.15 \times 40 = 46\text{N/mm}^2$。

最小值：$38.5\text{N/mm}^2 \geqslant 0.95 \times 40 = 38\text{N/mm}^2$。

【解析】考核《混凝土结构工程施工质量验收规范》GB 50204—2015中的C.0.3条和《混凝土强度检验评定标准》GB/T 50107—2010中的5.2.2条。

> **知识点 引申**

依据《混凝土结构工程施工质量验收规范》GB 50204—2015

C.0.2 每组同条件养护试件的强度值应根据强度试验结果按现行国家标准《普通混凝土力学性能试验方法标准》GB/T 50081的规定确定。（此标准已作废，被《混凝土物理力学性能试验方法标准》GB/T 50081—2019替代）

C.0.3 对同一强度等级的同条件养护试件，其强度值应除以0.88后按现行国家标准《混凝土强度检验评定标准》GB/T 50107的有关规定进行评定，评定结果符合要求时可判结构实体混凝土强度合格。

依据《混凝土强度检验评定标准》GB/T 50107—2010

5.1 统计方法评定

5.1.1 采用统计方法评定时，应按下列规定进行：

1 当连续生产的混凝土，生产条件在较长时间内保持一致，且同一品种、同一强度等级混凝土的强度变异性保持稳定时,应按本标准第5.1.2条的规定进行评定。

2 其他情况应按本标准第5.1.3条的规定进行评定。

5.1.2 一个检验批的样本容量应为连续的3组试件,其强度应同时符合下列规定:

$$m_{f_{cu}} \geqslant f_{cu,k}+0.7\sigma_0$$

$$f_{cu,min} \geqslant f_{cu,k}-0.7\sigma_0$$

式中 $m_{f_{cu}}$——同一检验批混凝土立方体抗压强度的平均值(N/mm²),精确到0.1(N/mm²);

$f_{cu,k}$——混凝土立方体抗压强度标准值(N/mm²),精确到0.1(N/mm²);

σ_0——检验批混凝土立方体抗压强度的标准差(N/mm²),精确到0.1(N/mm²)(当检验批混凝土标准差σ_0计算值小于2.5N/mm²时,应取2.5N/mm²);

$f_{cu,min}$——同一检验批混凝土立方体抗压强度的最小值(N/mm²),精确到0.1(N/mm²)。

5.1.3 当样本容量不少于10组时,其强度应同时满足下列要求:

$$m_{f_{cu}} \geqslant f_{cu,k}+\lambda_1 \cdot S_{f_{cu}}$$

$$f_{cu,min} \geqslant \lambda_2 \cdot f_{cu,k}$$

式中 $S_{f_{cu}}$——同一检验批混凝土立方体抗压强度的标准差(N/mm²),精确到0.1(N/mm²)(当检验批混凝土标准差$S_{f_{cu}}$计算值小于2.5N/mm²时,应取2.5N/mm²);

λ_1,λ_2——合格评定系数,按表5.1.3取用。

表5.1.3 混凝土强度的合格评定系数

试件组数	10~14	15~19	≥20
λ_1	1.15	1.05	0.95
λ_2	0.90	0.85	

5.2 非统计方法评定

5.2.1 当用于评定的样本容量小于10组时,应采用非统计方法评定混凝土强度。

5.2.2 按非统计方法评定混凝土强度时,其强度应同时符合下列规定:

$$m_{f_{cu}} \geqslant \lambda_3 \cdot f_{cu,k}$$

$$f_{cu,min} \geqslant \lambda_4 \cdot f_{cu,k}$$

式中 λ_3,λ_4——合格评定系数,应按表5.2.2取用。

表5.2.2 混凝土强度的非统计法合格评定系数

混凝土强度等级	<C60	≥C60
λ_3	1.15	1.10
λ_4	0.95	

5.3 混凝土强度的合格性评定

5.3.1 当检验结果满足第5.1.2条或5.1.3条或5.2.2条的规定时,则该批混凝土强度应评定为合格;当不能满足上述规定时,该批混凝土强度应评定为不合格。

5.3.2 对评定为不合格批的混凝土,可按国家现行的有关标准进行处理。

问题 4：分别写出填充墙施工记录图 1~图 4 的工序内容。写出四张图片的施工顺序。（如 1-2-3-4）

【答案】
（1）工序内容：
图 1：施工放线。
图 2：构造柱施工。
图 3：墙体砌筑。
图 4：卫生间坎台施工。
（2）施工顺序：1-4-3-2。

案例 12

▶▶ 知识点索引
（1）调整双代号网络计划
（2）标准化临时设施
（3）预应力构件拆除底模及支架的前置条件
（4）单位工程质量验收合格标准
（5）工程质量控制资料缺失的处理方式

背景资料

某新建办公楼工程，地下 1 层，地上 18 层，总建筑面积 2.1 万 m²，钢筋混凝土核心筒，外框采用钢结构，地下室顶板设计有后张法预应力混凝土梁。

总承包项目部在工程施工准备阶段，根据合同要求编制了工程施工网络进度计划，如下图所示。在进度计划审查时，监理工程师提出在工作 A 和工作 E 中含有特殊施工技术，涉及知识产权保护，须由同一专业单位按先后顺序依次完成。项目部对原进度计划进行了调整，以满足工作 A 与工作 E 先后施工的逻辑关系。

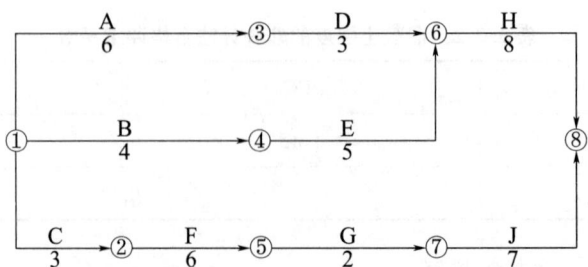

为创建绿色施工示范工程，项目部编制了《施工现场建筑垃圾减量化专项方案》，明确了办公用房、宿舍等采用重复利用率高的标准化临时设施。

地下室顶板同条件养护试件强度达到设计要求时，施工单位现场生产经理立即向监理工程师口头申请拆除地下室顶板模板，监理工程师同意后，现场将地下室顶板及支架全部拆除。

工程完工后，总承包单位自检后认为，所含分部工程中有关安全、节能、环境保护和主要使用功能的检验资料完成，符合单位工程质量验收合格标准，报送监理单位进行预验收。监理工程师在检查后发现部分楼层 C30 混凝土同条件试件缺失，不符合实体混凝土强度评定要求等问题，退回整改。

问题 1：画出调整后的工程网络计划图，并写出关键线路（以工作表示，如 A→B→C）。调整后的总工期是多少个月？

【答案】

（1）调整后的工程网络计划图如下：

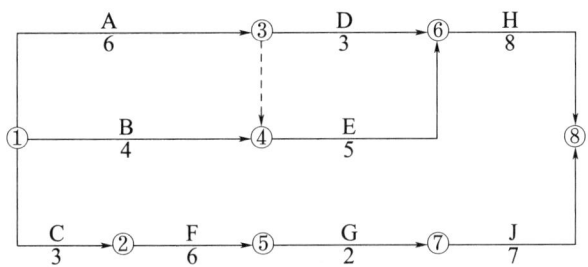

（2）关键线路：A→E→H。

（3）调整后的总工期：19 个月。

问题 2：宜采用重复利用率高的标准化临时设施还有哪些？

【答案】

停车场地、工地围挡、大门、工具棚、安全防护栏杆等。

知识点 引申

施工现场建筑垃圾减量化
依据《施工现场建筑垃圾减量化技术标准》JGJ/T 498—2024

（1）建筑垃圾减量化工作遵循的总体原则：估算先行、源头减量、分类管理、就地处理、排放控制。

（2）工程弃料宜按类别或施工阶段进行估算。施工阶段的估算应按下列阶段进行：

① 地下结构阶段：±0 及以下结构工程及地基基础工程。

② 地上结构阶段：±0 以上结构工程。

③ 装修及机电安装阶段：屋面工程、装饰装修工程、机电安装工程。

（3）施工现场临时设施建设，宜采用"永临结合"方式。

（4）办公用房、宿舍、停车场地、工地围挡、大门、工具棚、安全防护栏杆等，宜采用重复利用率高的标准化临时设施。

（5）工程计量应按金属类、无机非金属类、有机非金属类与混合类分别按重量计量。

（6）金属类工程弃料宜进行再利用。无机非金属类工程弃料宜进行再生利用。

问题3：监理工程师同意地下室顶板拆模是否正确？地下室顶板预应力梁拆除底模及支架的前置条件有哪些？

【答案】

（1）不正确。

（2）前置条件：

① 预应力钢筋应张拉完毕。

② 同条件养护试块强度达规定要求。

③ 作业班组填写拆模申请，经过项目技术负责人批准。

问题4：单位工程质量验收合格的标准有哪些？工程质量控制资料部分缺失时的处理方式是什么？

【答案】

（1）单位工程质量验收合格的标准：

① 所含分部工程的质量均应验收合格。

② 质量控制资料应完整。

③ 所含分部工程中有关安全、节能、环境保护和主要使用功能的检验资料应完整。

④ 主要使用功能的抽查结果应符合相关专业验收规范的规定。

⑤ 观感质量应符合要求。

（2）工程质量控制资料部分缺失时的处理方式：委托有资质的检测机构进行实体检验或抽样试验。

知识点 引申

单位工程质量验收组织与程序

（1）单位工程完工后，施工单位组织有关人员进行自检。

（2）总监理工程师组织各专业监理工程师对工程质量进行竣工预验收，施工单位项目负责人、项目技术负责人参加。

（3）预验收通过后，施工单位向建设单位提交工程竣工报告，申请竣工验收。

（4）建设单位项目负责人组织五方主体项目负责人进行单位工程验收，施工单位的技术、质量负责人应该参加验收。单位工程中有分包工程的，分包单位负责人也应该参加验收。

案例13　2022年一建案例题三（有改动）

▶ **知识点索引**

（1）沉管灌注桩施工方法、成桩过程

（2）大体积混凝土温控指标、竖向测温点

(3) 混凝土表面缺陷、拆底模和支架强度要求、重大事故隐患判定
(4) 装饰图纸"三交底"、施工质量管理"三检制"

背景资料

某新建医院工程,地下 2 层,地上 8~16 层,总建筑面积 11.8 万 m^2。基坑深度 9.8m,沉管灌注桩基础,钢筋混凝土结构。

施工单位在桩基础专项施工方案中,根据工程所在地含水量较小的土质特点,确定沉管灌注桩选用单打法成桩工艺,其成桩过程包括桩机就位、锤击(振动)沉管、上料等工作内容。

基础底板大体积混凝土浇筑方案确定了包括环境温度、底板表面与大气温差等多项温度控制指标;明确了温控监测点布置方式,要求沿底板厚度方向测温点间距不大于 500mm。

施工作业班组在一层梁、板混凝土强度未达到拆模标准(下表)情况下,进行了部分模板拆除,被判定为生产安全重大事故隐患;拆模后,发现梁底表面出现了夹渣、麻面等质量缺陷。监理工程师要求整改。

底模及支架拆除的混凝土强度要求

构件类型	构件跨度(m)	达到设计的混凝土立方体抗压强度标准值的百分率(%)
板	≤2	≥A
	>2,≤8	≥B
	>8	≥100
梁	≤8	≥75
	>8	≥C

装饰工程施工前,项目部按照图纸"三交底"的施工准备工作要求,安排工长向班组长进行图纸、施工方法和质量标准交底;施工中,认真执行包括工序交接检查等内容的"三检制",做好质量管理工作。

问题 1:沉管灌注桩施工除单打法外,还有哪些方法?成桩过程还有哪些内容?
【答案】
(1) 施工方法还有:复打法、反插法。
(2) 成桩过程内容还有:
① 边锤击(振动)边拔管,并继续浇筑混凝土。
② 下钢筋笼,并继续浇筑混凝土及拔管。
③ 成桩。

知识点 引申

沉管灌注桩施工要求

(1) 桩管沉到设计标高并停止振动后应立即浇筑混凝土。管内灌满混凝土后应先振动,再拔管。拔管过程中,应分段添加混凝土,保持管内混凝土面不低于地表面或高于地下水位

1~1.5m。

（2）桩身配钢筋笼时，第一次混凝土应先浇至笼底标高，然后放置钢筋笼，再浇混凝土至桩顶标高。

（3）沉管灌注桩全长复打桩施工时，第一次灌注混凝土应达到自然地面，复打施工应在第一次浇筑的混凝土初凝之前完成。初打与复打的桩中心线应重合。

问题2：大体积混凝土温控指标还有哪些？沿底板厚度方向的测温点应布置在什么位置？

【答案】

（1）大体积混凝土温控指标还有：温升峰值（最高温升）、里表温差、降温速率。

（2）沿底板厚度方向的测温点应布置位置：表面以内50mm处、中心位置、底面以上50mm处。

知识点 引申

依据《大体积混凝土施工标准》GB 50496—2018

3.0.4 大体积混凝土施工温控指标应符合下列规定：

1 混凝土浇筑体在入模温度基础上的温升值不宜大于50℃。

2 混凝土浇筑体里表温差（不含混凝土收缩当量温度）不宜大于25℃。

3 混凝土浇筑体降温速率不宜大于2℃/d。

4 拆除保温覆盖时混凝土浇筑体表面与大气温差不应大于20℃。

6.0.1 大体积混凝土浇筑体里表温差、降温速率及环境温度的测试，在混凝土浇筑后，每昼夜不应少于4次；入模温度测量，每台班不应少于2次。

问题3：混凝土容易出现哪些表面缺陷？写出表中A、B、C处要求的数值。模板工程判定为重大事故隐患的情形还有哪些？

【答案】

（1）混凝土表面缺陷包括：麻面、露筋、蜂窝、孔洞等。

（2）A：50；B：75；C：100。

（3）判定为重大事故隐患的情形还有：

① 模板工程的地基基础承载力和变形不满足设计要求。

② 模板支架承受的施工荷载超过设计值。

【解析】第二小问，"50、75、100"写成"50%、75%、100%"是不给分的。一定要看清楚题目背景中的答案格式。

知识点 引申

混凝土表面缺陷

拆模后混凝土表面容易出现麻面、漏筋、蜂窝、孔洞等缺陷，可采取以下防治措施：

(1) 模板使用前应进行表面清理,保持表面清洁光滑,钢模应保证边框平直,组合后应使接缝严密,必要时可用胶带加强,浇混凝土前应充分湿润或均匀涂刷隔离剂。

(2) 按规定或方案要求合理布料,分层振捣,防止漏振。

(3) 对局部配筋或铁件过密处,应事先制定处理措施,保证混凝土能够顺利通过,浇筑密实。

问题 4:装饰工程图纸"三交底"是什么(如:工长向班组长交底)?工程施工质量管理"三检制"指什么?

【答案】

(1)"三交底"是指:

① 施工主管向施工工长交底。

② 工长向班组长交底。

③ 班组长向班组成员交底。

(2)"三检制"是指:自检、互检、工序交接检查。

【解析】第一小问"三交底",不是要求把"三交底"具体内容写出来,而只需要写出来谁向谁交底即可,这是题目的要求,大家务必看清楚。第二小问"三检制",题目背景已经给出工序交接检查是其中内容之一,问题问的是"三检制"内容有哪些,而不是还应该补充哪些,故工序交接检查应该成为答案的一部分。

知识点 引申

装饰装修工程施工阶段质量管理

(1) 施工人员应认真做好质量自检、互检及工序交接检查,做好记录。

(2) 做好设计交底工作:施工主管向施工工长做详细的图纸工艺要求、质量要求交底;工序开始前工长向班组长做详尽的图纸、施工方法、质量标准交底;施工作业前班组长向班组成员做具体的操作方法、工具使用、质量要求的详细交底。

"三检"制度

(1) 工序交接检查:对于重要的工序或对工程质量有重大影响的工序应严格执行"三检"制度,即自检、互检、专检。

(2) 屋面工程:执行各道工序自检、交接检和专职人员检查的"三检"制度,并有完整的检查记录。

(3) 装饰装修工程:应认真做好质量自检、互检及工序交接检查的"三检"制度。

考试答题时一定看清楚题目给出的工序。

案例14 2022年一建案例题四

▶▶ **知识点索引**

（1）招标文件改错
（2）施工企业签署的工程合同类型
（3）分措其规税和合同价计算
（4）地砖用量、原价，物资采购合同标的内容
（5）建筑工人进场条件、纳入实名制管理人员（《建筑工人实名制管理办法（试行）》）

背景资料

建设单位发布某新建工程招标文件，部分条款有：发包范围为土建、水电、通风、空调、消防、装饰等工程，实行施工总承包模式；投标限额为65000.00万元，暂列金额为1500.00万元；工程款按月度完成工作量的80%支付；质量保修金为5%，履约保证金为15%；钢材指定采购本市钢厂的产品；消防及通风空调专项工程合同金额1200.00万元，由建设单位指定发包，总承包服务费3.00%。投标单位对部分条款提出了异议。

经公开招标，某施工总承包单位中标，签订了施工总承包合同，合同价部分费用有：分部分项工程费48000.00万元，措施项目费为分部分项工程费的15%，规费费率为2.20%，增值税税率为9.00%。

施工承包单位签订物资采购合同，购买800mm×800mm的地砖3900块，合同标的规定了地砖的名称、等级、技术标准等内容。地砖由A、B、C三地供应，相关信息见下表：

地砖采购信息表

序号	货源地	数量（块）	出厂价（元/块）	其他
1	A	936	36	
2	B	1014	33	
3	C	1950	35	
合计		3900		

地方主管部门在检查《建筑工人实名制管理办法（试行）》落实情况时发现：个别工人没有签订劳动合同，直接进入现场施工作业；仅对建筑工人实行了实名制管理等问题。要求项目立即整改。

问题1：指出招标文件中的不妥之处，分别说明理由。
【答案】
不妥1：质量保修金为5%。
理由：发包人累计扣留的质保金不得超过工程价款结算总额的3%。
不妥2：履约保证金为15%。
理由：履约保证金不得超过中标合同金额的10%。

不妥3：同时收取保修金和履约保证金。

理由：不得同时收取。

不妥4：钢材指定采购本市钢厂的产品。

理由：不得限定或指定特定的专利、商标、品牌、原产地或者供应商。

知识点 引申

1. 依据《住房城乡建设部 财政部关于印发建设工程质量保证金管理办法的通知》建质〔2017〕138号

第六条 在工程项目竣工前，已经缴纳履约保证金的，发包人不得同时预留工程质量保证金。

采用工程质量保证担保、工程质量保险等其他保证方式的，发包人不得再预留保证金。

第七条 发包人应按照合同约定方式预留保证金，保证金总预留比例不得高于工程价款结算总额的3%。合同约定由承包人以银行保函替代预留保证金的，保函金额不得高于工程价款结算总额的3%。

2. 依据《中华人民共和国招标投标法实施条例》

第三十二条 招标人不得以不合理的条件限制、排斥潜在投标人或者投标人。

招标人有下列行为之一的，属于以不合理条件限制、排斥潜在投标人或者投标人：

（1）就同一招标项目向潜在投标人或者投标人提供有差别的项目信息。

（2）设定的资格、技术、商务条件与招标项目的具体特点和实际需要不相适应或者与合同履行无关。

（3）依法必须进行招标的项目以特定行政区域或者特定行业的业绩、奖项作为加分条件或者中标条件。

（4）对潜在投标人或者投标人采取不同的资格审查或者评标标准。

（5）限定或者指定特定的专利、商标、品牌、原产地或者供应商。

（6）依法必须进行招标的项目非法限定潜在投标人或者投标人的所有制形式或者组织形式。

（7）以其他不合理条件限制、排斥潜在投标人或者投标人。

第五十八条 招标文件要求中标人提交履约保证金的，中标人应当按照招标文件的要求提交。履约保证金不得超过中标合同金额的10%。

问题2：施工企业除施工总承包合同外，还可能签订哪些与工程相关的合同？

【答案】

专业分包合同、劳务分包合同、采购合同、租赁合同、借款合同、担保合同、咨询合同、保险合同等。

问题3：分别计算各项构成费用（分部分项工程费、措施项目费等5项）及施工总承包合同价格各是多少？（单位：万元，精确到小数点后两位）

【答案】

分部分项工程费：48000.00万元

措施项目费：48000.00×15%＝7200.00 万元

其他项目费：1500.00+1200.00×3%＝1536.00 万元

规费：（48000.00+7200.00+1536.00）×2.20%＝1248.19 万元

税金：（48000.00+7200.00+1536.00+1248.19）×9%＝5218.58 万元

合同价：48000.00+7200.00+1536.00+1248.19+5218.58＝63202.77 万元

【解析】题目背景中的消防及通风空调专项工程合同金额 1200.00 万元，只是作为建设单位指定分包的合同价格，用来计算总承包服务费的，不能把它作为暂估价处理。

问题 4：分别计算地砖的每平方米用量、各地采购比重和材料原价各是多少？（原价单位：元/m^2）物资采购合同中的标的内容还有哪些？

【答案】

（1）每平方米地砖块数＝1÷（0.8×0.8）＝1.5625 块/m^2。

（2）各地材料购买的比重：

A 地采购比重＝936÷3900＝24%

B 地采购比重＝1014÷3900＝26%

C 地采购比重＝1950÷3900＝50%

（3）材料原价：（36×24%+33×26%+35×50%）×1.5625＝54.25 元/m^2。

（4）标的内容还有：牌号、商标、品种、型号、规格、花色、质量要求。

问题 5：建筑工人满足什么条件才能进入施工现场工作？除建筑工人外，还有哪些单位人员进入施工现场应纳入实名制管理？

【答案】

（1）建筑工人需满足以下条件才能进行施工现场工作：依法签订劳动合同，进行基本安全培训，在相关建筑工人实名制管理平台上登记。

（2）进入施工现场的建设单位、承包单位、监理单位的项目管理人员均纳入建筑工人实名制管理。

> **知识点 · 引申**

依据《建筑工人实名制管理办法（试行）》节选
2019 年 3 月 1 日实行

第六条 建设单位应与建筑企业约定实施建筑工人实名制管理的相关内容，督促建筑企业落实建筑工人实名制管理的各项措施，为建筑企业实行建筑工人实名制管理创造条件，按照工程进度将建筑工人工资按时足额付至建筑企业在银行开设的工资专用账户。

第七条 建筑企业应承担施工现场建筑工人实名制管理职责，制定本企业建筑工人实名制管理制度，配备专（兼）职建筑工人实名制管理人员，通过信息化手段将相关数据实时、准确、完整上传至相关部门的建筑工人实名制管理平台。

总承包企业（包括施工总承包、工程总承包以及依法与建设单位直接签订合同的专业承包企业，下同）对所承接工程项目的建筑工人实名制管理负总责，分包企业对其招用的建筑工人实名制管理负直接责任，配合总承包企业做好相关工作。

第八条 全面实行建筑业农民工实名制管理制度，坚持建筑企业与农民工先签订劳动合同后进场施工。建筑企业应与招用的建筑工人依法签订劳动合同，对其进行基本安全培训，并在相关建筑工人实名制管理平台上登记，方可允许其进入施工现场从事与建筑作业相关的活动。

第九条 项目负责人、技术负责人、质量负责人、安全负责人、劳务负责人等项目管理人员应承担所承接项目的建筑工人实名制管理相应责任。进入施工现场的建设单位、承包单位、监理单位的项目管理人员及建筑工人均纳入建筑工人实名制管理范畴。

第十条 建筑工人应配合有关部门和所在建筑企业的实名制管理工作，进场作业前须依法签订劳动合同或用工书面协议并接受基本安全培训。

第十一条 建筑工人实名制信息由基本信息、从业信息、诚信信息等内容组成。

基本信息应包括建筑工人和项目管理人员的身份证信息、文化程度、工种（专业）、技能（职称或岗位证书）等级和基本安全培训等信息。

从业信息应包括工作岗位、劳动合同或用工书面协议签订、考勤、工资支付和从业记录等信息。

诚信信息应包括诚信评价、举报投诉、良好及不良行为记录等信息。

第十二条 总承包企业应以真实身份信息为基础，采集进入施工现场的建筑工人和项目管理人员的基本信息，并及时核实、实时更新；真实完整记录建筑工人工作岗位、劳动合同或用工书面协议签订情况、考勤、工资支付等从业信息，建立建筑工人实名制管理台账；按项目所在地建筑工人实名制管理要求，将采集的建筑工人信息及时上传相关部门。

案例15 2022年一建案例题五（有改动）

▶▶ **知识点索引**

（1）施工企业安全生产管理制度
（2）满堂脚手架安全检查评定保证项目、一般项目
（3）混凝土浇筑过程安全隐患主要表现形式
（4）民用建筑室内各部位装修材料的燃烧性能
（5）室内环境污染物检测抽检房间及数量要求
（6）室内环境污染物种类及浓度限量标准

背 景 资 料

某酒店工程，建筑面积2.5万 m^2，地下1层，地上12层。其中，标准层10层，每层标准客房18间，$35m^2$/间；裙房设宴会厅$1200m^2$，层高9m。施工单位中标后开始组织施工。

施工单位企业安全管理部门对项目贯彻企业安全生产管理制度情况进行检查，检查内容有：安全生产教育培训、安全生产技术管理、分包（供）方安全生产管理、安全生产检查

和改进等。

宴会厅施工"满堂脚手架"搭设完成自检后，监理工程师按照《建筑施工安全检查标准》JGJ 59—2011 要求的保证项目和一般项目进行了检查，检查结果见表1。

表1 满堂脚手架检查结果（部分）

检查内容	施工方案		架体稳定	杆件锁件	脚手板			构配件材质	荷载	合计
满分值	10	10	10	10	10	10	10	10	10	100
得分值	10	10	10	9	8	9	8	9	10	9	92

宴会厅顶板混凝土浇筑前，施工技术人员向作业班组进行了安全专项方案交底，针对混凝土浇筑过程中可能出现的包括浇筑方案不当使支架受力不均衡等多种安全隐患形式，提出了预防措施。

标准客房样板间装修完成后，施工总承包单位和专业分包单位进行了初验，其装饰材料的燃烧性能检查结果见表2。

表2 样板间装饰材料燃烧性能检查表

部位	顶棚	墙面	地面	隔断	窗帘	固定家具	其他装饰材料
燃烧性能等级	$A+B_1$	B_1	$A+B_1$	B_2	B_2	B_2	B_3

注：$A+B_1$ 指 A 级和 B_1 级材料均有。

竣工交付前，项目部按照每层抽一间，每间取一点，共抽取 10 个点，占总数 5.6% 的抽样方案，对标准客房室内环境污染物浓度进行了检测。检测部分结果见表3。

表3 标准客房室内环境污染物浓度检测表（部分）

污染物	民用建筑	
	平均值	最大值
TVOC（mg/m^3）	0.46	0.52
苯（mg/m^3）	0.07	0.08

问题1：施工企业安全生产管理制度内容还有哪些？
【答案】
施工企业安全生产管理制度内容还有：安全费用管理，施工设施、设备及劳动防护用品的安全管理，施工现场安全管理，应急救援管理，生产安全事故管理，安全考核和奖惩等制度。

知识点·引申

施工企业安全教育和培训的类型

（1）各类上岗证书的初审、复审培训。

(2) 三级（企业、项目、班组）教育。
(3) 岗前教育。
(4) 日常教育。
(5) 年度继续教育。

问题2： 写出满堂脚手架检查内容中的空缺项。分别写出属于保证项目和一般项目的检查内容。

【答案】

(1) 空缺项：架体基础、交底与验收、架体防护、通道。
(2) 保证项目应包括：施工方案、架体基础、架体稳定、杆件锁件、脚手板、交底与验收。
(3) 一般项目应包括：架体防护、构配件材质、荷载、通道。

知识点 · 引申

脚手架安全检查评定内容

脚手架检查评分表分为：扣件式钢管脚手架检查评分表、门式钢管脚手架检查评分表、碗扣式钢管脚手架检查评分表、承插型盘扣式钢管脚手架检查评分表、满堂脚手架检查评分表、悬挑式脚手架检查评分表、附着式升降脚手架检查评分表、高处作业吊篮检查评分表等八种安全检查评分表。

(1) 扣件式钢管脚手架检查评定保证项目包括：施工方案、立杆基础、架体与建筑结构拉结、杆件间距与剪刀撑、脚手板与防护栏杆、交底与验收。一般项目包括：横向水平杆设置、杆件连接、层间防护、构配件材质、通道。

(2) 门式钢管脚手架检查评定保证项目包括：施工方案、架体基础、架体稳定、杆件锁臂、脚手板、交底与验收。一般项目包括：架体防护、构配件材质、荷载、通道。

(3) 碗扣式钢管脚手架检查评定保证项目包括：施工方案、架体基础、架体稳定、杆件锁件、脚手板、交底与验收。一般项目包括：架体防护、构配件材质、荷载、通道。

(4) 承插型盘扣式钢管脚手架检查评定保证项目包括：施工方案、架体基础、架体稳定、杆件设置、脚手板、交底与验收。一般项目包括：架体防护、杆件连接、构配件材质、通道。

(5) 悬挑式脚手架检查评定保证项目包括：施工方案、悬挑钢梁、架体稳定、脚手板、荷载、交底与验收。一般项目包括：杆件间距、架体防护、层间防护、构配件材质。

(6) 附着式升降脚手架检查评定保证项目包括：施工方案、安全装置、架体构造、附着支座、架体安装、架体升降。一般项目包括：检查验收、脚手板、架体防护、安全作业。

(7) 高处作业吊篮检查评定保证项目包括：施工方案、安全装置、悬挂机构、钢丝绳、安装作业、升降作业。一般项目包括：交底与验收、安全防护、吊篮稳定、荷载。

问题3： 混凝土浇筑过程的安全隐患主要表现形式还有哪些？

【答案】

安全隐患主要表现形式还有：

（1）高处作业安全防护设施不到位。
（2）机械设备的安装、使用不符合安全要求。
（3）过早地拆除支撑和模板。

知识点 引申

模板与支撑系统安全隐患的主要表现形式

（1）模板支撑架体地基、基础下沉。
（2）架体的杆件间距或步距过大。
（3）架体未按规定设置斜杆、剪刀撑和扫地杆。
（4）构架的节点构造和连接的紧固程度不符合要求。
（5）主梁和荷载显著加大部位的构架未加密、加强。
（6）高支撑架未设置一至数道加强的水平结构层。

问题4：改正表2中燃烧性能不符合要求部位的错误做法。装饰材料燃烧性能分几个等级？并分别写出代表含义（如A—不燃）。

【答案】
（1）改正错误做法
顶棚：A。
隔断：A+B_1。
其他装饰材料：A+B_1+B_2。
（2）装饰材料燃烧性能分4个等级。
（3）代表含义：
A—不燃
B_1—难燃
B_2—可燃
B_3—易燃

【解析】本题第1小问难度系数非常大，考核教材外规范《建筑内部装修设计防火规范》GB 50222—2017，而防火规范中的一类建筑还是二类建筑的划分必须按照《建筑设计防火规范》（2018年版）GB 50016—2014来划分。题目背景是宾馆，属于公共建筑，地上12层，层高未给（题目背景中的层高9m是裙房，不是针对主楼）。按照宾馆设计的常规层高3~4m，建筑高度是不足50m的，应属于二类高层建筑。

知识点 引申

依据《建筑内部装修设计防火规范》GB 50222—2017

5.2.1 高层民用建筑内部各部位装修材料的燃烧性能等级，不应低于本规范表5.2.1的规定。

表 5.2.1　高层民用建筑内部各部位装修材料的燃烧性能等级（部分）

序号	建筑物及场所	建筑规模、性质	装修材料燃烧性能等级					装饰织物			其他装修装饰材料
			顶棚	墙面	地面	隔断	固定家具	窗帘	帷幕	床罩	家具包布	
...	...	...	...	...	...	...	...	...	...	...	...	...
5	宾馆、饭店的客房及公共活动用房等	一类建筑	A	B_1	B_1	B_1	B_2	B_1	—	B_1	B_2	B_1
		二类建筑	A	B_1	B_1	B_1	B_2	B_2	—	B_2	B_2	B_2
...	...	...	...	...	...	...	...	...	...	...	...	...

问题 5：写出建筑工程室内环境污染物浓度检测抽检量要求。标准客房抽样数量是否符合要求？

【答案】

1. 抽检量要求：

（1）抽检时要求同类型房间数量不少于 5%。

（2）样板间检测合格抽取比例减半。

（3）每个建筑单体不少于 3 间。

（4）房间总数少于 3 间时，全数抽检。

2. 标准客房抽样数量符合要求。

问题 6：表 3 的污染物浓度是否符合要求？应检测的污染物还有哪些？

【答案】

（1）TVOC 浓度不符合要求，苯浓度符合要求。

（2）氡、甲醛、氨、甲苯、二甲苯。

【解析】当房间内有 2 个及以上检测点时，取各点检测结果的平均值作为该房间的检测值。但本题背景是每间房只抽取一个检测点，而且检测点数量抽取是符合规范要求的，故检测值不存在平均值这一说法，每间房的检测值就是这一个点的数值。显然这里的平均值是取 10 间房 10 个点的数值平均，这是一个严重的干扰信息。规范要求当抽检的所有房间室内环境污染物浓度检测结果全部合格时，方可判定为该工程室内环境质量合格。表 3 中的最大值肯定就是其中某一个房间的检测值。如果某类污染物最大值超过浓度限值，意味着其中某一间房的此类污染物浓度检测不合格，此污染物即可判定为检测不合格。

知识点·引申

依据《民用建筑工程室内环境污染控制标准》GB 50325—2020

1.0.4　民用建筑工程的划分应符合下列规定：

1　Ⅰ类民用建筑应包括住宅、居住功能公寓、医院病房、老年人照料房屋设施、幼儿园、学校教室、学校宿舍等。

2　Ⅱ类民用建筑应包括办公楼、商店、旅馆、文化娱乐场所、书店、图书馆、展览馆、体育馆、公共交通等候室、餐厅等。

6.0.4　民用建筑工程竣工验收时，必须进行室内环境污染物浓度检测，其限量应符合下表的规定。

民用建筑室内环境污染物浓度限量

污染物	单位	Ⅰ类民用建筑	Ⅱ类民用建筑
氡	Bq/m³	≤150	
甲醛	mg/m³	≤0.07	≤0.08
氨 TVOC		≤0.15	≤0.20
苯		≤0.06	≤0.09
甲苯		≤0.15	≤0.20
二甲苯		≤0.20	
TVOC		≤0.45	≤0.50

案例16　2021年一建案例题一

▶ **知识点索引**

(1) 《住房和城乡建设部等部门关于加快培育新时代建筑产业工人队伍的指导意见》

(2) 常用高分子防水卷材类型

(3) 屋面隔离层材料，屋面淋水、蓄水试验

(4) 倒置式屋面构造层

背　景　资　料

某工程项目经理部为贯彻落实《住房和城乡建设部等部门关于加快培育新时代建筑产业工人队伍的指导意见》（住房城乡建设部等12部门2020年12月印发）要求，在项目劳动用工管理中做了以下工作：

(1) 要求分包单位与招用的建筑工人签订劳务合同。

(2) 总包对农民工工资支付工作负总责，要求分包单位做好农民工工资发放工作。

(3) 改善工人生活区居住环境，在集中生活区配套了食堂等必要生活机构设施，开展物业化管理。

项目经理部编制的《屋面工程施工方案》中规定：

(1) 工程采用倒置式屋面，屋面构造层包括防水层、保温层、找平层、找坡层、隔离

层、结构层和保护层。构造示意图如下图所示。

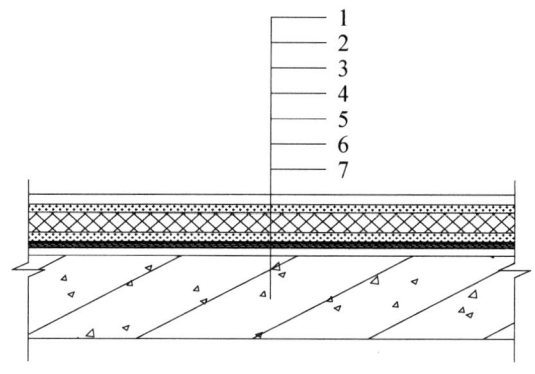

倒置式屋面构造示意图（部分）

（2）防水层选用三元乙丙高分子防水卷材。

（3）防水层施工完成后进行雨后观察或淋水、蓄水试验，持续时间应符合规范要求，合格后再进行隔离层施工。

问题1：指出项目劳动用工管理工作中不妥之处，并写出正确做法。

【答案】

不妥1：分包单位与建筑工人签订劳务合同。

正确做法：应签订劳动合同。

不妥2：分包单位发放农民工工资。

正确做法：农民工工资应由总包单位代发。

知识点 引申

依据《住房和城乡建设部等部门关于加快培育新时代建筑产业工人队伍的指导意见》

（八）健全保障薪酬支付的长效机制。

贯彻落实《保障农民工工资支付条例》，工程建设领域施工总承包单位对农民工工资支付工作负总责，落实工程建设领域农民工工资专用账户管理、实名制管理、工资保证金等制度，推行分包单位农民工工资委托施工总承包单位代发制度。依法依规对列入拖欠农民工工资"黑名单"的失信违法主体实施联合惩戒。加强法律知识普及，加大法律援助力度，引导建筑工人通过合法途径维护自身权益。

（九）规范建筑行业劳动用工制度。

用人单位应与招用的建筑工人依法签订劳动合同，严禁用劳务合同代替劳动合同，依法规范劳务派遣用工。施工总承包单位或者分包单位不得安排未订立劳动合同并实名登记的建筑工人进入项目现场施工。制定推广适合建筑业用工特点的简易劳动合同示范文本，加大劳动监察执法力度，全面落实劳动合同制度。

（十一）持续改善建筑工人生产生活环境。

各地要依法依规及时为符合条件的建筑工人办理居住证，用人单位应及时协助提供相关证明材料，保障建筑工人享有城市基本公共服务。全面推行文明施工，保证施工现场整洁、规范、有序，逐步提高环境标准，引导建筑企业开展建筑垃圾分类管理。不断改善劳动安全卫生标准和条件，配备符合行业标准的安全帽、安全带等具有防护功能的工装和劳动保护用品，制定统一的着装规范。施工现场按规定设置避难场所，定期开展安全应急演练。鼓励有条件的企业按照国家规定进行岗前、岗中和离岗时的职业健康检查，并将职工劳动安全防护、劳动条件改善和职业危害防护等纳入平等协商内容。大力改善建筑工人生活区居住环境，根据有关要求及工程实际配置空调、淋浴等设备，保障水电供应、网络通信畅通，达到一定规模的集中生活区要配套食堂、超市、医疗、法律咨询、职工书屋、文体活动室等必要的机构设施，鼓励开展物业化管理。将符合当地住房保障条件的建筑工人纳入住房保障范围。探索适应建筑业特点的公积金缴存方式，推进建筑工人缴存住房公积金。加大政策落实力度，着力解决符合条件的建筑工人子女城市入托入学等问题。

问题2：为改善工人生活区居住环境，在一定规模的集中生活区应配套的必要生活机构设施有哪些？（如食堂）
【答案】
必要生活机构设施有：食堂、超市、医疗、法律咨询、职工书屋、文体活动室等。
【解析】参考问题1知识点引申。

知识点 引申

施工现场应设置的临时设施包括：办公室、宿舍、食堂、厕所、淋浴间、开水房、文体活动室、密闭式垃圾站（或容器）及盥洗设施等。

问题3：常用高分子防水卷材有哪些？（如三元乙丙）
【答案】
（1）三元乙丙。
（2）聚氯乙烯。
（3）氯化聚乙烯。
（4）氯化聚乙烯-橡胶共混。
（5）三元丁橡胶防水卷材。

知识点 引申

防水卷材

（1）改性沥青防水卷材主要有弹性体（SBS）改性沥青防水卷材、塑性体（APP）改性沥青防水卷材、沥青复合胎柔性防水卷材、自粘橡胶改性沥青防水卷材、改性沥青聚乙烯胎防水卷材以及道桥用改性沥青防水卷材等。
（2）防水卷材的主要性能包括：防水性、机械力学性能、温度稳定性、大气稳定性、柔韧性。

问题4：常用屋面隔离层材料有哪些？屋面防水层淋水、蓄水试验持续时间各是多少小时？

【答案】

（1）隔离层材料有：塑料膜、土工布、卷材、低强度等级砂浆。

（2）淋水持续时间2h，蓄水试验持续时间24h。

知识点·引申

依据《屋面工程质量验收规范》GB 50207—2012

4.4 隔离层

4.4.1 块体材料、水泥砂浆或细石混凝土保护层与卷材、涂膜防水层之间，应设置隔离层。

4.4.2 隔离层可采用干铺塑料膜、土工布、卷材或铺抹低强度等级砂浆。

6.2 卷材防水层

6.2.11 卷材防水层不得有渗漏和积水现象。

检验方法：雨后观察或淋水、蓄水试验。

条文解释：防水是屋面的主要功能之一，若卷材防水层出现渗漏和积水现象，将是最大的弊病。检验屋面有无渗漏和积水、排水系统是否通畅，可在雨后或持续淋水2h以后进行。有可能作蓄水试验的屋面，其蓄水时间不应少于24h。

问题5：写出图中屋面构造层1~7对应的名称。

【答案】

1：保护层。

2：保温层。

3：隔离层。

4：防水层。

5：找平层。

6：找坡层。

7：结构层。

【解析】根据题干中的信息"防水层施工完成后进行雨后观察或淋水、蓄水试验，持续时间应符合规范要求，合格后再进行隔离层施工"，可以确定是防水层施工完毕，后续是隔离层施工，待隔离层施工完毕才是保温层施工。但是，这与《倒置式屋面工程技术规程》JGJ 230—2010规定却不一样。经过权衡，答题还是按照命题人的意思来表示比较稳妥。

知识点·引申

依据《倒置式屋面工程技术规程》JGJ 230—2010

5.1.2 倒置式屋面基本构造宜由结构层、找坡层、找平层、防水层、保温层及保护层组成。如图5.1.2所示。

6.5.2-2 保护层与保温层之间的隔离层应满铺，不得漏底，搭接宽度不应小于100mm。（此条说明隔离层应在保温层之上、保护层之下）

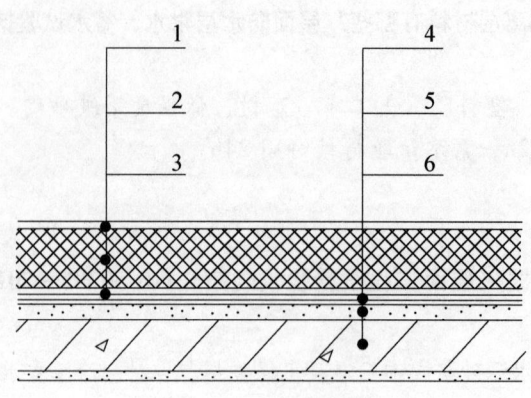

图 5.1.2 倒置式屋面基本构造
1—保护层；2—保温层；3—防水层；4—找平层；5—找坡层；6—结构层

案例 17　2021 年一建案例题二（有改动）

▶▶ 知识点索引

（1）变形测量精度、基准点类型及设置要求
（2）混凝土表面收缩裂缝现象及原因
（3）地面瓷砖面层施工工艺
（4）建筑内部装修工程验收

背 景 资 料

某施工单位承建一高档住宅楼工程，钢筋混凝土剪力墙结构，地下 2 层，地上 26 层，建筑面积 36000m²。

施工单位项目部根据该工程特点，编制了"施工期变形测量专项方案"，明确了建筑测量精度等级为一等，规定了两类变形测量基准点设置均不少于 4 个。

首层楼板混凝土出现明显的塑态收缩现象，造成混凝土结构表面收缩裂缝。项目部质量专题会议分析其主要原因是骨料含泥量过大和水泥及掺合料的用量超出规范要求等，要求及时采取防治措施。

项目经理巡查到 2 层样板间时，地面瓷砖铺设施工人员正按照基底处理、放线、浸砖等工艺流程进行施工。其检查了施工质量，强调后续工作要严格按照正确施工工艺作业。

经检查，施工单位在建筑内部装修工程的防火施工过程中（包括隐蔽工程的施工过程中及完工后）的抽样检验结果和现场进行阻燃处理、喷涂、安装作业的抽样检验结果均符合设计要求。总监理工程师组织施工单位项目负责人、设计单位项目负责人和专业监理工程师等进行了建筑内部装修工程质量验收。

问题 1：建筑变形测量精度分几个等级？变形测量基准点分哪两类？其基准点设置要求有哪些？

【答案】

（1）建筑变形测量精度等级共 5 级。

（2）变形测量基准点分为：沉降基准点和位移基准点。

（3）基准点设置要求是：特等、一等不少于 4 个，其他等级不少于 3 个；沉降基准点形成闭环。

知识点 引申

依据《建筑变形测量规范》JGJ 8—2016

3.2.2 建筑变形测量精度等级分为特等、一等、二等、三等、四等共 5 级。

5.1.4 基准点可分为沉降基准点和位移基准点。当需同时测定建筑的沉降和位移或三维变形时，宜设置同时满足沉降基准点和位移基准点布设要求的基准点。

5.2.1 沉降观测应设置沉降基准点。特等、一等沉降观测，基准点不应少于 4 个；其他等级沉降观测，基准点不应少于 3 个。基准点之间应形成闭合环。

5.3.1 位移观测基准点的设置：对水平位移观测、基坑监测或边坡监测，应设置位移基准点。基准点数对特等和一等不应少于 4 个，对其他等级不应少 3 个。

总结如下图所示：

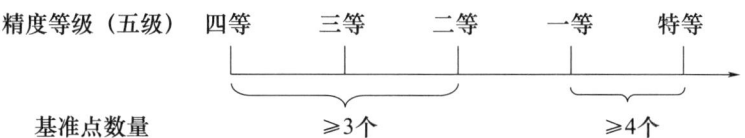

问题 2：除塑态收缩外，还有哪些收缩现象易引起混凝土表面收缩裂缝？收缩裂缝产生的原因还有哪些？

【答案】

1. 引起混凝土表面收缩裂缝的收缩现象还有：沉陷收缩、干燥收缩、碳化收缩、凝结收缩。

2. 收缩裂缝产生的原因还有：

（1）混凝土水胶比大、坍落度偏大，和易性差。

（2）表面抹压收面不规范，养护不及时或养护差。

知识点 引申

混凝土收缩裂缝防治措施

（1）选用合格的原材料。

（2）根据现场情况、图纸设计和规范要求，由有资质的实验室配制合适的混凝土配合比，并确保搅拌质量。

（3）确保混凝土浇筑振捣密实，并在初凝前进行二次抹压。
（4）确保混凝土及时养护，并保证养护质量满足要求。

问题3：地面瓷砖面层施工工艺内容还有哪些？
【答案】
地面瓷砖面层工艺还有：铺设结合层砂浆、铺砖、养护、勾缝。

知识点 引申

石材饰面施工

（1）工艺流程：基层处理→放线→试拼石材→铺设结合层砂浆→铺设石材→养护→勾缝。

（2）石材勾缝的具体要求：清晰、顺直、平整、光滑、深浅一致、缝色与石材颜色基本一致。

问题4：根据《建筑内部装修防火施工及验收规范》GB 50354—2005，指出建筑内部装修工程验收的不妥之处并说理由。工程质量验收还应符合哪些要求？
【答案】
1. 不妥之处：总监理工程师组织建筑内部装修工程验收。
理由：应由建设单位项目负责人组织。
2. 工程质量验收还应符合：
（1）技术资料应完整。
（2）所用装修材料或产品的见证取样检验结果应符合设计要求。
（3）施工过程中的主控项目检验结果应全部合格。
（4）施工过程中的一般项目检验结果合格率应达到80%。

案例18　2021年一建案例题三

▶ 知识点索引

（1）工程施工组织方式、流水施工的工艺参数和时间参数
（2）施工总平面布置图设计要点、布置施工升降机应考虑的条件和因素
（3）根据实际进度前锋线分析进度实际进展情况
（4）根据实际进度前锋线重新绘制调整后的双代号时标网络计划
（5）主体结构验收工程实体应具备条件、施工方应参加人员

三、背景资料

某工程项目，地上 15~18 层，地下 2 层，钢筋混凝土剪力墙结构，总建筑面积 57000m²。施工单位中标后成立项目经理部组织施工。

项目经理部计划施工组织方式采用流水施工，根据劳动力储备和工程结构特点确定流水施工的工艺参数、时间参数和空间参数，如空间参数中的施工段、施工层划分等，合理配置了组织和资源，编制项目双代号网络计划如图 1 所示。

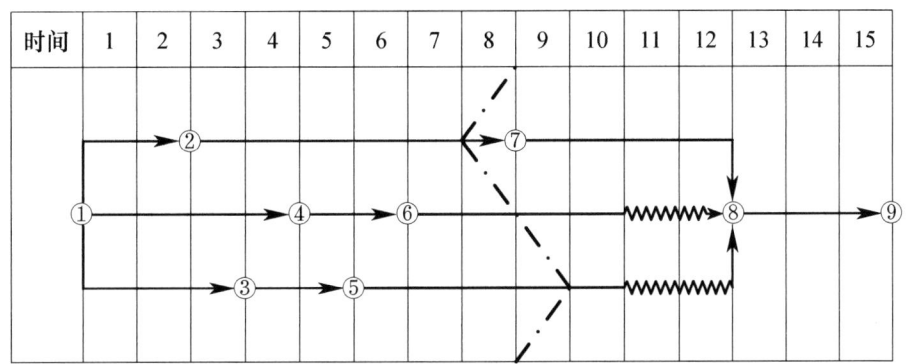

图 1　项目双代号网络计划（一）

项目经理部上报了施工组织设计，其中：施工总平面图设计要点包括了设置大门，布置塔吊、施工升降机，布置临时房屋、水、电和其他动力设施等。布置施工升降机时，考虑了导轨架的附墙位置和距离等现场条件和因素。公司技术部门在审核时指出施工总平面图设计要点不全，施工升降机布置条件和因素考虑不足，要求补充完善。

项目经理部在工程施工到第 8 月底时，对施工进度进行了检查，工程进展状态如图 1 中前锋线所示。工程部门根据检查分析情况，调整措施后重新绘制了从第 9 月开始到工程结束的双代号网络计划，部分内容如图 2 所示。

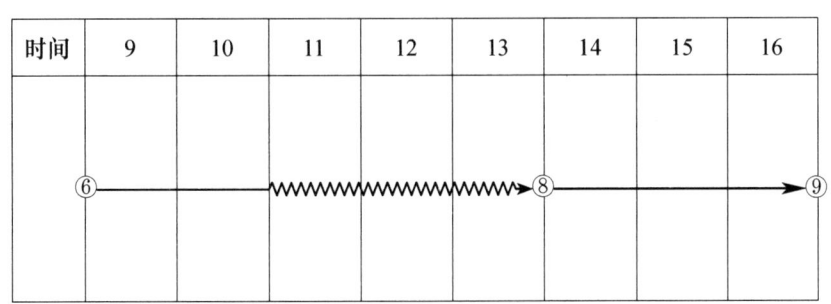

图 2　项目双代号网络计划（二）

主体结构完成后，项目部为结构验收做了以下准备工作：
（1）将所有模板拆除并清理干净；
（2）工程技术资料整理、整改完成；
（3）完成了合同图纸和洽商所有内容；

(4) 各类管道预埋完成，位置尺寸准确，相应测试完成；

(5) 各类整改通知已完成，并形成整改报告。

项目部认为达到了验收条件，向监理单位申请组织结构验收，并决定由项目技术负责人、相关部门经理和工长参加。监理工程师认为存在验收条件不具备、参与验收人员不全等问题，要求完善验收条件。

问题1：工程施工组织方式有哪些？组织流水施工时，应考虑的工艺参数和时间参数分别包括哪些内容？

【答案】

(1) 施工组织方式：依次施工、流水施工、平行施工。

(2) 工艺参数：施工过程、流水强度。

(3) 时间参数：流水节拍、流水步距、工期。

知识点 引申

1. 流水施工的特点：

(1) 科学利用工作面，争取时间，努力压缩工期。

(2) 作业队实现专业化施工，有利于工作质量和效率的提升。

(3) 工作队及其工人、机械设备连续作业，同时使相邻专业工作队的开工时间能够最大限度搭接，减少窝工和其他支出，降低建造成本。

(4) 单位时间内资源投入量较均衡，有利于资源组织与供给。

2. 流水施工的表达方式：网络图、横道图、垂直图。

问题2：施工总平面布置图设计要点还有哪些？布置施工升降机时，应考虑的条件和因素还有哪些？

【答案】

1. 总平面图设计要点还有：

(1) 布置材料仓库、堆场。

(2) 布置加工厂。

(3) 布置场内临时运输道路。

2. 布置施工升降机还应考虑：

(1) 地基承载力。

(2) 地基平整度。

(3) 周边排水。

(4) 楼层平台通道。

(5) 出入口防护门。

(6) 周边的防护围栏。

知识点 · 引申

布置大型机械设备应考虑的条件和因素

（1）布置塔吊需考虑因素：基础设置、周边环境、覆盖范围、可吊构件的重量、构件的运输和堆放、附墙杆件的位置和距离、塔吊使用后的拆除和运输。

（2）布置混凝土泵需考虑因素：泵管的输送距离、混凝土罐车行走停靠、立管位置、泵车现场流动使用。

问题3：根据图1中进度前锋线分析第8月底工程的实际进展情况。

【答案】

第8月底检查结果：

（1）工作②→⑦进度滞后1个月。

（2）工作⑥→⑧进度与原计划一致。

（3）工作⑤→⑧进度提前1个月。

知识点 · 引申

实际进度前锋线

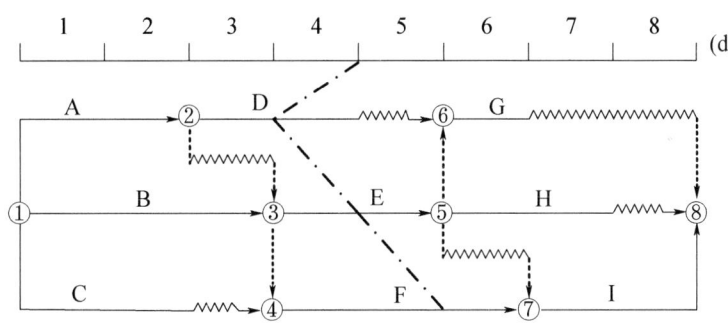

1. 本质是双代号时标网络计划，仅在特定检查时刻加一条反映实际进度的点画线。

（1）实际进度在检查日期左侧：进度延误 ⎫
（2）实际进度在检查日期右侧：进度提前 ⎬ 提前或延误时间为实际进度点与检查日期点的水平投影长度
（3）实际进度与检查日期重合：进度正常 ⎭

2. 上述图例结论如下：

（1）D工作实际进度在检查日期左侧，代表D工作延误，延误时间为1d。

（2）F工作实际进度在检查日期右侧，代表F工作提前，提前时间为1d。

（3）E工作实际进度与检查日期重合，代表E工作进度正常，按计划进行。

3. 判断实际进度对总工期及紧后工作的影响：

（1）是否影响总工期，只看本项工作的总时差。

（2）是否影响紧后工作的最早开始时间，只看本项工作的自由时差。

如：D 工作实际进度延误 1d，总时差为 3d，延误天数没有超过总时差，不影响总工期；自由时差为 1d，延误天数没有超过自由时差，也不影响紧后工作。

问题 4：在答题纸上绘制正确的从第 9 月开始到工程结束的双代号网络计划图（图 2）。
【答案】

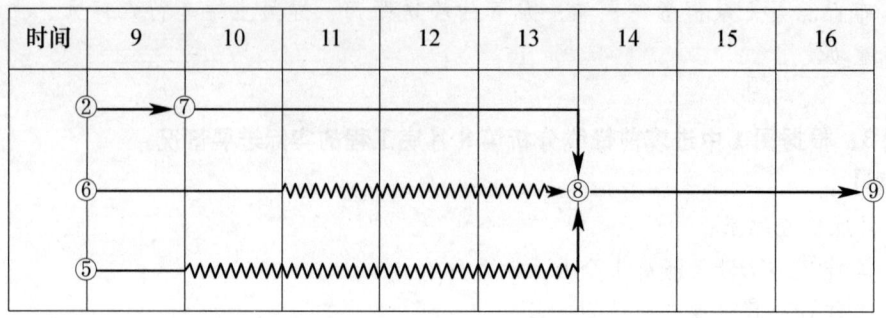

【解析】重新绘制步骤如下：

第一步：由于关键工作②→⑦滞后 1 个月，故工期变为 16 个月。节点⑦定在第 9 月底，节点⑧定在第 13 月底，节点⑨定在第 16 月底。

时间	9	10	11	12	13	14	15	16
	②	⑦						
	⑥				⑧			⑨
	⑤							

第二步：关键工作②→⑦、⑦→⑧、⑧→⑨用实箭线连起来（关键工作不存在机动时间）。

时间	9	10	11	12	13	14	15	16
	②→⑦							
	⑥				⑧			→⑨
	⑤							

第三步：节点⑥到节点⑧有 5 个月的时间，但工作⑥→⑧只需 2 个月，剩余 3 个月用波形线补充。

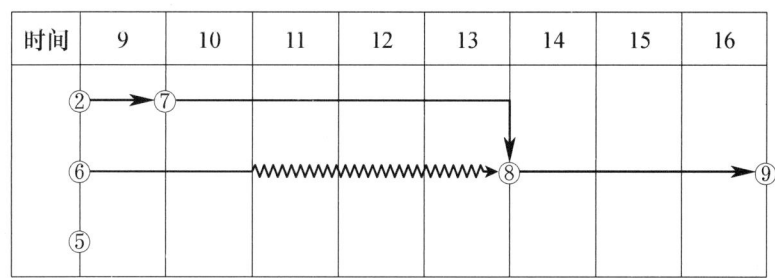

第四步：节点⑤到节点⑧有 5 个月的时间，但工作⑤→⑧只需 1 个月，剩余 4 个月用波形线补充。

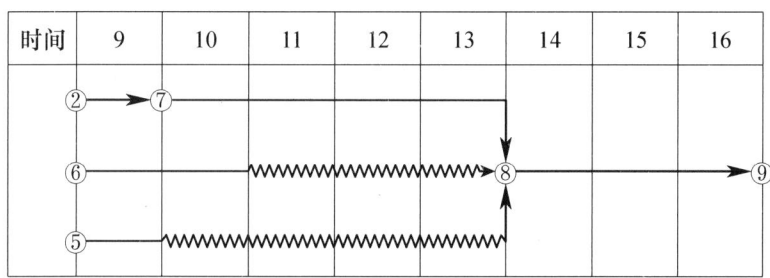

问题 5：主体结构验收工程实体还应具备哪些条件？施工单位应参与结构验收的人员还有哪些？

【答案】

1. 工程实体还应具备条件：
（1）施工孔洞镶堵密实，并隐蔽验收记录。
（2）弹出楼层标高线，并标志。
2. 施工单位应参与结构验收的人员还有：项目负责人，单位技术、质量部门负责人。

案例 19 2021 年一建案例题四（有改动和删减）

▶▶ 知识点索引
（1）预付款、起扣点计算
（2）用总费用法计算索赔金额
（3）施工机械设备供应渠道、机械设备使用成本费用中的固定费用
（4）检验试验索赔事项

背景资料

某新建住宅楼工程，建筑面积 25000m²，装配式钢筋混凝土结构。建设单位编制了招标

工程量清单等招标文件，其中部分条款内容为：开工前业主向承包商支付合同工程造价的 25% 作为预付备料款；保修金为总价的 3%。经公开招投标，某施工总承包单位以 12500 万元中标。其中：工地总成本 9200 万元；公司管理费按 10% 计；利润按 5% 计；暂列金额 1000 万元。主要材料及构配件金额占合同额 70%。双方签订了工程施工总承包合同。

施工单位按照建设单位要求，通过专家论证，采用了一种新型预制钢筋混凝土剪力墙结构体系，致使实际工地总成本增加到 9500 万元。施工单位在工程结算时，对增加费用进行了索赔。

项目经理部按照优先选择单位工程量使用成本费用（包括可变费用和固定费用，如大修理费、小修理费等）较低的原则，施工塔吊供应渠道选择企业自有设备调配。

项目检验试验由建设单位委托具有资质的检测机构负责，施工单位支付了相关费用，并向建设单位提出以下索赔事项：

(1) 现场自建实验室费用超出预算费用 3.5 万元；
(2) 新型钢筋混凝土预制剪力墙结构验证试验费 25 万元；
(3) 新型钢筋混凝土剪力墙预制构件抽样检测费用 12 万元；
(4) 预制钢筋混凝土剪力墙板破坏性试验费用 8 万元；
(5) 施工企业采购的钢筋连接套筒抽检不合格而增加的检测费用 1.5 万元。

问题1：该工程预付备料款和起扣点分别是多少万元？（精确到小数点后两位）

【答案】

工程预付款：（12500−1000）×25% = 2875.00 万元

起扣点：（12500−1000）−2875/70% = 7392.86 万元

【解析】采用百分比法计算预付款时，中标合同价需减去不属于承包商的费用；起扣点的计算公式中，合同价的定义与预付款中合同价的定义相同。暂列金额 1000 万元虽然包括在合同价中，但是由业主方掌握使用，属于业主方的费用，计算时需要扣除。

问题2：施工单位工地总成本增加，用总费用法分步计算索赔值是多少万元？（精确到小数点后两位）

【答案】

总成本增加：9500−9200 = 300.00 万元

公司管理费增加：300×10% = 30.00 万元

利润增加：（300+30）×5% = 16.50 万元

索赔值：300.00+30.00+16.50 = 346.50 万元

知识点 引申

索赔费用的组成：人工费、材料费、施工机械使用费、现场管理费、利息、分包费、总部（企业）管理费、利润。

索赔费用的计算方法有：实际费用法、总费用法和修正的总费用法。其中，实际费用法是最常用的，也是准确度最高的，而总费用法是准确度最低的，所以这种方法只有在难以采用实际费用法时才会被应用。

总费用法又称总成本法，通过计算出某单项工程的总费用，减去该单项工程的合同费用，剩余费用为索赔的费用。

问题3：项目施工机械设备的供应渠道有哪些？机械设备使用成本费用中固定费用有哪些？

【答案】

（1）设备供应渠道有：企业自有设备调配、市场租赁设备、专门购置机械设备、专业分包自带设备。

（2）固定费用有：折旧费、大修理费、机械管理费、投资应付利息、固定资产占用费。

知识点 引申

施工机械设备管理

1. 施工机械设备选择的依据是：施工项目的施工条件、工程特点、工程量及工期要求等。

2. 机械设备使用的成本费用分为可变费用和固定费用两大类。

（1）可变费用又称操作费，它随着机械的工作时间变化，如操作人员的工资、燃料动力费、小修理费、直接材料费等。

（2）固定费用是按一定施工期限分摊的费用，如折旧费、大修理费、机械管理费、投资应付利息、固定资产占用费等。

问题4：分别判断检测试验索赔事项的各项费用是否成立？（如1万元成立）

【答案】

（1）3.5万元不成立。

（2）25万元成立。

（3）12万元不成立。

（4）8万元成立。

（5）1.5万元不成立。

【解析】此问很难，一是难在答案格式没看清；二是难在考点理解不透彻。

难度一：答案格式没看清。问题后括号内已经明确答案的格式是"××万元成立"或"××万元不成立"，结果很多考生长篇大论地写，担心自己的想法和思路被误解。

难度二：没有深刻理解工程造价（合同价）中包括的检验试验费的含义。

检验试验费是指施工企业按照有关标准规定，对建筑及材料、构件和建筑安装物进行一般鉴定、检查所发生的费用，包括自设实验室进行试验所耗用的材料等费用，不包括新结构、新材料的试验费，对构件做破坏性试验及其他特殊要求检验试验的费用和建设单位委托检测机构进行检测的费用，对此类检测发生的费用，由建设单位另行承担。

索赔事项一：现场自建实验室费用超出预算费用3.5万元，属于自设实验室进行试验所耗用的材料等费用，包括在检验试验费内，索赔不成立。

索赔事项二：新型钢筋混凝土预制剪力墙结构验证试验费 25 万元，属于新结构的试验费，不包括在检验试验费里，索赔成立。

索赔事项三：新型钢筋混凝土剪力墙预制构件抽样检测费用 12 万元，属于对构件进行一般鉴定、检查所发生的费用，包括在检验试验费内，索赔不成立。

索赔事项四：预制钢筋混凝土剪力墙板破坏性试验费用 8 万元，属于对构件做破坏性试验，不包括在检验试验费里，索赔成立。

索赔事项五：施工企业采购的钢筋连接套筒抽检不合格而增加的检测费用 1.5 万元，属于施工单位责任导致的费用增加，索赔不成立。

案例 20　2021 年一建案例题五

知识点索引

（1）"临时用电组织设计"、临时用电管理
（2）劳动防护用品
（3）脚手架拆除作业安全管理要点
（4）检测试验参数、确定抽检频次条件
（5）围护结构子分部工程所包含分项工程、墙体保温隔热材料复验指标

背景资料

某住宅工程由 7 栋单体组成，地下 2 层，地上 10~13 层，总建筑面积 11.5 万 m²。施工总承包单位中标后成立项目经理部组织施工。

项目总工程师编制了《临时用电组织设计》，其内容包括：总配电箱设在用电设备相对集中的区域；电缆直接埋地敷设穿过临建设施时应设置警示标识进行保护；临时用电施工完成后，由编制和使用单位共同验收合格后方可使用；各类用电人员经考试合格后持证上岗工作；发现用电安全隐患，经电工排除后继续使用；维修临时用电设备由电工独立完成；临时用电定期检查按分部、分项工程进行。《临时用电组织设计》报企业技术部门批准后，上报监理单位。监理工程师认为《临时用电组织设计》存在不妥之处，要求修改完善后再报。

项目经理部结合各级政府疫情防控工作政策，编制了《绿色施工专项方案》。监理工程师审查时指出了不妥之处：

（1）生产经理是绿色施工组织实施第一责任人。
（2）施工工地内的生活区实施封闭管理。
（3）实行每日核酸检测。
（4）现场生活区采取灭鼠、灭蚊、灭蝇等措施，不定期投放和喷洒灭虫、消毒药物。

同时要求明确电焊工、架子工应配备的劳动防护用品。

项目一处双排脚手架搭设到 20m 时，当地遇罕见暴雨，造成地基局部下沉，外墙脚手架出现严重变形，经评估后认为不能继续使用。项目技术部门编制了该脚手架拆除方案，规定了作业时设置专人指挥，多人同时操作时，明确分工、统一行动，保持足够的操作面等脚手架拆除作业安全管理要点。经审批并交底后实施。

项目部在工程质量策划中，制定了分项工程过程质量检测试验计划，部分内容见下表。施工过程质量检测试验抽检频次依据质量控制需要等条件确定。

部分施工过程质量检测试验主要内容

类别	检测试验项目	主要检测试验参数
地基与基础	桩基	
钢筋连接	机械连接现场检验	
混凝土	混凝土性能	
		同条件转标养强度
建筑节能	围护结构现场实体检验	
		外窗气密性能

对建筑节能工程围护结构子分部工程检查时，抽查了墙体节能分项工程中保温隔热材料复验报告。复验报告表明该批次酚醛泡沫塑料板的导热系数（热阻）等各项性能指标合格。

问题 1：写出《临时用电组织设计》内容与管理中不妥之处的正确做法。

【答案】

正确做法：

(1) 分配电箱设在用电设备相对集中的区域（或总配电箱设在进场电源最近处）。

(2) 电缆穿过临建设施时应套钢管保护。

(3) 由编制、审核、批准和使用单位共同验收合格后方可使用。

(4) 用电安全隐患经电工排除后，经复查验收方可继续使用。

(5) 维修临时用电设备由电工完成，并有人监护。

(6) 项目电气工程师编制《临时用电组织设计》。

(7) 报企业技术负责人批准。

知识点 引申

临时用电组织设计

编制条件	(1) 用电设备≥5 台或设备总容量≥50kW，应编制用电组织设计，否则应制定安全用电和电气防火措施。 (2) 装饰装修工程施工阶段补充编制《单项施工用电方案》

续表

编制人员	电气工程技术人员
审批程序	相关部门审核，具有法人资格企业的技术负责人审批，现场监理签认
临时用电工程	经编制、审核、批准部门和使用单位验收合格，方可投入使用

问题 2：写出《绿色施工专项方案》中不妥之处的正确做法。电焊工、架子工应配备的劳动防护用品有哪些？

【答案】

1.《绿色施工专项方案》不妥之处的正确做法。

（1）项目经理是绿色施工组织实施第一责任人。

（2）施工工地实施封闭管理。

（3）实行每日体温检测登记。

（4）现场生活区定期进行喷洒灭虫、消毒药物。

2. 应配备的劳动防护用品。

（1）电焊工：阻燃防护服、绝缘鞋（含鞋盖）、电焊手套、焊接防护面罩、阻燃安全带（高处作业时）。

（2）架子工：紧口工作服、系带防滑鞋、工作手套。

知识点 引申

施工生产职业病防治管理措施

（1）应对劳动者进行上岗前的职业卫生培训和在岗期间的定期职业卫生培训。

（2）对从事接触职业病危害作业的劳动者，应当组织上岗前、在岗期间和离岗时的职业健康检查。

（3）现场常见工种配备劳动防护用品见下表。

序号	工种	应配备劳动防护用品
1	架子工、塔司、起重工	紧口工作服、系带防滑鞋、工作手套
2	信号工	专用标识服装，有色防护眼镜（强光环境）
3	维修电工	绝缘鞋、绝缘手套、紧口工作服
4	电焊工、气割工	阻燃防护服、绝缘鞋（含鞋盖）、电焊手套、焊接防护面罩、阻燃安全带（高处作业时）
5	防水工、油漆工	防静电工作服、防静电鞋和鞋盖、防护手套、防毒口罩、防护眼镜

问题 3：脚手架拆除作业安全管理要点还有哪些？

【答案】

脚手架拆除作业安全管理要点还有：

（1）必须由上而下逐层进行，严禁上下同时作业。

（2）连墙件逐层拆除，严禁整层拆除连墙件后再拆脚手架。
（3）分段拆除高差不大于2步，如高差大于2步增设连墙件加固。
（4）拆除的构配件吊运或传递到地面，严禁抛掷。

问题4： 写出表中相关检测试验项目对应主要检测试验参数的名称（如混凝土性能：同条件转标养强度）。确定抽检频次条件还有哪些？

【答案】

1. 检查项目所对应主要检测试验参数的名称。
（1）桩基：承载力、桩身完整性。
（2）机械连接现场检验：抗拉强度。
（3）混凝土性能：标准养护试件强度、同条件试件强度、抗渗性能。
（4）围护结构现场实体检验：外墙节能构造。

2. 确定抽检频次条件还有：施工流水段划分、工程量、施工环境。

问题5： 建筑节能工程中的围护结构子分部工程还包含哪些分项工程？墙体保温隔热材料进场时需要复验的性能指标还有哪些？

【答案】

1. 围护结构子分部工程包含分项工程还有：
（1）幕墙节能工程。
（2）门窗节能工程。
（3）屋面节能工程。
（4）地面节能工程。

2. 墙体保温隔热材料复验性能还有：密度、压缩（抗压）强度、垂直于板面的抗拉强度、吸水率、燃烧性能。

知识点·引申

墙体节能工程材料进场复验内容
依据《建筑节能工程施工质量验收标准》GB 50411—2019

（1）保温隔热材料的导热系数或热阻、密度、压缩强度或抗压强度、垂直于板面方向的抗拉强度、吸水率、燃烧性能（不燃材料除外）。

（2）复合保温板等墙体节能定型产品的传热系数或热阻、单位面积质量、拉伸粘结强度、燃烧性能（不燃材料除外）。

（3）保温砌块等墙体节能定型产品的传热系数或热阻、抗压强度、吸水率。

（4）反射隔热材料的太阳光反射比、半球发射率。

（5）粘结材料的拉伸粘结强度。

（6）抹面材料的拉伸粘结强度、压折比。

（7）增强网的力学性能、抗腐蚀性能。

案例 21　2020 年一建案例题二

知识点索引

(1) 各类施工进度计划编制改错、施工总进度计划中编制说明的内容
(2) 双代号网络图逻辑关系调整后的表示方法、工期、关键线路
(3) 进度事后控制的措施
(4) 主体结构包含分项工程内容、结构实体检验内容

背景资料

某新建住宅群体工程，包含 10 栋装配式高层住宅、5 栋现浇框架小高层公寓、1 栋社区活动中心及地下车库，总建筑面积 31.5 万 m^2，开发商通过邀请招标确定甲公司为施工总承包单位。

开工前，项目部综合工程设计、合同条件、现场场地分区移交、陆续开工等因素编制本工程施工组织总设计，其中施工总进度计划在项目经理领导下编制，编制过程中，项目经理发现该计划编制说明中仅有编制的依据，未体现计划编制应考虑的其他要素，要求编制人员补充。

社区活动中心开工后，由项目技术负责人组织，专业工程师根据施工总进度计划编制社区活动中心施工进度计划，内部评审中项目经理提出 C、G、J 工作由于特殊工艺共同租赁一台施工机具，在工作 B、E 按计划完成的前提下，考虑该机具租赁费用较高，尽量连续施工，要求对进度计划进行调整。经调整，最终形成既满足工期要求又经济可行的进度计划。社区活动中心调整前的部分进度计划如下图所示。

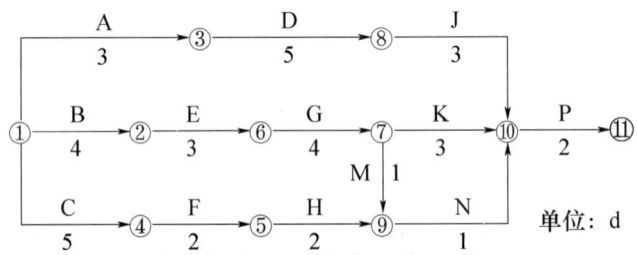

社区活动中心施工进度计划（部分）

公司对项目部进行月度生产检查时发现，因连续小雨影响，D 工作实际进度较计划进度滞后 2d，要求项目部在分析原因的基础上制定进度事后控制措施。

本工程完成全部结构施工内容后，在主体结构验收前，项目部制定了结构实体检验专项方案，委托具有相应资质的检测单位在监理单位见证下，对涉及混凝土结构安全的有代表性的部位进行钢筋保护层厚度等检测，检测项目全部合格。

问题 1： 指出背景资料中施工进度计划编制中的不妥之处。施工总进度计划编制说明还包括哪些内容？

【答案】

(1) 不妥之处：

不妥 1：施工总进度计划在项目经理领导下编制。

不妥2：社区活动中心施工进度计划开工后编制。

不妥3：项目技术负责人组织编制社区活动中心施工进度计划。

（2）编制说明内容还包括：假设条件、指标说明、实施重点、实施难点、风险估计、应对措施。

知识点 引申

施工进度计划分类

分类	编制
施工总进度计划	总包单位总工程师领导下编制
单位工程进度计划	项目经理组织，项目技术负责人领导下编制
分阶段（或专项工程）工程进度计划	专业工程师或负责分部分项的工长编制
分部分项工程进度计划	—

问题2：列出上图调整后有变化的逻辑关系（以工作节点表示，如①→②或②⇢③）。计算调整后的总工期，列出关键线路（以工作名称表示，如 A→D）。

【答案】

（1）有变化的逻辑关系：④⇢⑥；⑦⇢⑧。

（2）调整后的总工期：4+3+4+3+2＝16d。

（3）关键线路：有两条。

第一条：B→E→G→K→P；

第二条：B→E→G→J→P。

【解析】解答此问一定要看清楚题目示例，如①→②或②⇢③。也就是说，如果是增加实际的工作，必须用实箭线→，如果仅仅是改变前后工作间的逻辑关系，则必须用虚箭线⇢。

问题3：按照施工进度事后控制要求，社区活动中心应采取的措施有哪些？

【答案】

（1）制定保证社区活动中心工期不突破的对策措施。

（2）制定社区活动中心工期突破后的补救措施。

（3）调整施工计划，并组织协调相应的配套设施和保证措施。

知识点 引申

施工进度控制

1. 进度事前控制内容：

（1）编制项目实施总进度计划，确定工期目标。

（2）分解总目标，制定相应细部计划。

（3）制定完成计划的相应施工方案和保障措施。

2. 进度事中控制内容：

（1）检查工程进度。

（2）进行工程进度的动态管理。

问题 4：主体结构混凝土子分部包括哪些分项工程？结构实体检验还应包括哪些检测项目？

【答案】

（1）分项工程包括：模板、钢筋、混凝土、现浇结构、装配式结构。

（2）结构实体检验还应包括：混凝土强度、结构位置、尺寸偏差及合同约定的其他项目。

【解析】为了保证答案的严谨性，分项工程包括的内容中不能加"预应力"，因为根据题目背景信息"10 栋装配式高层住宅、5 栋现浇框架小高层公寓、1 栋社区活动中心及地下车库"无法判断是否使用了预应力，为了答题的严谨，所以不加"预应力"分项。

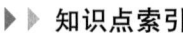

主体结构包括子分部工程、分项工程划分

依据《建筑工程施工质量验收统一标准》GB 50300—2013 中附录 B

（1）主体结构包含 7 个子分部工程：混凝土结构、砌体结构、钢结构、钢管混凝土结构、型钢混凝土结构、铝合金结构、木结构。（口诀：主体结构七子部，四钢木砌铝合金）

（2）混凝土结构子分部工程包括 6 个分项工程：模板、钢筋、混凝土、预应力、现浇结构、装配式结构。

（3）砌体结构子分部工程包括 5 个分项工程：砖砌体、混凝土小型空心砌块砌体、石砌体、配筋砌体、填充墙砌体。

案例 22　2020 年一建案例题三（有改动）

▶▶ **知识点索引**

（1）静力压桩法、桩身完整性分类、Ⅱ类桩的缺陷特征

（2）材料质量验证记录、材料质量控制环节

（3）装配式叠合构件钢筋工程隐蔽验收内容

（4）资料移交

背景资料

某企业新建研发中心大楼工程，地下 1 层，地上 16 层，总建筑面积 28000m²，基础为钢筋

混凝土预制桩，2层以上为装配式混凝土结构，外墙装饰部分为玻璃幕墙，实行施工总承包。

在静压预制桩施工时，桩基专业分包单位按照"先深后浅，先大后小，先长后短，先密后疏"的顺序进行，上部采用卡扣式机械快速连接接桩方法。桩基施工后经检测，有1%的Ⅱ类桩。

项目部编制了包括材料采购等内容的材料质量控制环节，材料进场时，材料员等相关管理人员对进场材料进行了验收，并将包括材料的品种、型号和外观检查等内容的质量验证记录上报监理单位备案。监理单位认为，项目部上报的材料质量验证记录内容不全，要求补充后重新上报。

2层装配式叠合构件安装完毕准备浇筑混凝土时，监理工程师发现该部位没有进行隐蔽验收，下达了整改通知单，指出装配式结构叠合构件的钢筋工程必须按质量合格证明书的牌号、规格、数量、位置，以及间距等隐蔽工程的内容分别验收合格后，再进行叠合构件的混凝土浇筑。

工程竣工验收后，参建各方按照合同约定及时整理了工程归档资料。幕墙承包单位在整理了工程资料后，移交了建设单位。施工总承包单位、监理单位、建设单位也分别将归档后的工程资料按照国家现行有关法规和标准进行了移交。

问题1：桩基的沉桩顺序是否正确？机械快速连接方法还有哪些？桩身的完整性有几类？写出Ⅱ类桩的缺陷特征。

【答案】

（1）沉桩顺序：不正确。

（2）机械快速连接方法还有：螺纹式、啮合式、抱箍式等。

（3）桩身的完整性有4类。

（4）Ⅱ类桩的缺陷特征是：桩身有轻微缺陷，不影响桩身结构承载力的正常发挥。

知识点 引申

静力压桩法

（1）施工前试压桩数量不少于3根。

（2）基坑采用静压桩时，不应边挖桩边开挖基坑。

（3）桩接头可采用焊接法，或螺纹式、啮合式、卡扣式、抱箍式等机械连接方法。

（4）送桩深度不宜大于10~12m。

（5）沉桩施工应按"先深后浅、先长后短、先大后小、避免密集"的原则进行。

（6）同一承台桩数大于5根时，不宜连续压桩。

桩身完整性分类

Ⅰ类桩	桩身完整
Ⅱ类桩	轻微缺陷，不会影响桩身结构承载力的正常发挥
Ⅲ类桩	明显缺陷，对桩身结构承载力有影响
Ⅳ类桩	严重缺陷

问题 2：质量验证记录还有哪些内容？材料质量控制环节还有哪些内容？
【答案】
（1）材料质量验证记录还有：材料规格、材料数量、见证取样。
（2）材料质量控制的环节还有：材料进场试验检验、过程保管、材料使用。

知识点 引申

建筑材料质量控制

（1）实行备案证明管理的材料包括：钢材、水泥、预拌混凝土、砂石、砌体材料、石材、胶合板。

（2）选择供货单位的原则：供货质量稳定、履约能力强、信誉高、价格有竞争力。

（3）瓷砖、釉面砖等装饰材料订货需考虑的因素：施工损耗、日后维修使用。

（4）由施工方采购的物资，业主的验证不能代替施工方对所采购物资的质量责任；而甲供材，施工方的验证也不能取代业主对其采购物资的质量责任。（谁采购谁负责）

（5）物资进场验证资料不齐或对其质量有怀疑时，要单独存放该部分物资，在资料齐全和复验合格后，方可使用。

问题 3：监理工程师对施工单位发出的整改通知单是否正确？补充叠合构件钢筋工程需进行隐蔽工程验收的内容。
【答案】
（1）监理工程师对施工单位发出的整改通知单：正确。
（2）钢筋工程需进行隐蔽工程验收的内容还有：
① 箍筋弯钩角度及平直段长度。
② 钢筋连接方式、接头数量、接头位置、接头面积百分比率、搭接长度、锚固方式、锚固长度。
③ 预埋件。
【解析】第二小问，隐蔽工程验收内容，一定要看清楚关键词，是针对钢筋工程的隐蔽工程验收，混凝土粗糙面、预留管线、接缝处及节点的隐蔽工程验收都不需要答，也不能答，答案务必精准。

知识点 引申

依据《装配式混凝土建筑技术标准》GB/T 51231—2016

11.1.5 装配式混凝土结构连接节点及叠合构件浇筑混凝土前，应进行隐蔽工程验收。隐蔽工程验收应包括下列主要内容：

1 混凝土粗糙面的质量，键槽的尺寸、数量、位置。
2 钢筋的牌号、规格、数量、位置、间距，箍筋弯钩的弯折角度及平直段长度。
3 钢筋的连接方式、接头位置、接头数量、接头面积百分率、搭接长度、锚固方式及锚固长度。

4　预埋件、预留管线的规格、数量、位置。

5　预制混凝土构件接缝处防水、防火等构造做法。

6　保温及其节点施工。

问题 4：幕墙承包单位的工程资料移交程序是否正确？各相关单位的工程资料移交程序是哪些？

【答案】

（1）幕墙承包单位的工程资料移交程序：不正确。

（2）各相关单位的工程资料移交程序是：

① 幕墙承包单位向施工总承包单位移交。

② 施工总承包单位向建设单位移交。

③ 监理单位向建设单位移交。

④ 建设单位向城建档案管理部门（档案馆）移交。

【解析】一定要看清楚问题中的几个关键字"各相关单位的工程资料移交程序"，根据题目背景中所涉及的单位，仅有"幕墙承包单位、施工总承包单位、监理单位、建设单位"，所以答案中不能出现设计单位、勘察单位的资料移交程序。

知识点 引申

工程资料分类

依据《建筑工程资料管理规程》JGJ/T 185—2009

（1）工程资料可分为工程准备阶段文件、监理资料、施工资料、竣工图和工程竣工文件 5 类。

（2）施工资料可分为施工管理资料、施工技术资料、施工进度及造价资料、施工物资资料、施工记录、施工试验记录及检测报告、施工质量验收记录、竣工验收资料 8 类。

（3）工程竣工文件可分为竣工验收文件、竣工决算文件、竣工交档文件、竣工总结文件 4 类。

案例 23　2020 年一建案例题四

知识点索引

（1）招投标改错

（2）混凝土泄洪沟签证费用计算

（3）因素分析法

（4）检验试验费、保管费

（5）钢筋综合单价调整

背景资料

某酒店工程，建设单位编制的招标文件部分内容为"工程质量为合格；投标人为本省具有工程总承包一级资质及以上企业；招标有效期为2018年3月1日至2018年4月15日；采取工程量清单计价模式；投标保证金为500.00万元……"。建设行政主管部门认为招标文件中部分条款不当，后经建设单位修改后继续进行招投标工作，共有八家施工企业参加工程项目投标，建设单位对投标人提出的疑问分别以书面形式对应回复给投标人。2018年5月28日确定某企业以2.18亿元中标，其中土方挖运综合单价为25.00元/m³，增值税及附加费为11.50%。双方签订了施工总承包合同，部分合同条款如下：工期自2018年7月1日起至2019年11月30日止；因建设单位责任引起的签证变更费用予以据实调整；工程质量标准为优良。工程量清单附表中约定，拆除工程为520.00元/m³；零星用工为260.00元/工日……

基坑开挖时，承包人发现地下位于基底标高以上部位，埋有一条尺寸为25m×4m×4m（外围长×宽×高）、厚度均为400mm的废弃混凝土泄洪沟。建设单位、承包人、监理单位共同确认并进行了签证。

承包人对某月砌筑工程的目标成本与实际成本进行对比，结果见下表。

砌筑工程目标成本与实际成本对比表

项目	单位	目标成本	实际成本
砌筑量	千块	970.00	985.00
单价	元/千块	310.00	332.00
损耗率	%	1.5	2
成本	元	305210.50	333560.40

建设单位负责采购的部分装配式混凝土构件，提前一个月运抵施工场地，承包人会同监理单位清点验收后，承包人为了节约施工场地进行了集中堆放。由于叠合板堆放层数过多，致使下层部分构件产生裂缝。两个月后建设单位在承包人准备安装该批构件时知悉此事，遂要求承包人对构件进行检测并赔偿损坏构件的损失。承包人则称构件损坏是由于发包人提前运抵施工现场所致，不同意检测和承担损失，并要求建设单位增加支付两个月的构件保管费用。

施工招标时，工程量清单中C25钢筋综合单价为4443.84元/t，钢筋材料单价暂定为2500.00元/t，数量为260.00t。结算时经双方核实实际用量为250.00t，经业主签字认可采购价格为3500.00元/t，钢筋损耗率为2%。承包人将钢筋综合单价的明细分别按照钢筋上涨幅度进行调整，调整后的钢筋综合单价为6221.38元/t。

问题1：指出招投标过程中有哪些不妥之处？并分别说明理由。

【答案】

不妥1：投标人为本省具有施工总承包一级资质的企业。

理由：不得以不合理条件限制或排斥潜在投标人。

不妥2：投标保证金500万元。

理由：投标保证金不得超过招标项目估算价的2%。（依据《中华人民共和国招标投标法实施条例》第二十六条，2019年3月2日第三次修改）

不妥3：对投标人提出的疑问分别以书面形式对应回复给投标人。

理由：应以书面形式回复给所有的投标人。

不妥4：2018年5月28日确定中标单位。

理由：应在招标文件截止日起30d内确定中标单位。（或：2018年4月15日起至2018年5月28日的期限超过了30d）

不妥5：工程质量标准为优良。

理由：与招标文件规定"工程质量为合格"不符。

问题2：承包人在基坑开挖过程中的签证费用是多少元？（保留小数点后两位）

【答案】

（1）因存在废弃泄洪沟减少土方挖运体积为：$25 \times 4 \times 4 = 400.00 m^3$。

（2）废弃泄洪沟混凝土拆除量为：泄洪沟外围体积－空洞体积＝$400 - 3.2 \times 3.2 \times 25 = 144.00 m^3$。

（3）工程签证金额为：拆除混凝土总价－土方体积总价＝$144 \times 520 \times (1+11.5\%) - 400 \times 25 \times (1+11.5\%) = 72341.20$ 元。

【解析】本题难点在于废弃混凝土泄洪沟的工程量到底是多少？即需判断出来泄洪沟是带顶盖还是不带顶盖？抓住关键信息"基坑开挖时，承包人发现地下位于基底标高以上部位，埋有一条尺寸为25m×4m×4m（外围长×宽×高）、厚度均为400mm的废弃混凝土泄洪沟。"如果不带顶盖，而又被埋入土中，那么沟内部分将被土掩埋，又怎么能达到泄洪的目的呢？据此推断，埋入土中的混凝土泄洪沟是带顶盖的，如下图所示。

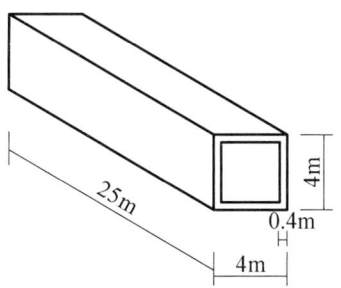

带顶盖的混凝土泄洪沟

问题3：砌筑工程各因素对实际成本的影响各是多少元？（保留小数点后两位）

【答案】

（1）以目标$305210.50 = 970 \times 310 \times (1+1.5\%)$为分析替代的基础。

（2）替换过程。

第一次替换砌筑量：$985 \times 310 \times (1+1.5\%) = 309930.25$元

第二次替换单价：$985 \times 332 \times (1+1.5\%) = 331925.30$元

第三次替换损耗率：985×332×（1+2%）=333560.40 元

（3）各因素对结算价款的影响。

砌筑量对结算价款影响：309930.25-305210.5=4719.75 元，说明砌筑量增加使成本增加 4719.75 元。

单价对结算价款影响：331925.30-309930.25=21995.05 元，说明单价上升使成本增加 21995.05 元。

损耗率对结算价款影响：333560.40-331925.30=1635.10 元，说明损耗率提高使成本增加 1635.10 元。

问题 4：承包人不同意建设单位要求的做法是否正确？并说明理由。承包人可获得多少个月的保管费？

【答案】

（1）承包人不同意进行检测做法：不正确。

理由：因为双方签订的合同中包括了检验试验费，故承包人应进行检测。

（2）承包人不同意承担损失做法：不正确。

理由：承包人保管不善导致的损失，应由承包人承担。

（3）承包人可获得 1 个月的保管费。

问题 5：承包人调整 C25 钢筋工程量清单的综合单价是否正确？说明理由。并计算该清单项结算综合单价和结算价款各是多少元？（保留小数点后两位）

【答案】

（1）承包人调整的综合单价调整方法：不正确。

理由：钢材的差价应直接在该综合单价上增减材料价差调整，不应当调整综合单价中的人工费、机械费、管理费和利润。

（2）钢筋价差调整：（3500-2500）×（1+2%）=1020 元/t。

钢筋工程结算综合单价：4443.84+1020=5463.84 元/t。

（3）结算价款为：250×5463.84×（1+11.5%）=1523045.40 元。

【解析】本问有两处难点，在此逐一解答。

（1）为何不考虑施工方重新提交的综合单价 6221.38 元/t？

理由：施工方重新提交的综合单价不仅对材料差价进行了调整，同时对综合单价组成中的人工费、机械费、管理费和利润也按照材料差价的相应比例进行了调整，而材料单价的调整并不会导致其他组成部分的变化，故施工方重新提交的综合单价不准确，不予考虑。

（2）钢筋材料暂定价 2500 元/t，业主签字确认的钢筋材料单价是 3500 元/t，在钢筋分项的综合单价上加上 1000 元/t 的综合单价即可，为何又要考虑损耗了呢？

理由：工程量清单计价时，双方确认的材料实际用量是指净量，不包括材料损耗的净量。故损耗的费用只能通过调高材料价差的形式予以弥补。

案例 24 2020 年一建案例题五（改动大）

▶▶ **知识点索引**

（1）安全检查评分表、安全检查评定结论、安全检查评定依据
（2）安全检查形式
（3）宿舍
（4）绿色建筑评价

背景资料

某办公楼工程，地下 2 层，地上 18 层，框筒结构，地下建筑面积 0.4 万 m²，地上建筑面积 2.1 万 m²。某施工单位中标后，派项目经理赵佑组织施工。

施工至 5 层时，公司安全部叶军带队对该项目进行了定期安全检查，检查过程依据《建筑施工安全检查标准》JGJ 59—2011 的相关内容进行，项目安全总监张帅也全过程参加，最终检查结果见表 1。

表 1 某办公楼工程建筑施工安全检查评分汇总表

工程名称	建筑面积（万 m²）	结构类型	总计得分	项目检查内容及分值								
				安全管理	文明施工	脚手架	基坑工程	模板支架	高处作业	施工用电	外用电梯	塔吊	施工机具
某办公楼	（A）	框筒结构	检查前总分（B）	10	15	10	10	10	10	10	10	10	5
			检查后总分（C）	8	12	8	7	8	8	9	—	8	4
评语：该项目安全检查总得分为（D）分，评定等级为（E）													
检查单位	公司安全部	负责人	叶军	受检单位	某办公楼项目部	项目负责人	（F）						

公司安全部门在年初的安全检查规划中按相关要求明确了对项目安全检查的主要形式，包括定期安全检查、开工、复工安全检查、季节性安全检查等，确保项目施工过程全覆盖。

进入夏季后，公司项目管理部对该项目的工人宿舍进行了检查，个别宿舍内床铺均为 2 层，住有 18 人，设置有生活用品专用柜；窗户为封闭式窗户，防止他人进入；通道的宽度为 0.8m。检查后项目管理部对工人宿舍的不足提出了整改要求。

工程全装修结束后，根据合同要求相关部门对该工程进行绿色建筑评价。评价指标中，"生活便利"该项分值相对较低；施工单位将该评分项"出行与无障碍"等 4 项指标进行了逐一分析，以便得到改善。评价分值见表 2。

表 2 某办公楼工程绿色建筑评价分值

	控制项基础分值 Q_0	评价指标及分值					提高与创新加分得分 Q_A
		安全耐久 Q_1	健康舒适 Q_2	生活便利 Q_3	资源节约 Q_4	环境宜居 Q_5	
评价分值	400	90	80	75	80	80	120

问题1：写出表1中 A~F 所对应内容（如 A：××万 m²），施工安全评定结论分几个等级，评价依据有哪些？

【答案】

（1）A~F 所对应内容。

A：2.5 万 m²

B：90

C：72

D：80

E：优良

F：赵佶

（2）施工安全评定结论分三个等级。

（3）安全等级评价依据：汇总表得分、保证项目达标情况。

知识点 引申

施工安全检查评定等级
依据《建筑施工安全检查标准》JGJ 59—2011

评定等级	评定条件
优良	（1）分项检查评分表无零分； （2）汇总表得分在80分及以上
合格	（1）分项检查评分表无零分； （2）汇总表得分在80分以下，70分及以上
不合格	汇总表得分不足70分；或当有一项检查评分表为零分时

问题2：建筑工程施工安全检查还有哪些形式？

【答案】

日常巡查、专项检查、经常性安全检查、节假日安全检查、专业性安全检查和设备设施安全验收检查。

知识点 引申

施工安全检查形式

（1）定期安全检查：至少每旬开展一次，由项目经理组织。

（2）设备设施安全检查：主要针对塔式起重机等起重设备、外用施工电梯、龙门架及井架物料提升机、电气设备、脚手架、现浇混凝土模板支撑系统等设备设施。

问题 3：指出工人宿舍管理的不妥之处并改正。
【答案】
不妥 1：个别宿舍住有 18 人。
正确做法：每间宿舍居住人员不得超过 16 人。
不妥 2：封闭式窗户。
正确做法：现场宿舍必须设置可开启式窗户。
不妥 3：通道宽度为 0.8m。
正确做法：通道宽度不得小于 0.9m。

问题 4：列式计算该工程绿色建筑总得分 Q，该建筑属于哪个等级，还有哪些等级？生活便利评分还有什么指标？
【答案】
（1）（400+90+80+75+80+80+100）/10＝90.5。
（2）该建筑属于三星级，还有基本级、一星级、二星级。
（3）生活便利评分指标还有：服务设施、智慧运行、运营管理。
【解析】提高与创新项得分为加分项得分之和，当得分大于 100 分时，应取为 100 分。

知识点 引申

依据《绿色建筑评价标准》GB/T 50378—2019

（1）分类：

绿色建筑评价 { 预评价：施工图设计完成后
评价：竣工后

（2）评价指标。
评价指标有安全耐久、健康舒适、生活便利、资源节约、环境宜居。
每类指标均包括控制项和评分项，评价指标体系还统一设置加分项。
（3）五类指标评分项内容。

绿色建筑评价指标体系	评分项
安全耐久	安全、耐久
健康舒适	室内空气品质、水质、声环境与光环境、室内热湿环境
生活便利	出行与无障碍、服务设施、智慧运行、运营管理
资源节约	节地与土地利用、节能与能源利用、节水与水资源利用、节材与绿色建材
环境宜居	场地生态与景观、室外物理环境

（4）评分。
① 控制项的评定结果为达标或不达标，评分项和加分项的评定结果为分值。

	控制项基础得分 Q_0	评价指标及分值					加分项满分值 Q_A
		安全耐久 Q_1	健康舒适 Q_2	生活便利 Q_3	资源节约 Q_4	环境宜居 Q_5	
预评价	400	100	100	70	200	100	100
评价	400	100	100	100	200	100	100

② 绿色建筑评价总得分：

$$Q = (Q_0+Q_1+Q_2+Q_3+Q_4+Q_5+Q_A)/10$$

式中　Q——总得分；

Q_0——控制项基础得分，当满足所有控制项的要求时取 400 分；

$Q_1 \sim Q_5$——5 类指标评分项得分；

Q_A——提高与创新加分项得分。

（5）等级划分。

等级	基本级	一星级	二星级	三星级
满足条件	—	满足全部控制项要求		
		每类指标评分项得分不小于满分值的 30%		
		全装修		
		总分≥60 分	总分≥70 分	总分≥85 分

案例 25　2019 年一建案例题一（有改动）

▶ 知识点索引

（1）根据混凝土配合比计算各组分材料重量

（2）跳仓法施工时，封仓顺序

（3）大体积混凝土竖向测温点（基础底板）

（4）混凝土输送和布料设备

背景资料

某工程钢筋混凝土基础底板，长度 120m，宽度 100m，厚度 2.0m。混凝土设计强度等级 P6C35，设计无后浇带。施工单位选用商品混凝土浇筑，P6C35 混凝土设计配合比为 1：1.7：2.8：0.46（水泥：中砂：碎石：水），水泥用量 400kg/m³ 。实际施工搅拌时，粉煤灰掺量 20%（等量替换水泥），实测中砂含水率 4%、碎石含水率 1.2%。采用跳仓法施工方案，分别按 1/3 长度与 1/3 宽度分成 9 个浇筑区（图1），每区混凝土浇筑时间 3d，各区依次连续浇筑，同时按照规范要求设置测温点（图2）。（资料中未说明条件及因素均视为符合要求）

4	B	5
A	3	D
1	C	2

注：① 1～5为第一批浇筑顺序；② A、B、C、D为填充浇筑区编号

图1 跳仓法分区示意图

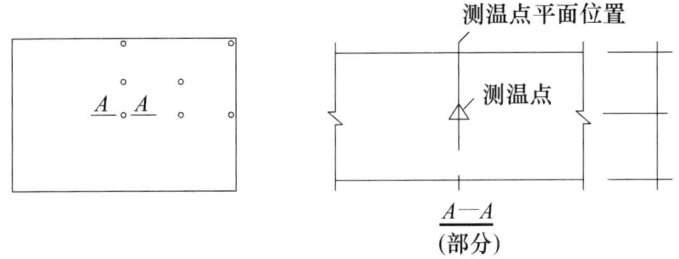

图2 分区测温点位置平面布置示意图

问题1：计算每立方米P6C35混凝土设计配合比的水泥、中砂、碎石、水的用量是多少？计算每立方米P6C35混凝土施工配合比的水泥、中砂、碎石、水、粉煤灰的用量是多少？（单位：kg，小数点后保留两位）

【答案】

1. 设计配合比中，每立方米P6C35混凝土的水泥、中砂、碎石、水的用量如下：

水泥：400.00kg。

中砂：400×1.7＝680.00kg。

碎石：400×2.8＝1120.00kg。

水：400×0.46＝184.00kg。

2. 施工配合比中，每立方米P6C35混凝土的水泥、中砂、碎石、水、粉煤灰的用量如下：

粉煤灰掺量20%（等量替换水泥），砂的含水率为4%，碎石含水率为1.2%。

水泥：400×（1-20%）＝320.00kg。

中砂：680×（1+4%）＝707.20kg。

碎石：1120×（1+1.2%）＝1133.44kg。

水：184.00-680×4%-1120×1.2%＝143.36kg。

粉煤灰：400×20%＝80.00kg。

知识点·引申

混凝土配合比

（1）混凝土配合比根据原材料性能、混凝土的技术要求，由具有资质的实验室进行计算，并经试配、调整后确定。

（2）依据《普通混凝土配合比设计规程》JGJ 55—2011，混凝土配合比应采用重量比。

（3）砂、石含水率＝水的重量/烘干后的重量×100%。

（4）不管是设计配合比还是施工配合比，各组分材料的净量不变。

问题 2：写出正确的填充浇筑区 A、B、C、D 的先后浇筑顺序（如表示为 A→B→C→D）。

【答案】

C→A→D→B

> 💡 **知识点 · 引申**

跳仓法是由我国著名裂缝控制专家王铁梦教授提出和推广的，跳仓的最大分块尺寸不宜大于 40m，跳仓间隔施工的时间不宜小于 7d，跳仓缝处按施工缝的要求设置和处理。

	≤40m	≤40m	
≤40m	1-4	2-4	1-5
≤40m	2-2	1-3	2-3
	1-1	2-1	1-2

第一批施工(跳仓)：1-1~1-5
第二批施工(封仓)：2-1~2-4

问题 3：画出 A—A 剖面示意图（可手绘），并补齐应布置的竖向测温点位置。

【答案】

应布置 5 层测温点，竖向测温点的具体位置如下图所示。

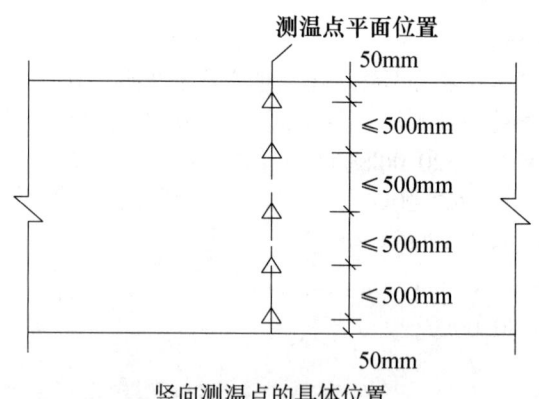

竖向测温点的具体位置

> 💡 **知识点 · 引申**

依据《大体积混凝土施工标准》GB 50496—2018

6.0.2 大体积混凝土浇筑体内监测点的布置，应反映混凝土浇筑体内最高温升、里表温差、降温速率及环境温度，可采用下列布置方式：

1 测试区可选混凝土浇筑体平面对称轴线的半条轴线，测试区内监测点应按平面分层布置。

2 测试区内，监测点的位置与数量可根据混凝土浇筑体内温度场的分布情况及温控的规定确定。

3 在每条测试轴线上，监测点位不宜少于 4 处，应根据结构的平面尺寸布置。

4 沿混凝土浇筑体厚度方向，应至少布置表层、底层和中心温度测点，测点间距不宜大于 500mm。

5 保温养护效果及环境温度监测点数量应根据具体需要确定。

6 混凝土浇筑体表层温度，宜为混凝土浇筑体表面以内 50mm 处的温度。

7 混凝土浇筑体底层温度，宜为混凝土浇筑体底面以上 50mm 处的温度。

问题 4：写出施工现场混凝土输送和布料常用的机械设备名称。
【答案】
（1）混凝土水平运输设备包括：混凝土搅拌输送车、机动翻斗车、手推车等。
（2）混凝土垂直运输设备包括：汽车泵（移动泵）、固定泵、塔式起重机、汽车吊、施工电梯、井架等。
（3）混凝土布料设备包括：混凝土汽车泵、布料机、布料杆、塔式起重机、手推车等。

案例 26　2019 年一建案例题二

知识点索引

（1）专家论证（住房城乡建设部令第 37 号）
（2）成倍节拍流水施工
（3）进度计划监测方法
（4）实际进度前锋线
（5）门窗工程包含分项工程内容、门窗工程有关安全和功能检测项目

背景资料

某新建办公楼工程，地下 2 层，地上 20 层，框架-剪力墙结构，建筑高度 87m。建设单位通过公开招标选定了施工总承包单位并签订了工程施工合同，基坑深 7.6m，基础底板施工进度计划网络图如下图所示。

基坑施工前，基坑支护专业施工单位编制了基坑支护专项方案，履行相关审批签字手续后，组织包括总承包单位技术负责人在内的 5 名专家对该专项方案进行专家论证，总监理工程师提出专家论证组织不妥，要求整改。

项目部在施工至第 33 天时，对施工进度进行了检查，实际施工进度如网络图中实际进度前锋线所示，对进度有延误的工作采取了改进措施。

项目部对装饰装修工程门窗子分部进行过程验收中，检查了塑料门窗安装等各分项工程，并验收合格；检查了外窗气密性能等有关安全和功能检测项目合格报告，观感质量符合要求。

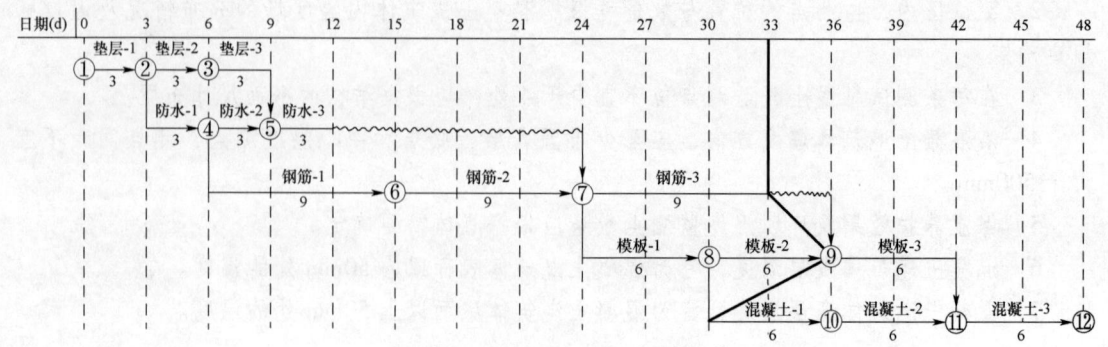

基础底板施工进度计划网络图

问题 1：指出基坑支护专项方案论证的不妥之处，应参加专家论证会的单位还有哪些？

【答案】

1. 不妥之处：

不妥 1：基坑支护专业施工单位组织专家论证。

不妥 2：总承包单位技术负责人作为专家组成员。

2. 参加专家论证会的单位还有：建设单位、设计单位、勘察单位。

知识点 引申

依据《危险性较大的分部分项工程安全管理规定》（住房城乡建设部令第 37 号）及建办质〔2018〕31 号文：

1. 危大工程专项施工方案的主要内容包括：

（1）工程概况。

（2）编制依据。

（3）施工计划。

（4）施工工艺技术。

（5）施工安全保证措施。

（6）施工管理及作业人员配备和分工。

（7）验收要求。

（8）应急处置措施。

（9）计算书及相关施工图纸。

2. 超过一定规模的危大工程专项施工方案专家论证会参会人员包括：

（1）专家。

（2）建设单位项目负责人。

（3）勘察、设计单位项目技术负责人及相关人员。

（4）总承包单位和分包单位技术负责人或授权委派的专业技术人员、项目负责人、项目技术负责人、专项施工方案编制人员、项目专职安全生产管理人员及相关人员。

（5）监理单位项目总监理工程师及专业监理工程师。

3. 专家论证内容包括：

（1）专项方案内容是否完整、可行。

（2）专项方案计算书和验算依据、施工图是否符合有关标准规范。

（3）专项施工方案是否满足现场实际情况，并能够确保施工安全。

4. 专家论证会后，形成论证报告，对专项施工方案提出通过、修改后通过或者不通过的一致意见。专家对论证报告负责并签字确认。

（1）论证报告意见为"修改后通过"，施工单位应当根据论证报告修改完善后，重新履行审批程序后方可实施，修改情况应及时告知专家。

（2）论证报告意见为"不通过"，施工单位修改后重新组织专家论证。

5. 危大工程监测方案：

进行第三方监测的危大工程监测方案的主要内容应当包括工程概况、监测依据、监测内容、监测方法、人员及设备、测点布置与保护、监测频次、预警标准及监测成果报送等。

6. 危大工程验收人员：

（1）总承包单位和分包单位技术负责人或授权委派的专业技术人员、项目负责人、项目技术负责人、专项施工方案编制人员、项目专职安全生产管理人员及相关人员。

（2）监理单位项目总监理工程师及专业监理工程师。

（3）有关勘察、设计和监测单位项目技术负责人。

问题2：指出网络图中各施工工作的流水节拍，如采用成倍节拍流水施工，计算各施工工作专业队数量。

【答案】

1. 各施工工作的流水节拍如下：

（1）垫层：流水节拍均为3d。

（2）防水：流水节拍均为3d。

（3）钢筋：流水节拍均为9d。

（4）模板：流水节拍均为6d。

（5）混凝土：流水节拍均为6d。

2. 若采用成倍节拍流水施工，流水步距为3d，各施工作业应配备的专业队数量如下：

（1）垫层专业队组数：3÷3=1。

（2）防水专业队组数：3÷3=1。

（3）钢筋专业队组数：9÷3=3。

（4）模板专业队组数：6÷3=2。

（5）混凝土专业队组数：6÷3=2。

知识点 引申

组织成倍节拍流水施工的条件：同一施工过程的节拍全都相等，各施工过程的节拍不相等，但为某一常数的倍数。其步骤如下：

(1) 计算流水步距：K=各施工过程流水节拍的最大公约数。
(2) 计算各施工过程需配备的队组数：b=t/K。
(3) 专业队总数：N=∑b。
(4) 成倍节拍流水施工总工期：T=（M+N−1）K+G。

（G 标注：间隔时间；M 标注：施工段；N 标注：专业队总数）

问题 3：进度计划监测检查方法还有哪些？写出第 33 天的实际进度检查结果。

【答案】

1. 进度计划监测检查方法还有：
(1) 横道计划比较法；
(2) 网络计划法；
(3) S 形曲线法；
(4) 香蕉形曲线比较法。

2. 第 33 天的实际进度检查结果如下：
(1) 钢筋-3：实际进度正常。
(2) 模板-2：实际进度提前 3d。
(3) 混凝土-1：实际进度延误 3d。

知识点 引申

项目进度报告内容

(1) 进度执行情况的综合描述；
(2) 实际施工进度；
(3) 资源供应进度；
(4) 工程变更、价格调整、索赔及工程款收支情况；
(5) 进度偏差状况及导致偏差的原因分析；
(6) 解决问题的措施；
(7) 计划调整意见。

问题 4：门窗子分部工程中还包括哪些分项工程？门窗工程有关安全和功能检测的项目还有哪些？

【答案】

1. 门窗子分部工程还包括的分项工程有：
(1) 木门窗安装；
(2) 金属门窗安装；
(3) 特种门安装；
(4) 门窗玻璃安装。

2. 门窗工程有关安全和功能检测的项目还有：
（1）外窗的水密性能；
（2）外窗的抗风压性能。

知识点 · 引申

依据《建筑装饰装修工程质量验收标准》GB 50210—2018

表 15.0.6 有关安全和功能的检测项目表

子分部工程	检测项目
门窗工程	建筑外窗的气密性能、水密性能和抗风压性能
饰面板工程	饰面板后置埋件的现场拉拔力
饰面砖工程	外墙饰面砖样板及工程的饰面砖粘结强度
幕墙工程	（1）硅酮结构胶的相容性和剥离粘结性； （2）幕墙后置埋件和槽式预埋件的现场拉拔力； （3）幕墙的气密性、水密性、抗风压性能及层间变形性能

附录 A　建筑装饰装修工程的子分部工程、分项工程划分（部分）

子分部工程	分项工程
门窗工程	木门窗安装，金属门窗安装，塑料门窗安装，特种门安装，门窗玻璃安装
吊顶工程	整体面层吊顶，板块面层吊顶，格栅吊顶
轻质隔墙工程	板材隔墙，骨架隔墙，活动隔墙，玻璃隔墙
饰面板工程	石板安装，陶瓷板安装，木板安装，金属板安装，塑料板安装
饰面砖工程	外墙饰面砖粘贴，内墙饰面砖粘贴
幕墙工程	玻璃幕墙安装，金属幕墙安装，石材幕墙安装，人造板材幕墙安装
建筑地面工程	基层铺设，整体面层铺设，板块面层铺设，木、竹面层铺设

案例 27

▶▶ 知识点索引

（1）施工质量管理记录内容（问答）
（2）现场消防安全责任，灭火器设置位置
（3）填充墙与主体连接改错，拉拔试验
（4）屋面卷材铺贴方法、铺贴顺序和方向（问答）

背景资料

某新建住宅工程,建筑面积22000m²,地下1层,地上16层,框架-剪力墙结构,抗震设防烈度7度。

施工单位项目部在施工前,由相关人员组织编写了项目质量计划。质量计划要求项目部施工过程中建立包括使用机具和检验、测量及试验设备管理记录,图纸、设计变更收发记录,监督检查和整改、复查记录等施工质量管理记录。

项目部编制的施工组织设计中,对消防管理做出了具体要求,强调建立健全各种消防安全职责并落实责任,包括落实消防安全制度、建立消防组织机构等。现场办公区的灭火器按照要求设置在明显的位置,如房间出入口、走廊等,方便使用。

240mm厚灰砂砖填充墙与主体结构连接施工的要求有:填充墙与柱连接钢筋为$2\phi6@600$;填充墙与结构梁下最后三皮砖空隙部位,在墙体砌筑7d后,采取两边对称斜砌填实;化学植筋连接筋$\phi6$做拉拔试验时,将轴向受拉非破坏承载力检验值设为5.0kN,持荷时间2min,期间各检测结果符合相关要求,即判定该试样合格。

屋面防水层选用2mm厚的改性沥青防水卷材,铺贴顺序和方向按照平行于屋脊、上下层不得相互垂直等要求,采用热粘法施工。

问题1:质量计划应用中,施工单位应建立的施工质量管理记录还有哪些?

【答案】
(1) 施工日记和专项施工记录。
(2) 交底记录。
(3) 上岗培训记录和岗位资格证明。

知识点 引申

项目质量计划

1. 编制依据
(1) 合同中有关产品质量要求;
(2) 项目管理规划大纲;
(3) 项目设计文件;
(4) 相关法律法规和标准规范;
(5) 质量管理其他要求。

2. 内容
(1) 质量目标和质量要求;
(2) 质量管理体系和管理职责;
(3) 质量管理与协调的程序;
(4) 法律法规和标准规范;
(5) 质量控制点的设置与管理;
(6) 项目生产要素的质量控制;

(7) 实施质量目标和质量要求所采取的措施；

(8) 项目质量文件管理。

问题 2：消防安全管理职责和责任还有哪些？办公区域还有哪些位置需要设置灭火器？

【答案】

(1) 消防安全管理职责和责任还有：消防安全操作规程、消防应急预案及演练、消防设施平面布置、组织义务消防队等。

(2) 办公区域需设置灭火器的位置还有：通道、门厅及楼梯等部位。

问题 3：指出填充墙与主体结构连接施工要求中的不妥之处，并写出正确做法。

【答案】

不妥 1：连接钢筋垂直方向间距 600mm。

正确做法：间距应为 500mm。

不妥 2：梁下最后三皮砖间隔 7d 后填实。

正确做法：应间隔 14d 后填实。

不妥 3：轴向受拉非破坏承载力检验值设为 5.0kN。

正确做法：轴向受拉非破坏承载力检验值设为 6.0kN。（依据《砌体结构工程施工质量验收规范》GB 50203—2011）

知识点 引申

依据《砌体结构工程施工质量验收规范》GB 50203—2011

9.1.9 填充墙砌体砌筑，应待承重主体结构检验批验收合格后进行。填充墙与承重主体结构间的空（缝）隙部位施工，应在填充墙砌筑 14d 后进行。

9.2.3 填充墙与承重墙、柱、梁的连接钢筋，当采用化学植筋的连接方式时，应进行实体检验。锚固钢筋拉拔试验的轴向受拉非破坏承载力检验值应为 6.0kN。抽检钢筋在检验值作用下应基材无裂缝，钢筋无滑移宏观裂损现象；持荷 2min 期间荷载值降低不大于 5%。

问题 4：屋面防水卷材铺贴方法还有哪些？屋面卷材防水铺贴顺序和方向要求还有哪些？

【答案】

1. 屋面卷材铺贴的方法还有：

(1) 冷粘法。

(2) 自粘法。

(3) 焊接法。

(4) 机械固定法。

2. 屋面卷材防水铺贴顺序和方向要求还有：

(1) 卷材防水层施工时，应先进行细部构造处理，然后由屋面最低标高向上铺贴。

(2) 檐沟、天沟卷材施工时，宜顺檐沟、天沟方向铺贴，搭接缝应顺流水方向。

> **知识点引申**

屋面卷材防水层

（1）屋面坡度大于25%时，卷材应采用满粘和钉压固定措施。

（2）卷材铺贴方法有冷粘法、热粘法、热熔法、自粘法、焊接法、机械固定法。

（3）厚度小于3mm的改性沥青防水卷材，严禁采用热熔法施工。（这就是上述答案中为什么不包括"热熔法"的原因）

（4）自粘法铺贴卷材的接缝处应用密封材料封严，宽度不应小于10mm。

（5）焊接法施工时，先焊长边搭接缝，后焊短边搭接缝。

案例28　2019年一建案例题四

▶▶ 知识点索引

（1）《建设工程施工合同（示范文本）》

（2）预付款、起扣点、进度款

（3）物资采购合同的重点条款、合同标的内容

（4）施工劳动力计划编制要求、劳动力使用不均衡出现的问题

（5）设计变更的步骤、索赔

背景资料

某施工单位通过竞标承建一工程项目，甲乙双方通过协商，对工程合同协议书（编号HT-XY-201909001），以及专用合同条款（编号HT-ZY-201909001）和通用合同条款（编号HT-TY-201909001）修改意见达成一致，签订了施工合同。确认包括投标函、中标通知书等合同文件按照《建设工程施工合同（示范文本）》GF-2017-0201规定的优先顺序进行解释。

施工合同中包含以下工程价款主要内容：

（1）工程中标价为5800万元，暂列金额为580万元，主要材料所占比重为60%；

（2）工程预付款为工程造价的20%；

（3）工程进度款逐月计算；

（4）工程质量保修金3%，在每月工程进度款中扣除，质保期满后返还。

工程1~5月份完成产值见下表。

工程1~5月份完成产值表

月份	1	2	3	4	5
完整产值（万元）	180	500	750	1000	1400

项目部材料管理制度要求对物资采购合同的标的、价格、结算、特殊条款等条款加强重点管理。其中，对合同标的的管理要包括物资的名称、花色、技术标准、质量要求等内容。

项目部按照劳动力均衡使用、分析劳动需用总工日、确定人员数量和比例等劳动力计划编制要求，编制了劳动力需求计划。重点解决了因劳动力使用不均衡，给劳动力调配带来的困难和避免出现过多、过大的需求高峰等诸多问题。

建设单位对一关键线路上的工序内容提出修改，由设计单位发出设计变更通知，为此造成工程停工10d。施工单位对此提出索赔事项如下：

（1）按当地造价部门发布的工资标准计算停窝工人工费8.5万元；
（2）塔吊等机械停窝工台班费5.1万元；
（3）索赔工期10d。

问题1：指出合同签订中的不妥之处，写出背景资料中5个合同文件解释的优先顺序。
【答案】
1. 合同签订中的不妥之处：
不妥1：专用合同条款与通用合同条款编号不同。
不妥2：修改通用合同条款。
2. 5个合同文件解释的优先顺序：
（1）协议书；
（2）中标通知书；
（3）投标函；
（4）专用合同条款；
（5）通用合同条款。

知识点 引申

依据《建设工程施工合同（示范文本）》GF-2017-0201

1. 通用条款应不加修改引用。
2. 专用合同条款的编号应与相应的通用合同条款的编号一致。（注：包括数字和字母都应一致）
3. 合同当事人可以通过对专用合同条款的修改，满足具体建设工程的特殊要求。
4. 解释合同文件的优先顺序如下：
（1）合同协议书；
（2）中标通知书（如果有）；
（3）投标函及其附录（如果有）；
（4）专用合同条款及其附件；
（5）通用合同条款；
（6）技术标准和要求；
（7）图纸；
（8）已标价工程量清单或预算书；
（9）其他合同文件。

问题2：计算工程的预付款、起扣点是多少？分别计算3、4、5月份应付进度款、累计支付进度款。

【答案】

预付款=（5800-580）×20%=1044万元

起扣点=（5800-580）-1044/60%=3480万元

3、4、5月份应付进度款

（1）3月份

应付进度款：750×（1-3%）=727.5万元。

累计应付进度款：（180+500）×（1-3%）+727.5=1387.1万元。

（2）4月份

应付进度款：1000×（1-3%）=970万元。

累计应付进度款：1387.1+970=2357.1万元。

（3）5月份

完成产值1400万元，扣除质保金后1400×（1-3%）=1358万元。

2357.1+1358=3715.1>3480，应从5月开始扣回预付款。

则5月份应付进度款：1358-（3715.1-3480）×60%=1216.94万元。

累计应付进度款：2357.1+1216.94=3574.04万元。

知识点 引申

（1）预付款通常按合同造价的一定百分比来计算，其中合同造价需扣除暂列金额；起扣点的计算公式，为了和预付款的计算相一致，合同造价也需扣除暂列金额。

（2）预付款开始扣回的金额节点即起扣点。起扣点的确定是按照累计实际工程款支付达到起扣点（也即扣除质保金后累计产值达到起扣点）开始扣回预付款的。

造价师、监理工程师等相关考试采用的是累计产值达到起扣点开始扣回预付款，这种算法在建造师考试中不建议采纳。

不同的算法，其实没有本质的区别，无非是预付款扣回得迟还是早的问题。

（3）质量保证金的计算基数是每月或每段工程的产值。

问题3：物资采购合同重点管理的条款还有哪些？物资采购合同标的包括的主要内容还有哪些？

【答案】

（1）重点管理的条款还有：数量、包装、运输方式、违约责任。

（2）标的包括的主要内容还有：品种、型号、规格、等级。

知识点 引申

设备供应合同

（1）签订设备供应合同需注意以下问题：设备价格、设备数量、技术标准、现场服务、验收和保修。

（2）设备数量条款需列明成套设备名称、套数、随主机的辅机、附件、易损耗备用品、配件和安装修理工具等。

问题 4：施工劳动力计划编制要求还有哪些？劳动力使用不均衡时，还会出现哪些方面的问题？

【答案】

1. 施工劳动力计划编制要求还有：准确计算工程量和施工期限。
2. 劳动力使用不均衡时，还会出现以下问题：
（1）增加劳动力的管理成本；
（2）带来住宿、交通、饮食、工具等问题。

问题 5：办理设计变更的步骤有哪些？施工单位的索赔事项是否成立？并说明理由。

【答案】

1. 办理设计变更的步骤有：
（1）提出设计变更申请；
（2）建设单位、设计单位、施工单位协商；
（3）设计部门确认，发出设计变更图纸或说明；
（4）办理签发手续；
（5）组织实施。
2. 索赔事项：
（1）8.5 万元索赔：不成立。

理由：工人停窝工应按窝工费标准计算，不能按工资标准计算。

（2）5.1 万元索赔：不成立。

理由：机械窝工时不宜按台班费计算，租赁设备宜按租赁费计算窝工费，自有设备宜按折旧费计算窝工费。

（3）10d 工期索赔：成立。

理由：业主方原因造成停工，且在关键线路上。

知识点 引申

人工费和机械费索赔的具体标准

人工费
- （1）增加工作内容的人工费：按计日工费计算
- （2）停工损失费 ┐ 按窝工费计算
- （3）工作效率降低的损失费 ┘

机械费
- （1）增加工作内容的机械费：按台班费计算
- （2）窝工的机械费索赔
  - 折旧费（自有机械）
  - 租赁费（租赁机械）

案例 29 2019 年一建案例题五（改动大）

▶ **知识点索引**

（1）冬期施工基础底板混凝土养护方法及温控指标
（2）脚手架荷载分类，作业脚手架分类
（3）电气焊场所防火要求、气瓶的使用
（4）绿色建筑评价

背 景 资 料

某办公楼工程，建筑面积 80000m²，由 3 栋塔楼和 1 栋裙房构成，地下 2 层（含车库），地上 3/28 层，底板厚度 800mm，由 A 施工总承包单位承建。合同约定工程最终达到绿色建筑评价二星级。

工程开始施工正值冬季，A 施工单位项目部编制了冬期施工专项方案。根据当地资源和气候情况对底板混凝土的养护用综合蓄热法，对底板混凝土的测温频次和里表温差、降温速率及最高温升提出了控制指标要求。

裙房在结构施工期间，外围搭设了落地式作业钢管脚手架，脚手架的设计考虑了永久荷载和可变荷载，包括脚手板、安全网、栏杆等附件的自重，其他永久荷载和可变荷载等。

施工中，施工员对气割作业人员进行安全作业交底，主要内容有：气瓶要防止暴晒，气瓶在楼层内滚动时应设置防震圈，严禁用带油的手套开气瓶。切割时，氧气瓶和乙炔瓶的放置距离不得小于 5m，气瓶离明火的距离不得小于 8m；作业点离易燃物的距离不小于 20m；气瓶内的气体应尽量用完，减少浪费。

工程全装修完毕并经竣工验收后，相关部门对该工程进行绿色建筑评价，重点查看了占比最大的"资源节约"控制项内容。评价分值见下表。

某办公楼工程绿色建筑评价分值

	控制项基本分值 Q_0	评价指标及分值					提高与创新加分得分 Q_A
		安全耐久 Q_1	健康舒适 Q_2	生活便利 Q_3	资源节约 Q_4	环境宜居 Q_5	
评价分值	400	90	80	75	55	80	120

问题 1：冬期施工混凝土养护方法还有哪些？对底板混凝土养护中里表温差、降温速率及最高温升应提出的控制指标是什么？底板混凝土的测温频次规定是什么？

【答案】

1. 冬期施工混凝土养护方法还有：
（1）蓄热法。
（2）暖棚法。
（3）掺化学外加剂法。

2. 底板混凝土养护中的温控指标：
(1) 里表温差：不宜大于25℃。
(2) 降温速率：不宜大于2℃/d。
(3) 最高温升：在入模温度基础上不宜大于50℃。
3. 底板混凝土的测温频次规定：
(1) 对里表温差、降温速率及环境温度的测试，在混凝土浇筑后，每昼夜不应少于4次。
(2) 入模温度测试，每台班不应少于2次。

问题2： 脚手架设计永久荷载和可变荷载还包括哪些？作业脚手架还有哪些类型？
【答案】
(1) 永久荷载还包括：脚手架结构件自重、支撑脚手架所支撑的物体自重。
(2) 可变荷载还包括：施工荷载、风荷载。
(3) 作业脚手架类型还有：悬挑脚手架、附着式升降脚手架等。

问题3： 指出施工员安全作业交底中的不妥之处，并写出正确做法。
【答案】
不妥1：气瓶在楼层内滚动时应设置防震圈。
正确做法：严禁滚动气瓶，应抬至指定位置。
不妥2：切割时，气瓶离明火的距离不得小于8m。
正确做法：气瓶离明火的距离至少10m。
不妥3：切割时，作业点离易燃物的距离不小于20m。
正确做法：焊、割作业点与易燃物的距离不得少于30m。
不妥4：气瓶内的气体应尽量用完，减少浪费。
正确做法：气瓶内的气体不能用尽，必须留有剩余压力或重量。

知识点 引申

(1) 焊割作业点与氧气瓶、乙炔瓶等危险物品的距离不得小于10m，与易燃易爆物品的距离不得少于30m。
(2) 氧气瓶和乙炔瓶之间的存放距离不得少于2m，使用时两者的距离不得小于5m，距火源的距离不得少于10m。
(3) 氧气瓶、乙炔瓶等焊割设备上的安全附件应完整而有效，否则严禁使用。
(4) 气瓶的放置地点不得靠近热源和明火，应保证瓶底干燥，严禁在气瓶上进行电焊引弧，严禁用带油的手套开气瓶。
(5) 氧气瓶内剩余气体的压力不应小于0.1MPa。
(6) 气瓶运输、存放、使用时，应符合下列规定：
① 气瓶应保持直立状态，并采取防倾倒措施，乙炔瓶严禁横躺卧放。
② 严禁碰撞、敲打、抛掷、滚动气瓶。
③ 燃气储装瓶罐应设置防静电装置。

问题4：列式计算该工程绿色建筑总得分Q，该建筑属于哪个等级，还有哪些等级？资源节约控制项内容有哪些？

【答案】

（1）（400+90+80+75+55+80+100）÷10＝88。

（2）该建筑属于基本级，还有一星级、二星级、三星级。

（3）资源节约控制项内容：

① 对建筑的体形、平面布局、空间尺度、围护结构等进行节能设计。

② 采取措施降低部分负荷、部分空间使用下的供暖、空调系统能耗。

③ 根据建筑空间功能设置分区温度，合理降低室内过渡区空间的温度设定标准。

【解析】绿色建筑等级评定不是只看总得分，还要同时满足其他相关条件，比如评分项得分不应低于评分项满分值的30%等。

案例 30　2018 年一建案例题一

▶▶ **知识点索引**

（1）现场平面布置

（2）文明施工宣传方式

背景资料

一建筑施工场地，东西长 110m，南北宽 70m。拟建建筑物首层平面 80m×40m，地下 2 层，地上 6/20 层，檐口高 26/68m，建筑面积约 48000m²。施工场地部分临时设施平面布置示意图如下图所示。图中布置施工临时设施有：现场办公室、木材加工及堆场、钢筋加工及堆场、油漆库房、塔吊、施工电梯、物料提升机、混凝土地泵、大门及围墙、车辆冲洗池（图中未显示的设施均视为符合要求）。

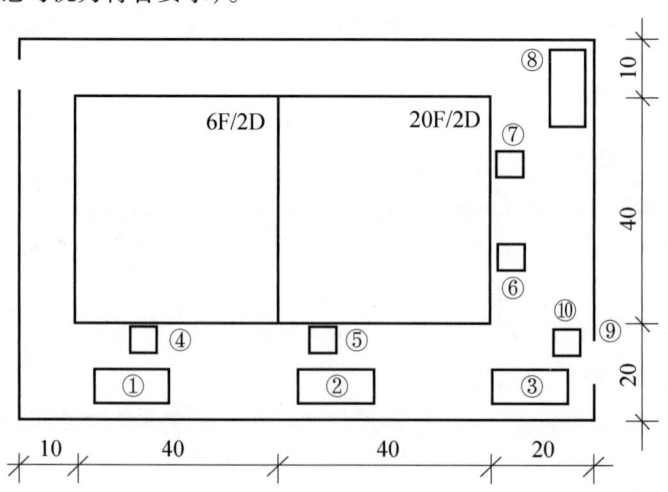

部分临时设施平面布置示意图（单位：m）

问题 1：写出图中临时设施编号所处位置最宜布置的临时设施名称。（如⑨大门与围墙）

【答案】

① 木材加工及堆场；
② 钢筋加工及堆场；
③ 现场办公室；
④ 物料提升机；
⑤ 塔吊；
⑥ 混凝土地泵；
⑦ 施工电梯；
⑧ 油漆库房；
⑨ 大门及围墙；
⑩ 车辆冲洗池。

问题 2：简单说明布置理由。

【答案】

位置	临时设施	理由
①	木材加工及堆场	尽量利用现场设施起吊和运输，且必须与塔吊同侧并尽量靠近塔吊。考虑到钢筋的重量及用量远大于木材，为减少二次搬运工作量，故②布置钢筋加工及堆场，①布置木材加工及堆场
②	钢筋加工及堆场	
③	现场办公室	办公用房宜设在工地入口处
④	物料提升机	适用于楼层较低（6F）的垂直运输
⑤	塔吊	适用于楼层较高（20F）的垂直运输，同时考虑到单体建筑的覆盖范围，宜布置在建筑物长向的中间位置
⑥	混凝土地泵	考虑出入方便及混凝土浇筑时混凝土罐车占用交通及掉头空间需要，故将混凝土地泵布置于⑥，将施工电梯布置于⑦
⑦	施工电梯	
⑧	油漆库房	油漆属于危险品类，库房应远离现场单独布置，与在建工程距离不小于15m
⑨	大门及围墙	大门位置应考虑车辆的转弯半径，与加工场地、仓库位置的有效衔接
⑩	车辆冲洗池	设在工地出入口大门处

问题 3：施工现场安全文明施工宣传方式有哪些？

【答案】

（1）宣传栏；
（2）报刊栏；
（3）悬挂安全标语；
（4）悬挂安全警示标志牌。

知识点 引申

文明施工

1. 现场文明施工管理的主要内容
（1）抓好项目文化建设；
（2）规范场容，保持作业环境整洁卫生；
（3）创造文明有序安全生产的条件；
（4）减少对居民和环境的不利影响。

2. 施工现场应做到"六化"
（1）围挡、大门、标牌标准化；
（2）材料码放整齐化；
（3）安全措施规范化；
（4）生活设施整洁化；
（5）职工行为文明化；
（6）工作生活秩序化。

3. 施工作业的基本要求
（1）工完场清；
（2）施工不扰民；
（3）现场不扬尘；
（4）运输无遗撒；
（5）垃圾不乱弃。

案例 31　2018 年一建案例题三（有改动）

▶▶ **知识点索引**

（1）土方回填施工
（2）后浇带施工主要技术措施
（3）钢筋套筒灌浆质量要求、灌浆料标养试块、坐浆料标养试块、外墙板接缝淋水试验
（4）项目进度报告

背景资料

某新建高层住宅工程，建筑面积 16000 m^2。地下 1 层，地上 12 层，2 层以下为现浇钢筋混凝土结构，2 层以上为装配式混凝土结构，预制墙板钢筋采用套筒灌浆连接施工工艺。

监理工程师在检查土方回填施工时发现：回填土料混有建筑垃圾；土料铺填厚度大于

400mm；采用振动压实机压实 2 遍成活；每天将回填 2~3 层的环刀法取的土样统一送检测单位检测压实系数。对此出整改要求。

"标准层后浇带施工专项方案"中确定：模板独立支设；剔除模板用钢丝网；因设计无要求，后浇带保湿养护 7d 等。

监理工程师在检查第 4 层外墙板安装质量时发现：钢筋套筒连接灌浆满足规范要求；留置了 3 组边长为 70.7mm 的立方体灌浆料标准养护试件；留置了 1 组边长 70.7mm 的立方体坐浆料标准养护试件；施工单位选取第 4 层外墙板竖缝两侧 11mm 的部位在现场进行淋水试验，对此要求整改。

施工总承包单位对项目部进度检查时，发现项目进度报告内容仅包括进度执行情况综合描述、实际施工进度、资源供应进度及进度偏差状况，要求项目部补充完善。

问题 1：指出土方回填施工中的不妥之处，并写出正确做法。

【答案】

不妥 1：回填土料混有建筑垃圾。

正确做法：填方土应尽量采用同类土，不能混有建筑垃圾。

不妥 2：土料铺填厚度大于 400mm。

正确做法：振动压实机压实回填土方时，土料铺填厚度宜为 250~350mm。

不妥 3：采用振动压实机压实 2 遍成活。

正确做法：采用振动压实机时，每层应压实 3~4 遍。

不妥 4：2~3 层土样统一送检。

正确做法：应每层土单独取样送检。

【解析】为什么应每层土单独取样送检，而不能 2~3 层土样统一送检？因为土方回填采用分层回填时，应在下层的压实系数经试验合格后进行上层施工。

知识点 引申

依据《建筑地基基础工程施工质量验收标准》GB 50202—2018

9.5.1 施工前应检查基底的垃圾、树根等杂物清除情况，测量基底标高、边坡坡率，检查验收基础外墙防水层和保护层等。回填料应符合设计要求，并应确定回填料含水量控制范围、铺土厚度、压实遍数等施工参数。

9.5.2 施工中应检查排水系统，每层填筑厚度、辗迹重叠程度、含水量控制、回填土有机质含量、压实系数等。回填施工的压实系数应满足设计要求。当采用分层回填时，应在下层的压实系数经试验合格后进行上层施工。填筑厚度及压实遍数应根据土质、压实系数及压实机具确定。无试验依据时，应符合下表的规定。

填土施工时的分层厚度及压实遍数

压实机具	分层厚度（mm）	每层压实遍数（次）
平碾	250~300	6~8
振动压实机	250~350	3~4

续表

压实机具	分层厚度（mm）	每层压实遍数（次）
柴油打夯	200~250	3~4
人工打夯	<200	3~4

问题2：指出"标准层后浇带专项方案"中的不妥之处。写出后浇带混凝土施工的主要技术措施。

【答案】

不妥之处：后浇带保湿养护7d。

后浇带混凝土施工的主要技术措施：

（1）两侧竖向施工缝混凝土表面进行凿毛处理，清除水泥薄膜、松动石子及软弱混凝土层。

（2）充分湿润、冲洗松动部分。

（3）采用强度等级高一级的微膨胀混凝土填充后浇带。

（4）保持至少14d的湿润养护。

【解析】后浇带两侧是两道竖向施工缝，在后浇带混凝土填充之前，其两侧的施工缝要先处理，这一点在"后浇带处理"的题目中千万不要忘记。此考点在2021年二级建造师"建筑实务"中再次考到。同时注意，水平施工缝与竖向施工缝的处理是有区别的。

问题3：指出第4层外墙板施工中的不妥之处，并写出正确做法。装配式混凝土构件钢筋套筒连接灌浆质量要求有哪些？

【答案】

(1) 不妥之处及正确做法：

不妥1：灌浆料留置70.7mm的立方体试件。

正确做法：应留置40mm×40mm×160mm的长方体试件。

不妥2：留置1组坐浆料标准养护试件。

正确做法：每层留置不少于3组。

不妥3：选取竖缝两侧11mm的部位进行淋水试验。

正确做法：选取相邻两层4块墙板形成的水平和竖向十字接缝区域进行淋水试验，且面积不得少于$10m^2$。

(2) 钢筋套筒连接灌浆质量要求：灌浆应饱满、密实，所有出口均有出浆。

知识点 引申

预制构件进场的结构性能检验

依据《装配式混凝土建筑技术标准》GB/T 51231—2016 中 11.2.2 条

1. 梁板类简支受弯预制构件进场时应进行结构性能检验：

(1) 钢筋混凝土构件和允许出现裂缝的预应力构件检验：承载力、挠度和裂缝宽度。

不允许出现裂缝的预应力构件检验：承载力、挠度和抗裂。

（2）对大型构件及有可靠应用经验的构件，只检验裂缝宽度、抗裂和挠度。

（3）对多个工程共同使用的同类型预制构件，结构性能检验可共同委托，其结果对多个工程共同有效。

2. 对于不可单独使用的叠合板预制底板，可不进行结构性能检验。对叠合梁构件，是否进行结构性能检验、结构性能检验的方式应根据设计要求确定。

3. 对其他预制构件（除上述1和2外），除设计有专门要求外，进场时可不做结构性能检验。

4. 对不需结构性能检验的预制构件，应采取下列措施：

（1）施工单位或监理单位代表应驻厂监督生产过程。

（2）当无驻场监督时，预制构件进场时应对主要受力钢筋数量、规格、间距、保护层厚度及混凝土强度等进行实体检验。

检验数量：同一类型预制构件不超过1000个为一批，每批随机抽取1个构件进行结构性能检验。

检验方法：检查结构性能检验报告或实体检验报告。

问题4：项目进度报告还应包括哪些内容？
【答案】
（1）工程变更、价格调整、索赔及工程款收支情况。
（2）导致偏差的原因分析。
（3）解决问题的措施。
（4）计划调整意见。

案例32 2018年一建案例题五（有改动）

▶▶ **知识点索引**

（1）施工机械设备选择的原则和方法、塔吊试吊检查内容
（2）安全生产费用内容、需编制高处作业安全技术措施的高处作业项
（3）施工检测试验计划
（4）节能与能源利用中的用电项
（5）室内消防给水系统

 背 景 资 料

一新建工程，地下2层，地上20层，高度70m，建筑面积40000m²，标准层平面为40m×40m。项目部根据施工条件和需求，按照施工机械设备选择的经济性等原则，采用单位工程量成本比较法选择确定了塔吊型号。

施工中，项目部技术负责人组织编写了施工检测试验计划，内容包括试验项目名称、计划试验时间等，报项目经理审批同意后实施。

项目部在"×××工程施工组织设计"中制定了临边作业、攀登与悬空作业等高处作业项目安全技术措施。在"绿色施工专项方案"的节能与能源利用中，分别设定了生产等用电项的控制指标，规定了包括分区计量等定期管理要求，制定了指标控制预防与纠正措施。

在一次塔吊起吊荷载达到其额定起重量95%的起吊作业中，安全员让塔吊操作工先将重物吊起离地面30cm，然后对物件绑扎情况等各项内容进行了检查，确认安全后同意其继续起吊作业。

"在建工程施工防火技术方案"中，对已完成结构施工楼层的消防设施平面布置设计如下图所示。图中立管设计参数为：消防用水量15L/s，水流速$i=1.5$m/s；消防箱包括消防水枪、水带与软管。监理工程师按照《建设工程施工现场消防安全技术规范》GB 50720—2011提出了整改要求。

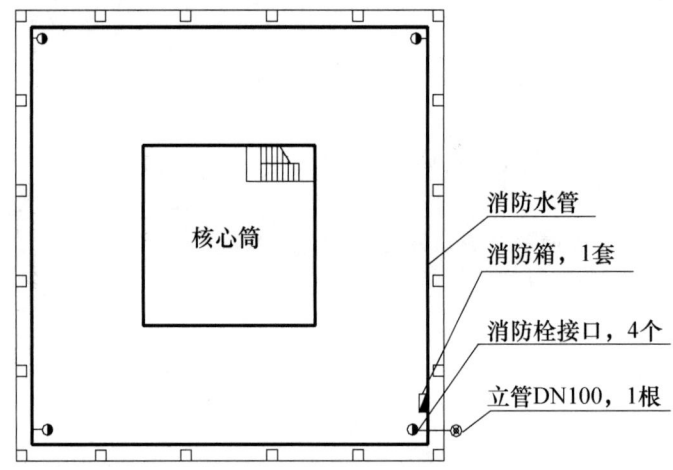

标准层临时消防设施布置示意图

问题1：施工机械设备选择的原则和方法分别还有哪些？当塔吊起重荷载达到额定起重量90%以上时，对塔吊的检查项目还有哪些？

【答案】

（1）施工机械设备选择的原则还有：适应性、高效性、稳定性、安全性。

（2）施工机械设备选择的方法还有：折算费用法（等值成本法）、界限时间比较法和综合评分法。

（3）对塔吊的检查项目还有：机械状况、制动性能。

知识点 引申

依据《建筑施工塔式起重机安装、使用、拆卸安全技术规程》JGJ 196—2010

4.0.1 塔式起重机起重司机、起重信号工、司索工等操作人员应取得特种作业人员资格证书，严禁无证上岗。

4.0.2 塔式起重机使用前,应对起重司机、起重信号工、司索工等作业人员进行安全技术交底。

4.0.3 塔式起重机的力矩限制器、重量限制器、变幅限位器、行走限位器、高度限位器等安全保护装置不得随意调整和拆除,严禁用限位装置代替操纵机构。

4.0.9 遇有风速在12m/s及以上的大风或大雨、大雪、大雾等恶劣天气时,应停止作业。雨雪过后,应先经过试吊,确认制动器灵敏可靠后方可进行作业。

4.0.10 塔式起重机不得起吊重量超过额定载荷的吊物,且不得起吊重量不明的吊物。

4.0.11 在吊物载荷达到额定载荷的90%时,应先将吊物吊离地面200~500mm后,检查机械状况、制动性能、物件绑扎情况等,确认无误后方可起吊。对有晃动的物件,必须拴拉溜绳使之稳固。

4.0.14 作业完毕后,应松开回转制动器,各部件应置于非工作状态,控制开关应置于零位,并应切断总电源。

问题2:需要在施工组织设计中制定安全技术措施的高处作业项还有哪些?

【答案】

需制定安全技术措施的高处作业项还有:洞口作业、操作平台、交叉作业、安全防护网搭设。

知识点 引申

依据《企业安全生产费用提取和使用管理办法》
财资〔2022〕136号

(1) 管理原则:筹措有章、支出有据、管理有序、监督有效。

(2) 施工企业以工程造价为依据,于月末按工程进度计算提取企业安全生产费用。房屋建筑工程提取标准为3%。

(3) 建设单位应当在合同中单独约定,并于工程开工后一个月内向承包单位支付至少50%企业安全生产费用。

(4) 竣工决算后结余的企业安全生产费用,应当退回建设单位。

(5) 职工薪酬、福利不得从企业安全生产费用中支出。

问题3:指出施工检测试验计划管理中的不妥之处,并说明理由。施工检测试验计划内容还有哪些?

【答案】

(1) 不妥之处及理由:

不妥1:施工中编制项目检测试验计划。

理由:应在施工前编制。

不妥2:项目检测试验计划报项目经理审批同意后实施。

理由:应报送监理单位审查同意后实施。

(2) 施工检测试验计划内容还有:检测试验参数、试样规格、代表批量、施工部位。

问题 4：节能与能源利用管理中，应分别对哪些用电项设定控制指标？对控制指标定期管理的内容有哪些？

【答案】

(1) 设定用电控制指标的用电项有：生产、生活、办公和施工设备。

(2) 定期管理的内容有：计量、核算、对比分析。

问题 5：指出图中的不妥之处，并说明理由。

【答案】

不妥 1：消防立管为 DN100。

理由：根据管径计算，$d = \sqrt{\dfrac{4 \times 15}{\pi \times 1.5 \times 1000}} = 0.113\text{m} = 113\text{mm}$，应该选择 DN125。

不妥 2：立管设置 1 根。

理由：立管不应少于 2 根，设置位置应便于消防人员操作。（规范 5.3.10 条）

不妥 3：消防栓接口间距约 40m。

理由：本建筑高度为 70m，属于高层建筑，不符合规范要求消防栓接口间距不应大于 30m 的规定。（规范 5.3.12 条）

不妥 4：没有设置消防软管接口。

理由：各结构层均应设置消防软管接口。（规范 5.3.12 条）

不妥 5：楼梯位置未设置消防设施。

理由：每层楼梯处均应设置消防箱。（规范 5.3.13 条）

不妥 6：消防箱 1 套。

理由：每个设置点不少于 2 套。（规范 5.3.13 条）

【解析】答案中的不妥 1，计算管径时，消防用水量为什么不加 10 个点漏水损失？依据《建设工程施工现场消防安全技术规范》GB 50720—2011 中的 5.3.10 条中的第 2 小条，消防竖管的管径应根据在建工程临时消防用水量、竖管内水流计算速度计算确定，且不应小于 DN100。规范说得很清楚，算消防管径时，就用消防用水量，不再考虑任何漏水损失。因为消防用水是专用的，不存在漏水损失这一说法。

知识点 引申

1. 常用的消防管道规格包括：DN25、DN32、DN40、DN50、DN70、DN80、DN100、DN125、DN150、DN200。

2. 临时室外、室内消防给水系统，依据《建设工程施工现场消防安全技术规范》GB 50720—2011。

5.3.3 临时室外消防用水量应按临时用房和在建工程的临时室外消防用水量的较大者确定，施工现场火灾次数可按同时发生 1 次确定。

5.3.4 临时用房建筑面积之和大于 1000m² 或在建工程单体体积大于 10000m³ 时，应设置临时室外消防给水系统。当施工现场处于市政消火栓 150m 保护范围内，且市政消火栓的数量满足室外消防用水量要求时，可不设置临时室外消防给水系统。

5.3.5 临时用房的临时室外消防用水量不应小于表5.3.5的规定。

表5.3.5 临时用房的临时室外消防用水量

临时用房的建筑面积之和	火灾延续时间（h）	消火栓用水量（L/s）	每支水枪最小流量（L/s）
1000m²＜面积≤5000m²	1	10	5
面积＞5000m²		15	5

5.3.6 在建工程的临时室外消防用水量不应小于表5.3.6的规定。

表5.3.6 在建工程的临时室外消防用水量

在建工程（单体）体积	火灾延续时间（h）	消火栓用水量（L/s）	每支水枪最小流量（L/s）
10000m³＜体积≤30000m³	1	15	5
体积＞30000m³	2	20	5

5.3.7 施工现场临时室外消防给水系统的设置应符合下列规定：

（1）给水管网宜布置成环状。

（2）临时室外消防给水干管的管径，应根据施工现场临时消防用水量和干管内水流计算速度计算确定，且不应小于DN100。

（3）室外消火栓应沿在建工程、临时用房和可燃材料堆场及其加工场均匀布置，与在建工程、临时用房和可燃材料堆场及其加工场的外边线的距离不应小于5m。

（4）消火栓的间距不应大于120m。

（5）消火栓的最大保护半径不应大于150m。

5.3.8 建筑高度大于24m或单体体积超过30000m³的在建工程，应设置临时室内消防给水系统。

5.3.9 在建工程的临时室内消防用水量不应小于表5.3.9的规定。

表5.3.9 在建工程的临时室内消防用水量

建筑高度、在建工程体积（单体）	火灾延续时间（h）	消火栓用水量（L/s）	每支水枪最小流量（L/s）
24m＜建筑高度≤50m 或 30000m³＜体积≤50000m³	1	10	5
建筑高度＞50m 或体积＞50000m³	1	15	5

5.3.10 在建工程临时室内消防竖管的设置应符合下列规定：

（1）消防竖管的设置位置应便于消防人员操作，其数量不应少于2根，当结构封顶时，应将消防竖管设置成环状。

（2）消防竖管的管径应根据在建工程临时消防用水量、竖管内水流计算速度计算确定，且不应小于DN100。

5.3.12 设置临时室内消防给水系统的在建工程，各结构层均应设置室内消火栓接口及消防软管接口，并应符合下列规定：

（1）消火栓接口及软管接口应设置在位置明显且易于操作的部位。

（2）消火栓接口的前端应设置截止阀。

（3）消火栓接口或软管接口的间距，多层建筑不应大于50m，高层建筑不应大于30m。

5.3.13 在建工程结构施工完毕的每层楼梯处应设置消防水枪、水带及软管，且每个设置点不应少于2套。

5.3.14 高度超过100m的在建工程，应在适当楼层增设临时中转水池及加压水泵。中转水池的有效容积不应少于10m³，上、下两个中转水池的高差不宜超过100m。

案例33 2017年一建案例题一（改动大）

▶▶ 知识点索引

（1）进度事前控制内容

（2）工期压缩

（3）地下工程水泥砂浆防水层

（4）室内环境污染物类型及检测时间

背景资料

某新建别墅群项目，总建筑面积45000m²，各幢别墅均为地下1层，地上3层，砖混结构。某施工总承包单位项目部按幢编制了单幢工程施工进度计划。某幢计划工期为180d，施工进度计划如下图所示。

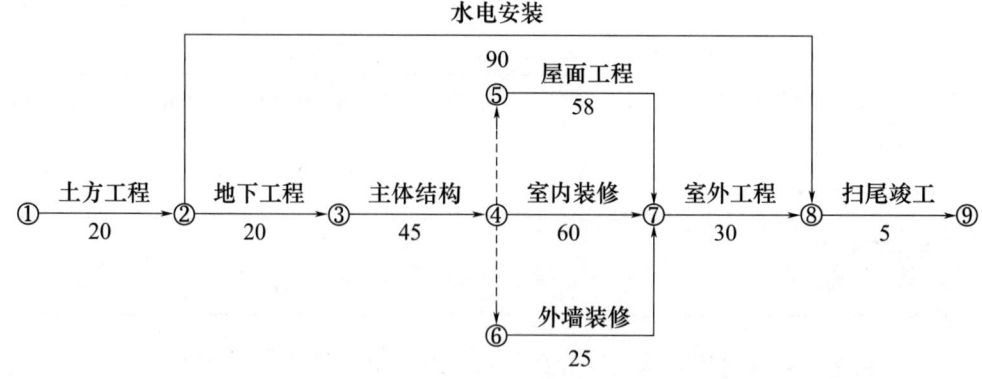

施工进度计划图

现场监理工程师在审核该进度计划后，要求施工单位明确施工进度事前控制的内容，以确保该幢工程在计划日历天内竣工。

该别墅工程开工后第46天进行的进度检查时发现，土方工程和地基基础工程基本完成，已开始主体结构工程施工，工期进度滞后 5d。项目部依据赶工参数（具体见下表），对相关施工过程进行压缩，确保工期不变。

赶工参数表

序号	施工过程	最大可压缩时间（d）	赶工费用（元/d）
1	土方工程	2	800
2	地下工程	4	900
3	主体结构	2	2700
4	水电安装	3	450
5	室内装修	8	3000
6	屋面工程	5	420
7	外墙装修	2	1000
8	室外工程	3	4000
9	扫尾竣工	0	—

项目部对地下室 M5 水泥砂浆防水层施工提出了技术要求：采用普通硅酸盐水泥、自来水、中砂、防水剂等材料拌合，中砂含泥量不得大于 3%；防水层施工前应采用强度等级 M5 的普通砂浆将基层表面的孔洞、缝隙堵塞抹平；防水层施工要求一遍成型，铺抹时应压实、表面应提浆压光，并及时进行保湿养护 7d。

监理工程师对室内装饰装修工程检查验收后，要求在装饰装修完工后第 5 天进行 TVOC 等室内环境污染物浓度检测。项目部对检测时间提出异议。

问题 1：施工进度事前控制的内容有哪些？

【答案】
（1）编制项目实施总进度计划，确定工期目标。
（2）将总目标分解为分目标，制定相应细部计划。
（3）制定完成计划的相应施工方案和保障措施。

问题 2：按照经济、合理原则对相关施工过程进行压缩，请分别写出最适宜压缩的施工过程和相应的压缩天数。

【答案】
（1）最适宜压缩的施工过程：主体结构、室内装修、屋面工程。
（2）相应压缩的天数：主体结构压缩 2d；室内装修压缩 3d；屋面工程压缩 1d。

知识点 · 引申

工期压缩应选择关键工作的持续时间进行压缩。当存在多项未完关键工作时，选择压缩对象需考虑 3 个因素：

（1）缩短持续时间对质量和安全影响不大的工作。
（2）缩短有备用资源的工作。
（3）缩短持续时间所需增加的资源、费用最少的工作。

问题3：找出项目部对地下室水泥砂浆防水层施工技术要求的不妥之处，并分别说明理由。

【答案】

不妥1：中砂含泥量不得大于3%。

理由：中砂含泥量不应大于1%。

不妥2：采用强度等级M5的普通砂浆将基层表面的孔洞、缝隙堵塞抹平。

理由：应采用与防水层相同的防水砂浆将基层表面的孔洞、缝隙堵塞抹平。

不妥3：防水层施工要求一遍成型。

理由：宜采用多层抹压法施工。

不妥4：防水砂浆保湿养护7d。

理由：保湿养护不得少于14d。

【解析】地下防水混凝土要求中砂含泥量不得大于3%；地下水泥砂浆防水层要求中砂含泥量不应大于1%。

知识点 引申

水泥砂浆防水层施工

（1）可用于地下工程主体结构的迎水面或背水面，不应用于受持续振动或温度高于80℃的地下工程防水。

（2）聚合物水泥防水砂浆厚度单层施工宜为6~8mm，双层施工宜为10~12mm，掺外加剂或掺合料的水泥防水砂浆厚度宜为18~20mm。

（3）各层紧密黏合，每层宜连续施工；必须留设施工缝时，采用阶梯坡形槎，离阴阳角的距离不得少于200mm。

（4）不得在雨天、5级及以上大风中施工。冬期施工时气温不应低于5℃，夏季不宜在30℃以上或烈日照射下施工。

问题4：监理工程师要求的检测时间是否正确，并说明理由。针对本工程，室内环境污染物浓度检测还应包括哪些项目？

【答案】

（1）监理工程师要求的检测时间：不正确。

理由：室内污染物浓度检测应在工程完工至少7d以后、工程交付使用前进行。

（2）室内环境污染物浓度检测还应包括：氡、甲醛、氨、苯、甲苯、二甲苯。

案例 34

▶▶ **知识点索引**
（1）项目质量计划内容
（2）分项工程和检验批划分依据
（3）重大危险源控制系统
（4）屋面卷材割补法工艺

背 景 资 料

某新建住宅工程项目，建筑面积 23000m²，地下 2 层，地上 18 层，现浇钢筋混凝土剪力墙结构，项目实行项目总承包管理。

施工总承包单位项目部相关人员组织编制的项目质量计划明确了质量目标和要求、质量管理体系和管理职责、质量管理与协调的程序等内容，监理工程师审查发现内容不全，要求补充完善。

施工前，项目部根据本工程施工管理和质量控制要求，对分项工程按照工种等条件，检验批按照楼层等条件，制定了分项工程和检验批划分方案，报监理单位审核。

项目部针对工程特点，明确采用安全检查表法进行重大危险源的辨识，编制事故应急救援预案等重大危险源控制系统内容。事故应急救援预案提出了符合要求的技术措施与组织措施。

项目部针对屋面卷材防水层出现的起鼓（直径大于 300mm）问题，制定了割补法处理方案。方案规定了修补工序，并要求先铲除保护层、把鼓泡卷材割除、对基层清理干净等修补工序依次进行处理整改。

问题 1：项目质量计划还应该包含哪些内容？
【答案】
（1）法律法规和标准规范。
（2）质量控制点的设置与管理。
（3）项目生产要素的质量控制。
（4）实施质量目标和质量要求所采取的措施。
（5）项目质量文件管理。

问题 2：分别指出分项工程和检验批划分的条件还有哪些？
【答案】
（1）分项工程划分的条件还有：材料、施工工艺、设备类别等。
（2）检验批划分的条件还有：工程量、施工段等。

> **知识点 引申**
>
> ### 依据《建筑与市政工程施工质量控制通用规范》GB 55032—2022
>
> **4 施工质量验收**
>
> 4.1.1 施工质量验收应包括单位工程、分部工程、分项工程和检验批施工质量验收，并应符合下列规定：
>
> 1 检验批应根据施工组织、质量控制和专业验收需要，按工程量、楼层、施工段划分。
> 2 分项工程应根据工种、材料、施工工艺、设备类别划分。
> 3 分部工程应根据专业性质、工程部位划分。
> 4 单位工程应为具备独立使用功能的建筑物或构筑物。

问题3：重大危险源控制系统内容还有哪些？事故应急救援预案提出的技术措施与组织措施应符合哪些要求？

【答案】

(1) 重大危险源控制系统内容还有：重大危险源的评价、管理、安全报告。

(2) 应符合的要求：详尽、实用、明确、有效。

问题4：卷材鼓泡采用割补法治理的工序依次还有哪些？

【答案】

(1) 用喷灯烘烤旧卷材槎口，分层剥开，去旧胶结材料。

(2) 依次粘贴好旧卷材，上面铺贴一层新卷材。

(3) 再依次粘贴旧卷材，上面覆盖铺贴第二层新卷材，周边压实刮平。

(4) 重做保护层。

【解析】屋面卷材防水层鼓泡直径>300mm 时，才采用割补法处理。针对直径比较小的鼓泡，处理方式不一样。

> **知识点 引申**
>
> ### 屋面卷材防水层鼓泡治理
>
> (1) 直径<100mm 的鼓泡：用抽气灌胶法处理，并压上几块砖。
>
> (2) 直径 100~300mm 的鼓泡，处理步骤如下：
>
> ① 铲除保护层。
>
> ② 割开鼓泡，放出气体，擦干水分，清除旧胶结料，用喷灯将卷材内部吹干。
>
> ③ 按顺序把旧卷材分片重新粘贴好，再新贴一块方形卷材（边长比开刀范围大100mm），压入卷材下。
>
> ④ 粘贴覆盖好卷材，重做保护层。

案例 35 2017 年一建案例题三（有改动）

知识点索引
（1）"五牌一图"
（2）基础底板钢筋绑扎
（3）安全事故调查
（4）经常性安全检查形式

背景资料

某新建仓储工程，建筑面积 8000m²，地下 1 层，地上 1 层，采用钢筋混凝土筏板基础，建筑高度 12m；地下室为钢筋混凝土框架结构，地上部分为钢结构；筏板基础混凝土等级为 C30，内配双层钢筋网、主筋为 φ20 螺纹钢，基础筏板下三七灰土夯实，无混凝土垫层。

施工单位安全生产管理部门在安全文明施工巡检时，发现工程告示牌及含施工总平面布置图的"五牌一图"布置在了现场主入口处围墙外侧，即要求项目部将"五牌一图"布置在主入口内侧。

项目制定的基础筏板钢筋施工技术方案中规定：钢筋保护层厚度控制在 40mm；柱锚固钢筋用 135°弯钩与基础钢筋绑扎；双层钢筋网弯钩均朝上，通过拉钩绑扎牢固，以保证上、下层钢筋网相对位置准确。监理工程师审查后认为有些规定不妥，要求整改。

屋面梁安装过程中，发生两名施工人员高处坠落事故，一人死亡，当地人民政府接到事故报告后，按照事故调查规定组织安全生产监督管理部门、公安机关等相关部门指派的人员和 2 名专家组成事故调查组。调查组检查了项目部制定的项目施工安全检查制度，其中规定了项目经理至少每旬组织开展一次定期安全检查，专职安全管理人员每天进行巡视检查。调查组认为项目部经常性安全检查制度规定内容不全，要求完善。

问题 1："五牌一图"还应包含哪些内容？
【答案】
（1）工程概况牌；
（2）消防保卫牌；
（3）安全生产牌；
（4）文明施工牌；
（5）管理人员名单及监督电话牌。

问题 2：写出基础筏板钢筋技术方案中的不妥之处，并说明理由。
【答案】
不妥 1：钢筋保护层厚度控制在 40mm。
理由：无混凝土垫层时，基础中纵向受力钢筋保护层厚度至少 70mm。
不妥 2：柱锚固钢筋用 135°弯钩与基础钢筋绑扎。
理由：应用 90°弯钩。

不妥3：双层钢筋网弯钩均朝上。

理由：上层钢筋网弯钩应朝下。

不妥4：双层钢筋网通过拉钩绑扎牢固。

理由：应设置钢筋撑脚。

问题3：判断此次高处坠落事故等级，事故调查组还应有哪些单位或部门指派人员参加？

【答案】

（1）此次高处坠落事故等级：一般事故。

（2）事故调查组还应有：负有安全生产监督管理职责的有关部门、监察机关、工会、人民检察院等。

知识点 引申

安全事故调查规定

事故类别	组织调查部门
特别重大事故	国务院
重大事故	省级政府
较大事故	市级政府
一般事故	县级政府

1. 无人员伤亡的一般事故，县级政府可委托事故发生单位组织调查。

2. 事故调查组构成：

（1）应（必须）参加的是：有关政府、安监部门、负有安监职责有关部门、监察机关、公安机关、工会、检察院。（7个）

（2）可聘请有关专家参与调查。

3. 事故发生单位应当按照负责事故调查的人民政府的批复，对本单位负有事故责任的人员进行处理。安全事故调查报告应包括下列内容：

（1）事故发生单位概况；

（2）事故发生经过和事故救援情况；

（3）事故造成的人员伤亡和直接经济损失；

（4）事故发生的原因和事故性质；

（5）事故责任的认定及对事故责任者的处理建议；

（6）事故防范和整改措施。

问题4：项目部经常性安全检查的方式还应有哪些？

【答案】

（1）现场兼职安全生产管理人员及安全值班人员每天例行开展的安全巡视、巡查。

（2）现场项目经理、责任工程师及相关专业技术管理人员在检查生产工作的同时进行的安全检查。

（3）作业班组在班前、班中、班后进行的安全检查。

引申

设备设施安全验收检查

针对现场塔式起重机等起重设备、外用施工电梯、龙门架及井架物料提升机、电气设备、脚手架、现浇混凝土模板支撑系统等设备设施在安装、搭设过程中或完成后进行的安全验收、检查。

案例 36　2017 年一建案例题五（有改动）

▶ 知识点索引

（1）需要专家论证的专项施工方案（住房城乡建设部 2018 年第 31 号文）
（2）排桩形式
（3）重点部位防火图例找错（模板堆、电线杆）
（4）混凝土结构实体检验正确做法、回弹-取芯法判定混凝土强度合格标准
（5）单位工程质量竣工验收记录表

背　景　资　料

某新建办公楼工程，总建筑面积 68000m²，地下 2 层，地上 30 层，人工挖孔桩基础，设计桩长 18m，基础埋深 8.5m，地下水为-4.5m；裙房 6 层，檐口高 28m；主楼高度 128m，钢筋混凝土框架-核心筒结构。建设单位与施工单位签订了施工总承包合同。施工单位制定的主要施工方案有：内支撑式排桩基坑支护结构；裙房用落地式双排扣件式钢管脚手架，主楼布置外附墙式塔吊，核心筒爬模施工，结构施工用胶合板模板。

施工中，木工堆场发生火灾。紧急情况下值班电工及时断开了总配电箱开关。经查，火灾是因为临时用电布置和刨花堆放不当引起。部分木工堆场临时用电现场布置剖面示意图如下图所示。

在地下室结构实体采用回弹法进行强度检验中，出现个别部位 C35 混凝土强度不足，项目部质量经理随即安排公司实验室检测人员采用钻芯法对该部位实体混凝土进行检测，并将检验报告上报监理工程师。监理工程师认为其做法不妥，要求整改。整改后钻芯检测的试样强度分别为 28.5MPa、31MPa、32MPa。该建设单位项目负责人组织对工程进行检查验收，施工单位分别填写了《单位工程质量竣工验收记录表》中的"验收记录""验收结论""综合验收结论"。"综合验收结论"为"合格"。参加验收单位人员分别进行了签字。政府质量监督部门认为一些做法不妥，要求改正。

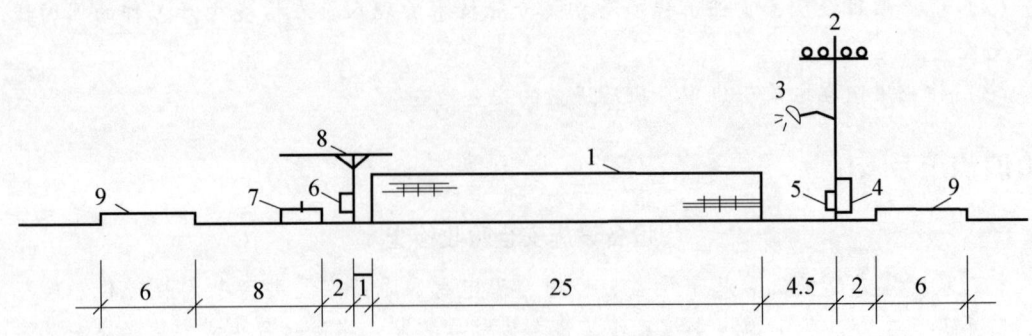

部分木工堆场临时用电现场布置剖面示意图
1—模板堆；2—电杆（高5m）；3—碘钨灯；4—堆场配电箱；5—灯开关箱；
6—电锯开关箱；7—电锯；8—木工棚；9—场内道路

问题1：背景资料中，需要进行专家论证的专项施工方案有哪些？排桩支护结构方式还有哪些？

【答案】

1. 需要进行专家论证的专项施工方案有：
(1) 土方开挖专项施工方案；
(2) 基坑支护专项施工方案；
(3) 基坑降水专项施工方案；
(4) 人工挖孔桩专项施工方案；
(5) 核心筒爬模专项施工方案。

2. 排桩支护结构方式还有：
(1) 悬臂式支护结构；
(2) 锚拉式支护结构；
(3) 内撑-锚拉混合式支护结构。

问题2：指出图中措施做法的不妥之处。正常情况下，现场临时配电系统停电的顺序是什么？

【答案】

(1) 不妥之处有：

不妥1：敞开式木工棚。

不妥2：堆场配电箱和电锯开关箱的距离太远（距离达30.5m）。

不妥3：电杆离模板堆太近（距离4.5m）。

不妥4：电锯开关箱离模板堆外缘太近（距离1m）。

不妥5：使用碘钨灯。

不妥6：照明用电与动力用电采用一个回路。

(2) 现场临时停电的顺序为：开关箱→分配电箱→总配电箱。

> **知识点 · 引申**

易燃材料仓库防火要求

（1）仓库或堆料场内电缆一般应埋入地下。若有困难需设置架空电力线时，架空电力线与露天易燃物堆垛的最小水平距离不应小于电杆高度的1.5倍。

（2）仓库或堆料场所使用的照明灯具与易燃堆垛间至少应保持1m的距离。

（3）开关箱、接线盒，应距离堆垛外缘不小于1.5m。

（4）仓库或堆料场严禁使用碘钨灯。

（5）储存大量易燃品的仓库应设置独立的避雷装置。

问题3：说明混凝土结构实体检验管理的正确做法。该钻芯检验部位C35混凝土实体检验结论是什么？并说明理由。

【答案】

（1）混凝土结构实体检验管理的正确做法：

① 监理单位见证取样；

② 施工单位组织实施；

③ 具有资质的检测机构承担检验。

（2）该钻芯检验部位C35混凝土实体检验结论：不合格。

（3）理由：

平均值：$(28.5+31+32)/3=30.5\text{MPa}<30.8\text{MPa}$（$35\times88\%$）。

最小值：$28.5\text{MPa}\geqslant 28\text{MPa}$（$35\times80\%$）。

两个条件没有同时满足，所以混凝土强度实体检验结果不合格。

> **知识点 · 引申**

依据《混凝土结构工程施工质量验收规范》GB 50204—2015

10.1.1 对涉及混凝土结构安全的有代表性的部位应进行结构实体检验。结构实体检验应包括混凝土强度、钢筋保护层厚度、结构位置与尺寸偏差，以及合同约定的项目；必要时可检验其他项目。

结构实体检验应由监理单位组织施工单位实施，并见证实施过程。施工单位应制定结构实体检验专项方案，并经监理单位审核批准后实施。除结构位置与尺寸偏差外的结构实体检验项目，应由具有相应资质的检测机构完成。

10.1.2 结构实体混凝土强度应按不同强度等级分别检验，检验方法宜采用同条件养护试件方法；当未取得同条件养护试件强度或同条件养护试件强度不符合要求时，可采用回弹-取芯法进行检验。

附录C.0.3 结构实体混凝土强度采用同条件养护试件时：对同一强度等级的同条件养护试件，其强度值应除以0.88后按现行国家标准《混凝土强度检验评定标准》GB/T 50107的有关规定进行评定，评定结果符合要求时可判结构实体混凝土强度合格。

附录 D.0.7　结构实体混凝土强度采用回弹-取芯法时：对同一强度等级的构件，当符合下列规定时，结构实体混凝土强度可判为合格：① 三个芯样的抗压强度算术平均值不小于设计要求的混凝土强度等级值的 88%；② 三个芯样抗压强度的最小值不小于设计要求的混凝土强度等级值的 80%。

问题 4：《单位工程质量竣工验收记录表》中"验收记录""验收结论""综合验收结论"应该由哪些单位填写？"综合验收结论"应该包含哪些内容？
【答案】
1. 填写主体：
（1）验收记录由施工单位填写；
（2）验收结论由监理单位填写；
（3）综合验收结论由建设单位填写。
2. 综合验收结论包括内容：
（1）工程质量是否符合设计文件和相关标准的规定；
（2）总体质量水平评价。

案例 37　2016 年一建案例题一

知识点索引
（1）泥浆护壁钻孔灌注桩
（2）变形测量异常情况及采取措施
（3）无节奏流水施工绘图
（4）安全检查要求

背景资料

某综合楼工程，地下 3 层，地上 20 层，总建筑面积 68000m²，地基基础设计等级为甲级，灌注桩筏板基础，现浇钢筋混凝土框架-剪力墙结构。建设单位与施工单位按照《建设工程施工合同（示范文本）》签订了施工合同，约定竣工时须向建设单位移交变形测量报告，部分主要材料由建设单位采购提供。施工单位委托第三方测量单位进行施工阶段的建筑变形测量。

基础桩设计桩径 800mm、长度 35~42m，混凝土强度等级 C30，共计 900 根，施工单位编制的桩基施工方案中列明：采用泥浆护壁成孔、导管法水下灌注 C30 混凝土；灌注时桩顶混凝土面超过设计标高 500mm；每根桩留置 1 组混凝土试件；成桩后按总桩数的 20% 对桩身完整性进行检验。监理工程师审查方案时认为存在错误，要求施工单位改正后重新上报。

地下结构施工过程中，测量单位按变形测量方案实施监测时，发现基坑周边地表出现明显裂缝，立即将此异常情况报告给施工单位。施工单位立即要求测量单位及时采取相应的监测措施,并根据观测数据制定后续防控对策。

装修施工单位将地上标准层(F6~F20)划分为 3 个施工段组织流水施工,各施工段上均包含 3 道施工工序,其流水节拍见下表(单位:周)。

流水节拍表

流水节拍		施工过程		
		工序Ⅰ	工序Ⅱ	工序Ⅲ
施工段	F6~F10	4	3	3
	F11~F15	3	4	6
	F16~F20	5	4	3

项目部按照公司的统一部署,对本项目进行安全大检查。检查前明确了检查目的、检查项目等内容,过程中重点对现场管理人员和操作人员进行了检查,结束后针对安全隐患明确了整改的"三定"原则。

问题 1:指出桩基施工方案中的错误之处,并分别写出相应的正确做法。

【答案】

错误 1:导管法水下灌注 C30 混凝土。

正确做法:应灌注 C35 混凝土(提高一级)。

错误 2:灌注时桩顶混凝土面超过设计标高 500mm。

正确做法:水下混凝土超灌高度应高于设计桩顶标高 1m 以上。

知识点 引申

1. 泥浆护壁钻孔灌注桩采用导管法灌注水下混凝土,强度应比设计强度提高等级配置,坍落度宜为 180~220mm,超灌高度应高于设计桩顶标高 1m 以上。

2. 泥浆护壁钻孔灌注桩注浆终止条件应控制注浆量与注浆压力两个因素,以前者为主。满足下列条件之一即可终止注浆:

(1)注浆总量达到设计要求。

(2)注浆量不低于 80%,且压力大于设计值。

3. 工程桩承载力和完整性检验规定:

承载力	1. 静载荷试验 (1)适用于基础设计甲级或地质条件复杂,成桩质量可靠性低时。 (2)检验数量:≥总桩数 1%,≥3 根(总桩数少于 50 根时至少 2 根)。 2. 高应变法 (1)适用于在有经验或对比资料地区,且基础设计为乙、丙级时。 (2)检验数量:≥总桩数 5%,≥10 根

续表

桩身完整性	1. 钻芯法：适用于受检桩龄期应达到28d；或同条件养护试块强度达到设计要求。 2. 低（高）应变法、声波透射法：适用于受检桩强度≥设计强度70%，且≥15MPa。 3. 抽检数量≥总桩数20%，且≥10根，每根柱子承台下的桩抽检数量≥1根。 4. 桩身完整性分四类： Ⅰ类桩：桩身完整。 Ⅱ类桩：桩身有轻微缺陷，不会影响桩身结构承载力的正常发挥。 Ⅲ类桩：桩身有明显缺陷，对桩结构承载力有影响。 Ⅳ类桩：桩身存在严重缺陷

问题2：变形测量发现异常情况后，第三方测量单位应及时采取哪些措施？针对变形测量，除基坑周边地表出现明显裂缝外，还有哪些异常情况也应立即报告委托方？

【答案】

（1）立即实施安全预案，同时提高观测频率或增加观测内容。

（2）立即报告委托方的异常情况：

① 变形量或变形速率出现异常变化；

② 变形量或变形速率达到或超出变形预警值；

③ 开挖面或周边出现塌陷、滑坡；

④ 建筑本身或其周边环境出现异常；

⑤ 自然灾害引起的其他异常变形情况。

问题3：参照下表，在答题卡上相应位置绘制标准层装修的流水施工横道图。

施工过程	施工进度（周）										
	1	2	3	4	5	6	7	8	9	10	…
工序Ⅰ											
工序Ⅱ											
工序Ⅲ											

【答案】

1. 计算流水步距

（1）同一施工过程（工序）累加

工序累加	施工段一（F6~F10）	施工段二（F11~F15）	施工段三（F16~F20）
工序Ⅰ累加	4	7	12
工序Ⅱ累加	3	7	11
工序Ⅲ累加	3	9	12

（2）工序Ⅰ与工序Ⅱ之间的流水步距

$$\begin{array}{r} 4\quad 7\quad 12 \\ -\quad 3\quad 7\quad 11 \\ \hline 4\quad 4\quad 5\quad -11 \end{array}\quad 取 K_{Ⅰ-Ⅱ}=5 周$$

（3）工序Ⅱ与工序Ⅲ之间的流水步距

$$\begin{array}{r} 3\quad 7\quad 11 \\ -\quad 3\quad 9\quad 12 \\ \hline 3\quad 4\quad 2\quad -12 \end{array}\quad 取 K_{Ⅱ-Ⅲ}=4 周$$

2. 流水工期

T =（5+4）+12=21 周

3. 画图

施工过程	1	2	3	4	5	6	7	8	9	10	11	12	13	14	15	16	17	18	19	20	21
			施工进度（周）																		
工序Ⅰ		F6~10					F11~15				F16~20										
工序Ⅱ						F6~10				F11~15			F16~20								
工序Ⅲ										F6~10				F11~15					F16~20		

问题4：安全检查需明确的内容还有哪些？对现场管理人员和操作人员检查内容有哪些？写出安全隐患整改"三定"原则的具体内容。

【答案】

（1）安全检查需明确的内容还有：检查内容及标准、重点、关键部位。

（2）对现场管理人员和操作人员检查内容有：是否有违章指挥和违章作业行为；抽查"应知应会"。

（3）"三定"原则：定人、定期限、定措施。

案例38　2016年一建案例题五（有改动）

▶ 知识点索引

（1）消火栓的布置要求、供水系统内容
（2）总用水量计算、管径计算
（3）同条件养护试件（依据《混凝土结构工程施工质量验收规范》GB 50204—2015 附录C）
（4）塔吊混凝土基础

背景资料

某住宅楼工程,场地占地面积约 10000m², 建筑面积约 14000m², 地下 2 层, 地上 16 层, 层高 2.8m, 檐口高 47m, 结构设计为筏板基础, 剪力墙结构。

在施工现场消防技术方案中, 临时施工道路(宽 4m)与施工(消防)用主水管沿在建住宅楼环状布置, 消火栓设在施工道路两侧, 距路中线 5m, 在建住宅楼外边线距道路中线 9m。供水系统包括取水位置、取水设施、配水管网等内容。施工用水管计算中, 现场施工用水量($q_1+q_2+q_3+q_4$)为 8.5L/s, 管网水流速度 1.6m/s, 漏水损失 10%, 消防用水量按最小用水量计算。

根据项目试验计划, 项目总工程师会同试验员选定 1、3、5、7、9、11、13、16 层各留置 1 组 C30 混凝土同条件养护试件, 试件在浇筑点制作, 脱模后放置在下一层楼梯口处。第 5 层 C30 混凝土同条件养护试件强度试验结果为 28MPa。

施工过程中发生塔吊倒塌事故, 在调查塔吊基础时发现: 塔吊基础为 6m×6m×0.9m, 混凝土强度等级为 C20, 天然地基持力层承载力特征值(f_{ak})为 120kPa, 施工单位仅对地基承载力进行计算, 并据此判断满足安全要求。

问题 1: 指出施工消防技术方案的不妥之处, 并说明理由。供水系统还应包括哪些内容?

【答案】

(1) 不妥之处及理由。

不妥 1: 消火栓距路边 3m。

理由: 按规定消火栓距路边不宜大于 2m。

不妥 2: 消火栓距在建住宅 4m。

理由: 按规定消火栓距拟建房屋不应小于 5m。

(2) 供水系统还应包括: 净水设施、贮水装置、输水管和末端配置。

问题 2: 施工总用水量是多少?用水主管的计算管径是多少?应选择的管径规格是多少?(管径单位 mm, 保留两位小数)

【答案】

(1) 施工总用水量。

① 建筑面积约 14000m², 层高 2.8m, 该住宅楼体积 14000×2.8=39200m³, 消防用水量最小 20L/s。

注: 依据《建设工程施工现场消防安全技术规范》GB 50720—2011 中的 5.3.6 条。

② 工地面积 1hm²<5hm², 且 $q_1+q_2+q_3+q_4<q_5$, 净用水量 $Q=q_5=20$L/s。

③ 漏水损失为 10%, 施工现场总用水量(耗水量)为 $Q=20×(1+10\%)=22$L/s。

(2) 施工用水主管计算管径。

$$d=\sqrt{\frac{4Q}{\pi \cdot v \cdot 1000}}=\sqrt{\frac{4×22}{3.14×1.6×1000}}=0.13235\text{m}=132.35\text{mm}$$

(3) 选择管径规格: DN150。

知识点 引申

总用水量计算

1. 净用水量计算

(1) 当 $(q_1+q_2+q_3+q_4) \leq q_5$ 时，则 $Q=q_5+(q_1+q_2+q_3+q_4)/2$。

(2) 当 $(q_1+q_2+q_3+q_4) > q_5$ 时，则 $Q=q_1+q_2+q_3+q_4$。

(3) 工地面积$<5hm^2$，且 $(q_1+q_2+q_3+q_4) < q_5$ 时，$Q=q_5$。

2. 总用水量（耗水量）= 净用水量×（1+10%）

式中 q_1——现场施工用水量；

q_2——施工机械用水量；

q_3——施工现场生活用水量；

q_4——生活区生活用水量；

q_5——消防用水量。

注：q_5 根据临时用房建筑面积之和，或在建单体工程体积的不同，最小分别为10L/s、15L/s、20L/s，根据工程实际选用，并满足《建设工程施工现场消防安全技术规范》GB 50720—2011 的要求。

问题3：指出同条件养护试件的做法有何不妥？并写出正确做法。第5层C30混凝土同条件养护试件的强度代表值是多少？

【答案】

(1) 不妥之处。

不妥1：项目总工程师会同试验员选定试块。

正确做法：项目总工程师会同监理（建设）共同选定。

不妥2：在1、3、5、7、9、11、13、16层各留置1组C30混凝土同条件养护试件。

正确做法：每连续两层楼取样不应少于1组。

不妥3：脱模后放置在下层楼梯口处。

正确做法：脱模后应放置在浇筑地点与结构同条件养护。

(2) C30混凝土同条件养护试件的强度代表值：$28 \div 0.88 = 31.82 MPa$。

知识点 引申

依据《混凝土结构工程施工质量验收规范》GB 50204—2015

附录C 结构实体混凝土同条件养护试件强度检验

C.0.1 同条件养护试件的取样和留置应符合下列规定：

1 同条件养护试件所对应的结构构件或结构部位，应由施工、监理等各方共同选定，且同条件养护试件的取样宜均匀分布于工程施工周期内。

2 同条件养护试件应在混凝土浇筑入模处见证取样。

3 同条件养护试件应留置在靠近相应结构构件的适当位置，并应采取相同的养护方法。

4 同一强度等级的同条件养护试件不宜少于 10 组,且不应少于 3 组。每连续两层楼取样不应少于 1 组;每 2000m³ 取样不得少于一组。

C.0.2 每组同条件养护试件的强度值应根据强度试验结果按现行国家标准《混凝土物理力学性能试验方法标准》GB/T 50081—2019 的规定确定。

C.0.3 对同一强度等级的同条件养护试件,其强度值应除以 0.88 后按现行国家标准《混凝土强度检验评定标准》GB/T 50107—2010 的有关规定进行评定,评定结果符合要求时可判结构实体混凝土强度合格。

问题 4:分别指出项目塔吊基础设计计算和构造中的不妥之处,并写出正确做法。
【答案】
不妥 1:塔吊的基础为 6m×6m×0.9m。
正确做法:塔吊基础高度不宜小于 1.2m。
不妥 2:塔吊基础混凝土强度等级为 C20。
正确做法:塔吊基础的混凝土强度等级不应低于 C30。
不妥 3:施工单位仅对地基承载力进行计算。
正确做法:还应进行地基变形和地基稳定性验算。

知识点 引申

依据《塔式起重机混凝土基础工程技术标准》JGJ/T 187—2019

3.0.4 塔机基础和地基应分别按下列规定进行计算:
1 塔机基础及地基均应满足承载力计算的有关规定
2 塔机基础应进行地基变形计算
注:当地基主要受力层的承载力特征值(f_{ak})不小于 130kPa 或小于 130kPa 但有地区经验,且黏性土的状态不低于可塑、砂土的密实度不低于稍密时,可不进行塔机基础的天然地基变形验算,其他塔机基础的天然地基均应进行变形验算。
3 塔机基础应进行稳定性计算
注:当塔机基础底标高接近稳定边坡坡底或基坑底部,并符合下列要求之一时,可不做地基稳定性验算:
(1)a 不小于 2.0m,c 不大于 1.0m,f_{ak} 不小于 130kPa,且其下无软弱下卧层。
(2)采用桩基础。

5.2.1 基础高度应满足塔机预埋件的抗拔要求,且不宜小于 1200mm,不宜采用坡形或台阶形截面的基础。

5.2.2 基础的混凝土强度等级不应低于 C30,垫层混凝土强度等级不应低于 C20,混凝土垫层厚度不宜小于 100mm。

5.2.3 板式基础在基础表层和底层配置直径不应小于 12mm、间距不应大于 200mm 的钢筋,且上下层主筋之间用间距不大于 500mm 的竖向构造钢筋连接。

5.2.5 矩形基础的长边与短边长度之比不应大于 2,宜采用方形基础;十字形基础的节点处应采用加腋构造。

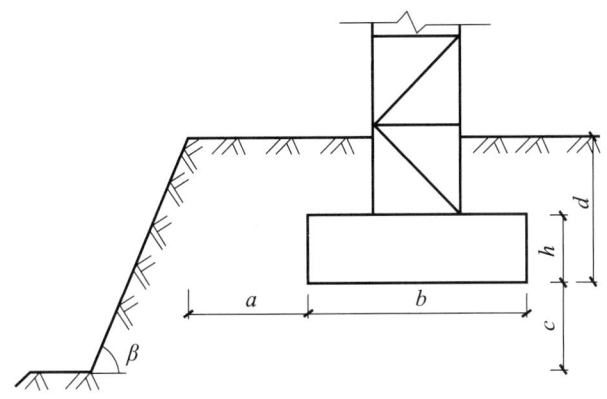

图 4.3.1 基础位于边坡的示意

a—基础底面外边缘线至坡顶的水平距离（m）；b—垂直于坡顶边缘线的基础底面边长（m）；
c—基础底面至坡（坑）底的竖向距离（m）；d—基础埋置深度（m）；β—边坡坡角（°）

8.1.3 安装塔机时基础混凝土应达到设计强度的80%以上，塔机运行使用时基础混凝土应达到设计强度的100%。

案例39 2015年一建案例题一（有改动）

▶ ▶ **知识点索引**

（1）施工总进度计划内容
（2）绘制调整后双代号网络图、关键线路、工期计算
（3）索赔
（4）新型保温材料施工前的程序性工作、节能分部工程验收规定

背景资料

某群体工程，主楼地下2层，地上8层，总建筑面积26800m²，现浇钢筋混凝土框剪结构。建设单位分别与施工单位、监理单位按照《建设工程施工合同（示范文本）》《建设工程监理合同（示范文本）》签订了施工合同和监理合同。

合同履行过程中，发生了下列事件：

事件一：监理工程师在审查施工组织总设计时，发现其总进度计划部分仅有网络图和编制说明。监理工程师认为该部分内容不全，要求补充完善。

事件二：某单体工程的施工进度计划网络图如下图所示。因工艺设计采用某专利技术，工作F需要在工作B和工作C均完成后才能开始施工。监理工程师要求施工单位对进度计划网络图进行调整。

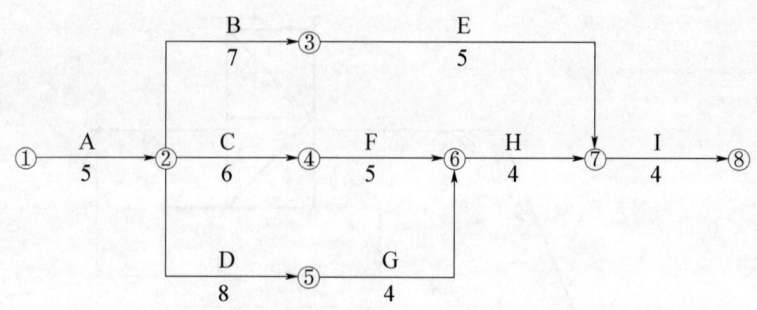

施工进度计划网络图（单位：月）

事件三：施工过程中发生索赔事件如下：

（1）由于项目功能调整，发生变更设计，导致工作 C 中途出现停歇，持续时间比原计划超出 2 个月，造成施工人员窝工损失 13.6（万元/月）×2（月）= 27.2 万元。

（2）当地发生百年一遇大暴雨引发泥石流，导致工作 E 停工，清理恢复施工共用时 3 个月，造成施工设备损失费用 8.2 万元，清理和修复工程费用 24.5 万元。

针对上述（1）（2）事件，施工单位在有效时限内分别向建设单位提出 2 个月、3 个月的工期索赔，27.2 万元、32.7 万元的费用索赔（所有事项均与实际相符）。

事件四：本工程采用某新型保温材料，施工单位按规定进行了评审、鉴定和备案，监理工程师要求完成相应程序性工作后方可批准投入使用。节能工程施工完成后，施工单位项目负责人依据《建筑节能工程施工质量验收标准》GB 50411—2019 组织了总监理工程师、建设单位项目负责人、施工单位技术负责人、相关专业质量员和施工员进行了节能分部工程的验收。

问题1：事件一中，施工单位对施工总进度计划还需补充哪些内容？

【答案】

（1）分期、分批实施工程的开、竣工日期及工期一览表。

（2）资源需要量及供应平衡表。

问题2：事件二中，绘制调整后的施工进度双代号网络计划，指出其关键线路（用工作表示），并计算其总工期（单位：月）。

【答案】

（1）调整后的施工进度双代号网络计划如下图所示。

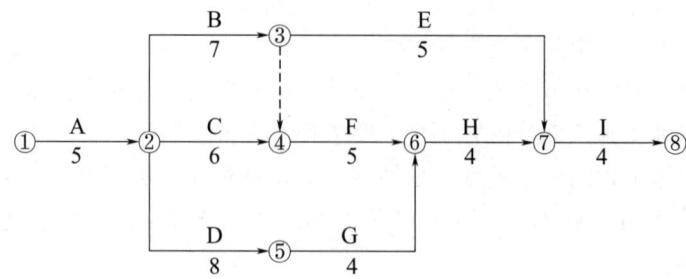

(2) 关键线路有两条,分别是:
① A→B→F→H→I
② A→D→G→H→I
(3) 总工期 $T = 5+7+5+4+4 = 25$ 个月。

问题3:事件三中,分别指出施工单位提出的两项工期索赔和两项费用索赔是否成立,并说明理由。

【答案】

1. "(1)"的工期索赔2个月:不成立。

理由:尽管设计变更是建设单位应承担的责任事件,但工作C为非关键工作,总时差为1个月,设计变更导致停工2个月只影响工期1个月,所以只能索赔1个月的工期。

2. "(1)"的费用索赔:成立。

理由:设计变更是建设单位应承担的责任事件,由此造成的损失应由建设单位承担。

3. "(2)"的工期索赔:不成立。

理由:尽管百年一遇大暴雨引发泥石流属于不可抗力事件,由此造成的工期损失应由建设单位承担,但工作E总时差为4个月,停工3个月未超出总时差,对工期没有影响。

4. "(2)"的费用索赔32.7万元:不成立。

理由:根据不可抗力事件风险承担的原则,施工设备损失费用8.2万元应由施工单位承担,清理和修复工程费用24.5万元应由建设单位承担,所以只能提出24.5万元的费用索赔。

【解析】很多考生会有一个误区,认为工期索赔和费用索赔都取决于延误天数是否超过本项工作总时差。在此,对相关知识点进行梳理:

(1) 工期索赔:首先看原因,只有业主方原因和不可抗力因素造成工期延误或工作量增加方可索赔工期,其次,还需看本项工作的延误天数或工程量增加所需增加的天数是否超过总时差。

(2) 费用索赔只看原因,不管是否在关键线路上。就算是非关键工作,只要是业主方原因造成的费用损失,都能索赔费用。

知识点 引申

依据《建设工程施工合同(示范文本)》GF-2017-0201

17.3.2 不可抗力导致的人员伤亡、财产损失、费用增加和(或)工期延误等后果,由合同当事人按以下原则承担:

(1) 永久工程、已运至施工现场的材料和工程设备的损坏,以及因工程损坏造成的第三人人员伤亡和财产损失由发包人承担。

(2) 承包人施工设备的损坏由承包人承担。

(3) 发包人和承包人承担各自人员伤亡和财产的损失。

(4) 因不可抗力影响承包人履行合同约定的义务,已经引起或将引起工期延误的,应当顺延工期,由此导致承包人停工的费用损失由发包人和承包人合理分担,停工期间必须支付的工人工资由发包人承担。

(5) 因不可抗力引起或将引起工期延误，发包人要求赶工的，由此增加的赶工费用由发包人承担。

(6) 承包人在停工期间按照发包人要求照管、清理和修复工程的费用由发包人承担。

问题4：事件四中，新型保温材料使用前还应有哪些程序性工作？节能分部工程的验收组织有什么不妥？

【答案】

(1) 新型保温材料使用前程序性工作还有：

① 进行施工工艺评价；

② 制定专门施工技术方案；

(2) 节能分部工程的验收组织的不妥之处。

不妥1：由施工单位项目负责人组织节能分部工程验收。

不妥2：节能分部工程验收参加人员不全。

知识点 引申

依据《建筑节能工程施工质量验收标准》GB 50411—2019

18.0.2 参加建筑节能工程验收的各方人员应具备相应的资格，其程序和组织应符合下列规定：

1 节能工程检验批验收和隐蔽工程验收应由专业监理工程师组织并主持，施工单位相关专业的质量检查员与施工员参加验收。

2 节能分项工程验收应由专业监理工程师组织并主持，施工单位项目技术负责人和相关专业的质量检查员、施工员参加验收；必要时可邀请主要设备、材料供应商及分包单位、设计单位相关专业的人员参加验收。

3 节能分部工程验收应由总监理工程师组织并主持，施工单位项目负责人、项目技术负责人和相关专业的负责人、质量检查员、施工员参加验收；施工单位的质量、技术负责人应参加验收；设计单位项目负责人及相关专业负责人应参加验收；主要设备、材料供应商及分包单位负责人应参加验收。

案例 40

 知识点索引

(1) 办理施工许可证前，总包单位需完成保证工程质量和安全的技术文件与手续

(2) 实施工业产品生产许可证管理的建筑材料

(3) 预付款、起扣点、索赔费用组成

(4) 劳务用工管理

第二部分 经典案例题

背景资料

某新建办公楼工程,建筑面积 48000m²,地下 2 层,地上 6 层,中庭高度为 9m,钢筋混凝土框架结构。经公开招标,总承包单位以 31922.13 万元中标,其中暂列金额 1000 万元。双方依据《建设工程施工合同(示范文本)》签订了施工总承包合同,合同工期为 2013 年 7 月 1 日起至 2015 年 5 月 30 日止,并约定在项目开工前 7 天支付工程预付款。预付比例为 15%,从未完成工程尚需的主要材料的价值相当于工程预付款数额时开始扣回,主要材料所占比重为 65%。

自工程招标开始至工程竣工结算的过程中,发生了下列事件。

事件一: 在项目开工之前,建设单位按照相关规定办理施工许可证,要求总承包单位做好制定施工组织设计中的各项技术措施,编制专项施工组织设计,并及时办理政府专项管理手续等相关配合工作。

事件二: 根据《国务院关于调整完善工业产品生产许可证管理目录的决定》的规定,项目部明确了本项目使用的安全帽和相关建筑材料实施严格工业产品生产许可证管理。

事件三: 总承包单位于合同约定之日正式开工,截至 2013 年 7 月 8 日建设单位仍未支付工程预付款,于是总承包单位向建设单位提出如下索赔:购置钢筋资金占用费 1.88 万元、利润 18.26 万元、税金 0.58 万元,监理工程师签认情况属实。

事件四: 总承包单位将工程主体劳务分包给某劳务公司,双方签订了劳务分包合同,劳务分包单位进场后,总承包单位要求劳务分包单位将劳务施工人员的身份证等资料的复印件上报备案。某月总承包单位将劳务分包款拨付给劳务公司,劳务公司自行发放,其中木工班长代领木工工人工资后下落不明。

问题 1: 事件一中,为配合建设单位办理施工许可证,总承包单位需要完成哪些保证工程质量和安全的技术文件与手续?

【答案】
(1) 在施工组织设计中根据建筑工程特点制定相应质量、安全技术措施。
(2) 建立工程质量安全责任制并落实到人。
(3) 专业性较强的工程项目编制了专项质量、安全施工组织设计。

【解析】保证工程质量和安全的具体措施中的"按规定办理工程质量、安全监督手续",是由建设单位去办理,并不是施工单位负责办理。而本题问的是总承包单位需要完成的内容,故此条不应成为答案。

问题 2: 事件二中,需要实施工业产品生产许可证管理的建筑材料有哪些?
【答案】
钢筋混凝土用热轧钢筋、冷轧带肋钢筋、水泥、钢丝绳、胶合板、细木工板。

问题 3: 事件三中,列式计算工程预付款、工程预付款起扣点(单位:万元,保留两位小数),总承包单位的哪些索赔成立。

【答案】
(1) 预付款:(31922.13-1000)×15%=4638.32 万元。

(2) 起扣点：(31922.13-1000) -4638.32/65%=23786.25 万元。
(3) 购置钢筋资金占用费 1.88 万元索赔成立。

【解析】(1) 利润索赔：工程范围的变更、文件有缺陷或技术性错误、业主未能及时提供现场等引起的索赔，承包商可列入利润。本题业主方未及时支付预付款，并未削减或增加某些项目的实施，也未导致利润减少，故利润索赔不成立。

(2) 税金索赔：仅工程内容的变更或增加，承包人可索赔相应的税金。本题工程内容并未增加，故税金索赔不成立。

问题4：指出事件四中的不妥之处，并说明正确做法。按照劳务实名制管理规定，劳务公司还应该将哪些资料的复印件报总承包单位备案？

【答案】
(1) 不妥之处。
不妥1：劳务分包单位进场后进行备案。
正确做法：应在进场施工前进行备案。
不妥2：劳务公司自行发放劳务施工人员工资。
正确做法：劳务公司发放工资时，总承包单位应设专人现场监督。
不妥3：木工班长代领木工工人工资。
正确做法：工资直接发放给劳动者本人，严禁代领。
(2) 需报给总承包单位备案的资料复印件还有：
① 施工人员花名册；
② 劳动合同或书面用工协议；
③ 岗位技能证书。

【解析】报给总承包单位备案的资料，一定是复印件，所以回答时务必看清问题的问法。如果是这样问"将哪些资料的复印件报总承包单位备案"，答案只需要回答资料名称，不要加复印件三个字。如果是这样问"将哪些资料报总承包单位备案"，答案需要在每个资料后边加复印件三个字，答题务必精准。

知识点 引申

劳务用工基本规定

(1) 劳务用工企业必须依法与工人签订书面劳动合同，一式三份。

(2) 总（分）包项目部以劳务班组为单位，建立建筑劳务用工档案；以单项工程为单位，按月将企业自有建筑劳务的情况和使用的分包企业情况向工程所在地建设行政主管部门报告。

(3) 劳务用工档案按月归集，内容包括劳动合同、考勤表、施工作业工作量完成登记表、工资发放表、班组工资结清证明等资料。

(4) 总（分）包支付作劳务企业分包款时，应责成专人现场监督劳务企业将工资直接发放给劳务工本人，严禁发放给"包工头"或由"包工头"代领，以避免出现"包工头"携款潜逃，劳务工资拖欠的情况。

案例 41 2015 年一建案例题五（改动大）

▶▶ **知识点索引**

（1）检测试验管理制度、抽检频次确定的依据
（2）施工总平面图布置
（3）临时用电组织设计
（4）塔吊试吊

背景资料

某建筑工程，占地面积为 8000m²，地下 3 层，地上 30 层，框筒结构。某施工企业中标后进场组织施工，施工现场场地狭小，项目部将所有材料加工全部委托给专业加工厂进行场外加工。

在施工过程中，发生了下列事件：

事件一：在施工总承包单位进场后，建立了现场试样制取及养护管理制度等检测试验管理制度，明确了依据工程量等因素确定质量检测试验的抽检频次。

事件二：施工现场总平面布置设计中包含如下主要内容：①材料加工场地布置在场外；②现场设置一个出入口，出入口处设置办公用房；③场地周边设置 3.8m 宽环形载重单行车道作为主干道（兼消防车道），并进行硬化，转弯半径 10m；④在干道外侧开挖 400mm× 600mm 管沟，将临时供电线缆、临时用水管线埋置于管沟内。监理工程师认为总平面布置存在多处不妥，责令整改后再验收。并要求补充主干道具体硬化方式和裸露场地文明施工防护措施。

事件三：项目经理安排土建技术人员编制了"现场施工用电组织设计"，经相关部门审核、项目技术负责人批准、总监理工程师签认，并组织施工等单位的相关部门和人员共同验收后投入使用。

事件四：设备安装阶段，发现拟安装在屋面的某空调机组重量达到塔吊限载值（额定起重量）的 96%，起吊前先进行试吊，即将空调机组吊离地面 15cm 后停止提升，现场安排专人进行观察与监督。监理工程师认为施工单位做法不符合安全规定，要求修改，对试吊时的各项检查内容旁站监理。

问题 1：事件一中，检测试验管理制度内容还有哪些？确定质量检测试验抽检频次的依据还有哪些？

【答案】

（1）检测试验管理制度内容还有：
① 岗位职责；
② 仪器设备管理制度；
③ 现场检测试验安全管理制度；
④ 检测试验报告管理制度。

(2) 确定质量检测试验抽检频次的依据还有：施工流水段划分、施工环境及质量控制需要等。

问题2：事件二中，指出施工总平面布置设计的不妥之处，分别写出正确做法，施工现场主干道常用硬化方式有哪些？裸露场地的文明施工防护通常有哪些措施？

【答案】

（1）不妥之处。

不妥1：单行主干道（消防车道）为3.8m宽。

正确做法：单行主干道（消防车道）宽度不小于4m。

不妥2：车道转弯半径10m。

正确做法：载重车道转弯半径不宜小于15m。

不妥3：将临时供电线缆、临时用水管线埋置于管沟内。

正确做法：临时供电线缆应避免与其他管道设在同一侧。

（2）主干道常用硬化方式：

① 铺设混凝土；

② 钢板；

③ 碎石。

（3）裸露场地的文明施工防护措施：

① 覆盖；

② 固化；

③ 绿化。

【解析】本题有争议的是施工总平面布置设计的不妥之处，绝大多数考生在看完参考答案后，可能会认为此处疏漏了两个不妥。

认为漏掉的第一个不妥之处是材料加工场地布置在场外，应该在场内。这是因为考生没有紧跟题目背景，大背景中已明确"项目部将所有材料加工全部委托给专业加工厂进行场外加工。"

认为漏掉的第二个不妥之处是现场设置一个出入口，应设置两个出入口。这是因为考生混淆了出入口和大门，根据施工组织设计，宜设置两个大门，但此处的出入口是指施工现场进出劳务人员的实名制通道，一般现场只设置一个实名制通道。

问题3：针对事件三中的不妥之处，分别写出正确做法。临时用电投入使用前，施工单位的哪些部门应参加验收？

【答案】

（1）不妥之处及正确做法。

不妥1：土建技术人员编制了"现场施工用电组织设计"。

正确做法：应由电气工程技术人员编制。

不妥2：项目技术负责人批准"现场施工用电组织设计"。

正确做法：应由具有法人资格企业的技术负责人批准。

（2）应参加验收的部门：施工单位的编制、审核、批准部门和使用单位。

问题4：指出事件四中施工单位做法不符合安全规定之处，并说明理由。在试吊时，必须进行哪些检查？

【答案】

（1）不妥之处：试吊时将空调机组吊离地面15cm。

理由：在起吊荷载达到塔吊额定起重量90%及以上时，应先将重物吊起离地面20～50cm进行检查。

（2）试吊时必须检查内容包括：

① 机械状况；

② 制动性能；

③ 物件绑扎情况。

知识点 引申

塔　吊

（1）塔吊拆装必须配备人员。

① 安全生产考核合格证书：项目负责人、安全负责人、机械管理人员。

② 特种作业操作资格证书：起重机械安装拆卸工、起重司机、起重信号工、司索工。

（2）无荷载情况下，塔身与地面的垂直度偏差不得超过4/1000。

（3）安全保护装置：动臂变幅限制器、行走限位器、力矩限制器、吊钩高度限制器、行程限位开关等。

（4）不得超荷载和起吊不明质量的物件。

（5）塔吊运行突然停电时：

① 控制器拨到零位；

② 断开电源开关；

③ 采取措施将重物安全降到地面。

（6）遇有6级及以上大风或大雨、大雪、大雾等恶劣天气时，应停止塔吊露天作业。雨雪过后或雨雪中作业时，应先进行试吊，确认制动器灵敏可靠后方可作业。

案例42　2014年一建案例题一

▶▶ 知识点索引

（1）双代号时标网络计划、总时差计算、工期索赔

（2）费用索赔一览表改错

（3）材料ABC分类法

背景资料

某办公楼工程，地下2层，地上10层，总建筑面积27000m²，钢筋混凝土框架结构。建设单位与施工单位签订了施工总承包合同，合同工期为20个月，建设单位供应部分主要材料。在合同履行过程中，发生了下列事件：

事件一：施工总承包单位按规定向监理工程师提交了施工总进度网络计划（如下图所示，单位：月），该计划通过了监理工程师的审查和确认。

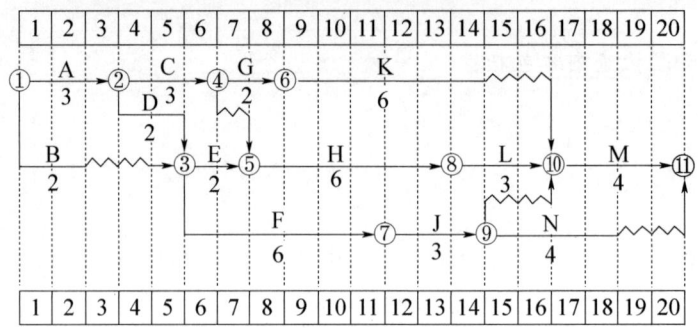

事件二：工作B（特种混凝土工程）进行1个月后，因建设单位原因修改设计导致停工2个月。设计变更后，施工总承包单位及时向监理提出了费用索赔申请（下表），索赔内容和数量经监理工程师审查符合实际情况。

序号	内容	数量	计算式	备注
1	新增特种混凝土工程费	500m³	500×1050=525000元	新增特种混凝土工程综合单价1050元/m³
2	机械设备闲置费补偿	60台班	60×210=12600元	台班费210元/台班
3	人工窝工费补偿	1600工日	1600×85=136000元	人工工日单价85元/工日

事件三：在施工过程中，由于建设单位供应的主材未能按时交付给施工总承包单位，致使工作K的实际进度在第11月底时拖后三个月；部分施工机械由于施工总承包单位原因未能按时进场，致使工作H的实际进度在第11月底时拖后一个月；在工作F进行过程中，由于施工工艺不符合施工规范的要求导致发生质量问题，被监理工程师责令整改，致使工作F的实际进度在第11月底时拖后一个月。施工总承包单位就工作K、H、F工期拖后分别提出了工期索赔。

事件四：施工总承包单位根据材料清单采购了一批装饰装修材料。经计算分析，各种材料价款占该批材料款的累计百分比见下表。

序号	材料名称	所占比例（%）	累计百分比（%）
1	实木门扇（含门套）	30.10	30.10

续表

序号	材料名称	所占比例（%）	累计百分比（%）
2	铝合金窗	17.91	48.01
3	细木工板	15.31	63.32
4	瓷砖	11.60	74.92
5	实木地板	10.57	85.49
6	白水泥	9.50	94.99
7	其他	5.01	100.00

问题1：事件一中，施工总承包单位应重点控制哪条线路？（以节点表示）

【答案】

重点控制：①→②→③→⑤→⑧→⑩→⑪。

问题2：事件二中，费用索赔申请一览表中有哪些不妥之处？分别说明理由。

【答案】

不妥1：机械闲置费补偿按台班费计算。

理由：机械闲置费补偿，自有机械应按台班折旧费计算，租赁机械按台班租赁费计算。

不妥2：人工窝工费补偿按人工工日单价计算。

理由：人工窝工费补偿应按人工窝工单价计算。

问题3：事件三中，分别分析工作K、H、F的总时差，并判断其进度偏差对施工总工期的影响。分别判断施工总承包单位就工作K、H、F工期拖后提出的工期索赔是否成立？

【答案】

（1）总时差及其对工期的影响：

① 工作K的总时差为2个月；拖后3个月影响总工期1个月。

② 工作H的总时差为0；拖后1个月影响总工期1个月。

③ 工作F的总时差为2个月；拖后1个月不影响总工期。

（2）索赔：

① 工作K提出的工期索赔：成立。

② 工作H提出的工期索赔：不成立。

③ 工作F提出的工期索赔：不成立。

问题4：事件四中，根据ABC分类法，分别指出重点管理材料名称（A类材料）和次要管理材料名称（B类材料）。

【答案】

（1）重点管理的材料：实木门扇（含门套）、铝合金窗、细木工板、瓷砖。

（2）次要管理的材料：实木地板、白水泥。

知识点 引申

材料 ABC 分类法

材料分类	品种数占全部品种数（%）	资金额占资金总额（%）	资金额累计百分比（%）
A类	5~10	70~75	0~75
B类	20~25	20~25	75~95
C类	60~70	5~10	95~100
合计	100	100	100

A 类材料：资金占比大，重点管理的材料，对库存量随时严格盘点。（主材）
B 类材料：按大类控制其库存，次要管理的材料。（辅材）
C 类材料：一般管理。（零星材料）
注：此处不要与"建设工程项目管理"排列图法中的 ABC 分类法混淆。

案例 43　2014 年一建案例题二（有改动）

▶▶ 知识点索引
（1）钢筋强屈比、超屈比、重量偏差
（2）检验批一般项目验收
（3）悬挑式操作平台、三违
（4）涂饰工程质量通病

背景资料

某办公楼工程，建筑面积 45000m²，钢筋混凝土框架-剪力墙结构，地下 1 层，地上 12 层，层高 5m，内墙装饰面层为油漆、涂料。施工过程中，发生了下列事件：

事件一：项目部按规定向监理工程师提交调直后的 HRB400E、直径 12mm 的钢筋复试报告。检测数据为：抗拉强度实测值 561N/mm²，屈服强度实测值 460N/mm²，实测重量 0.816kg/m（HRB400E 钢筋：屈服强度标准值 400N/mm²，抗拉强度标准值 540N/mm²，理论重量 0.888kg/m）。

事件二：五层某施工段的现浇结构尺寸检验批验收表（部分）如下。

事件三：施工方在楼层悬挑式钢质卸料平台安装技术交底中强调，要求使用吊环进行钢平台吊运，安装时需保证平台标高一致，并要求在卸料平台外侧安装防护栏杆封闭。架子工对此提出异议。项目专职安全员在安全"三违"巡视检查时，发现有违章作业现象，要求立即停止悬挑式钢质卸料平台安装作业。

一般项目	项目		允许偏差（mm）	检查结果（mm）									
	轴线位置	基础	15	10	2	5	7	16					
		独立基础	10										
		柱、梁、墙	8	6	5	7	8	3	9	5	9	1	10
		剪力墙	5	6	1	5	2	7	4	3	2	0	1
	垂直度	≤5m	8	8	5	7	8	11	5	9	6	12	7
		>5m											
		全高（H）	H/1000且≤30										
	标高	层高	±10	5	7	8	11	5	7	6	12	8	7
		全高	±30										

事件四：监理工程师对三层油漆和涂料施工质量检查中，发现部分房间有流坠、刷纹、透底等质量通病，下达了整改通知单。

问题1：事件一中，计算钢筋的强屈比、超屈比、重量偏差（保留两位小数），并根据计算结果分别判断该指标是否符合要求。

【答案】

（1）强屈比：561/460＝1.22。

强屈比不得小于1.25，所以不符合要求。

（2）超屈比：460/400＝1.15。

超屈比不得大于1.30，所以符合要求。

（3）重量偏差：（0.816－0.888）/0.888×100＝－8.11。

直径6~12mm的HRB400E钢筋，重量偏差应≥－8，该指标不符合要求。

知识点 引申

1. 强屈比、超屈比、伸长率

$$强屈比=\frac{实测抗拉强度}{实测屈服强度}\geq 1.25$$

$$超屈比=\frac{实测屈服强度}{标准屈服强度}\leq 1.30$$

钢筋最大力下总延伸率≥9%

2. 重量偏差

（1）钢筋原材

依据《钢筋混凝土用钢 第1部分：热轧光圆钢筋》GB 1499.1—2024和《钢筋混凝土用钢 第2部分：热轧带肋钢筋》GB 1499.2—2024。

钢筋公称直径	6~12mm	14~20mm	≥22mm
重量偏差（%）	±5.5	±4.5	±3.5

$$重量偏差=\frac{试样实际总重量-(试样总长度\times 理论单位长度重量)}{试样总长度\times 理论单位长度重量}\times 100$$

（2）盘卷钢筋调直后

依据《混凝土结构工程施工质量验收规范》GB 50204—2015，重量偏差应符合下表规定。

钢筋牌号	直径6~12mm	直径14~16mm
HPB300	≥-10	—
HRB/RRB 系列	≥-8	≥-6

$$重量偏差（\%）=\frac{实际重量-理论重量}{理论重量}\times 100$$

问题2： 事件二中，指出验收表中的错误，计算表中正确数据的允许偏差合格率。

【答案】

(1) 验收表错误有：

① 有"基础"检查数据。

② "垂直度"项中，没有评定全高。

③ "标高"项中，没有评定全高。

(2) 正确数据允许偏差合格率：

① 柱、梁、墙的轴线位置：7/10×100%＝70%。

② 剪力墙的轴线位置：8/10×100%＝80%。

③ 层高的垂直度：7/10×100%＝70%。

④ 层高的标高：8/10×100%＝80%。

问题3： 事件三中，指出悬挑式钢质卸料平台安装技术交底内容的不妥之处，并说明理由。"三违"巡查还应包括哪些内容？

【答案】

(1) 不妥之处及理由：

不妥1：使用吊环进行钢平台吊运。

理由：应使用卡环调运。

不妥2：安装时保证卸料平台标高一致。

理由：安装时外侧应略高于内侧。

不妥3：卸料平台外侧安装防护栏杆封闭。

理由：应安装防护栏杆并设置防护挡板全封闭。

(2) "三违"巡查还应包括：违章指挥、违反劳动纪律。

知识点 引申

悬挑式操作平台
依据《建筑施工高处作业安全技术规范》JGJ 80—2016

（1）悬挑长度不宜大于5m，悬挑梁应锚固。

（2）采用斜拉方式的悬挑式操作平台，平台两侧的连接吊环应与前后两道斜拉钢丝绳连接，每一道钢丝绳应能承载该侧所有荷载。

（3）采用支撑方式的悬挑式操作平台，应在钢平台下方设置不少于两道斜撑，一端应支撑在钢平台主结构钢梁下，另一端应支撑在建筑物主体结构。

（4）采用悬臂梁式的操作平台，应采用型钢制作悬挑梁或悬挑桁架，不得使用钢管，节点应采用螺栓或焊接的刚性节点。

（5）设置4个吊环，吊运时应使用卡环，不得使吊钩直接钩挂吊环。

（6）外侧略高于内侧；外侧应安装防护栏杆并应设置防护挡板全封闭。

问题4：事件四中，涂饰工程还有哪些质量通病？
【答案】
（1）泛碱；
（2）咬色；
（3）疙瘩；
（4）砂眼；
（5）漏涂；
（6）起皮；
（7）掉粉。

案例44 2014年一建案例题四（有改动）

▶▶ 知识点索引
（1）招标行为改错
（2）中标造价计算及分类
（3）安全文明施工费支付及组成
（4）项目安全生产领导小组组成
（5）优先受偿权

二、背景资料

某大型综合商场工程，建筑面积49500m²，地下1层，地上3层，现浇钢筋混凝土框架结构。建筑安装工程投资额为 22000 万元，采用工程量清单计价模式，报价执行《建设工程工程量清单计价规范》GB 50500—2013，面向国内公开招标，有 6 家施工单位通过了资格预审，并进行了投标。

从工程招投标至竣工结算的过程中，发生了下列事件：

事件一：市建委指定了专门的招标代理机构。在投标期限内，先后有 A、B、C 三家单位对招标文件提出了疑问，建设单位以一对一的形式书面进行了答复。经过评标委员会严格评审，最终确定 E 单位中标。双方按照《建设工程施工合同（示范文本）》GF-2017-0201 签订了施工总承包合同，幕墙工程为专业分包。

事件二：E 单位的投标报价构成如下：分部分项工程费为 16100.00 万元，措施项目费为 1800.00 万元，安全文明施工费为 322.00 万元，其他项目费为 1200.00 万元，暂列金额为 1000.00 万元，管理费 10%，利润 5%，规费 1%，增值税按简易项目计算。

事件三：建设单位按照合同约定支付了工程预付款，但合同中未约定安全文明施工费预支付比例，双方协商按国家相关部门规定的最低预支付比例进行支付。

事件四：E 施工单位对项目部安全管理工作进行检查，发现安全生产领导小组只有 E 单位项目经理、总工程师、专职安全管理人员。E 施工单位要求项目部整改。

事件五：2014 年 3 月 30 日工程竣工验收，5 月 1 日双方完成竣工结算，双方书面签字确认，于 2014 年 5 月 20 日前由建设单位支付未付工程款 560 万元（不含 5%的保修金）给 E 施工单位。此后，E 施工单位 3 次书面要求建设单位支付所欠款项，但是截至 8 月 30 日建设单位仍未支付 560 万元的工程款。随即 E 施工单位以行使工程款优先受偿权为由，向法院提起诉讼，要求建设单位支付欠款 560 万元，以及拖欠利息 5.2 万元、违约金 10 万元。

问题 1：分别指出事件一中的不妥之处，并说明理由。

【答案】

不妥 1：市建委指定招标代理机构。

理由：招标代理机构应由招标人自行选择，任何单位和个人不得以任何方式为招标人指定招标代理机构。

不妥 2：针对招标文件的疑问，建设单位以一对一的形式书面进行答复。

理由：书面答复（澄清文件）必须直接通知所有的招标文件收受人。

问题 2：列式计算事件二中 E 单位的中标造价是多少万元？根据工程项目不同建设阶段，建设工程造价可划分为哪几类？该中标造价属于其中的哪一类？（保留两位小数）

【答案】

（1）中标造价：

（16100+1800+1200）×（1+1%）×（1+3%）= 19869.73 万元

（2）造价可划分为：

① 投资估算；

② 概算造价；

③ 预算造价；

④ 合同价；

⑤ 结算价；

⑥ 决算价。

（3）中标造价属于合同价。

【解析】按照2014年真题背景，税金税率给的是综合税率3.413%。但营业税改征增值税已经自2016年5月1日全面实行，所以本题对题目背景信息做相应修改，以适应2024年备考。

知识点 引申

增值税计算方法（针对建筑业）

（1）一般计税方法

$$增值税 = 税前造价 \times 9\%$$

税前造价为人工费、材料费、施工机具使用费、企业管理费、利润和规费之和，各费用项目均不包含增值税可抵扣进项税额的价格。

（2）简易计税方法

$$增值税 = 税前造价 \times 3\%$$

税前造价为人工费、材料费、施工机具使用费、企业管理费、利润和规费之和，各费用项目均包含增值税进项税额的价格。

问题3：事件三中，建设单位预支付的安全文明施工费最低是多少万元（保留两位小数）？并说明理由。安全文明施工费包括哪些费用？

【答案】

（1）安全文明施工费最低为 $322 \times 50\% = 161.00$ 万元。

理由：根据《建设工程施工合同（示范文本）》GF-2017-0201规定，除专用合同条款另有约定外，发包人应在开工后28d内预付安全文明施工费总额的50%，其余部分与进度款同期支付。

（2）安全文明施工费包括：

① 环境保护费；

② 文明施工费；

③ 安全施工费；

④ 临时设施费。

知识点 引申

依据《建设工程施工合同（示范文本）》GF-2017-0201

6.1.6 安全文明施工费

安全文明施工费由发包人承担，发包人不得以任何形式扣减该部分费用。因基准日期后合同所适用的法律或政府有关规定发生变化，增加的安全文明施工费由发包人承担。

承包人经发包人同意采取合同约定以外的安全措施所产生的费用，由发包人承担。

除专用合同条款另有约定外，发包人应在开工后28d内预付安全文明施工费总额的50%，其余部分与进度款同期支付。发包人逾期支付安全文明施工费超过7d的，承包人有权向发包人发出要求预付的催告通知，发包人收到通知后7d内仍未支付的，承包人有权暂停施工。

承包人对安全文明施工费应专款专用，承包人应在财务账目中单独列项备查，不得挪作他用。

问题4：事件四中，项目安全生产领导小组还应有哪些人员（分单位列出）？
【答案】
项目安全生产领导小组还应有：
(1) 幕墙工程专业分包单位：项目经理、项目技术负责人、专职安全生产管理人员。
(2) 劳务分包单位：项目经理、项目技术负责人、专职安全生产管理人员。

知识点·引申

依据《建筑施工企业安全生产管理机构设置及专职安全生产管理人员配备办法》建质〔2008〕91号

第十条 建筑施工企业应当在建设工程项目组建安全生产领导小组。建设工程实行施工总承包的，安全生产领导小组由总承包企业、专业承包企业和劳务分包企业项目经理、技术负责人和专职安全生产管理人员组成。

问题5：根据《民法典》，事件五中，工程价款优先受偿权从哪天开始计算，共计多长时间？E单位诉讼是否成立？其可以行使的工程款优先受偿权是多少万元？
【答案】
(1) 自发包人应当给付建设工程价款之日起计算，共计18个月。
(2) E单位诉讼成立。
(3) 可以行使的工程款优先受偿权是560万元。

知识点·引申

建设工程价款优先受偿权

1. 《民法典》

第八百零七条 发包人未按照约定支付价款的，承包人可以催告发包人在合理期限内支付价款。发包人逾期不支付的，除根据建设工程的性质不宜折价、拍卖外，承包人可以与发包人协议将该工程折价，也可以请求人民法院将该工程依法拍卖。建设工程的价款就该工程折价或者拍卖的价款优先受偿。

上述条款需注意以下几点：
(1) 发包人未按照约定支付建设工程价款是前提条件之一。
(2) 承包人应当催告发包人在合理期限内支付价款，并在合理期限内行使其优先受偿权。

2. 《最高人民法院关于审理建设工程施工合同纠纷案件适用法律问题的解释（一）》（法释〔2020〕25号）2021年1月1日起施行。

第三十六条　承包人根据《民法典》第八百零七条规定享有的建设工程价款优先受偿权优于抵押权和其他债权。

第三十七条　装饰装修工程具备折价或者拍卖条件，装饰装修工程的承包人请求工程价款就该装饰装修工程折价或者拍卖的价款优先受偿的，人民法院应予支持。

第三十八条　建设工程质量合格，承包人请求其承建工程的价款就工程折价或者拍卖的价款优先受偿的，人民法院应予支持。

第三十九条　未竣工的建设工程质量合格，承包人请求其承建工程的价款就其承建工程部分折价或者拍卖的价款优先受偿的，人民法院应予支持。

第四十条　承包人建设工程价款优先受偿的范围依照国务院有关行政主管部门关于建设工程价款范围的规定确定。

承包人就逾期支付建设工程价款的利息、违约金、损害赔偿金等主张优先受偿的，人民法院不予支持。

第四十一条　承包人应当在合理期限内行使建设工程价款优先受偿权，但最长不得超过十八个月，自发包人应当给付建设工程价款之日起算。

案例 45

▶▶ **知识点索引**

（1）单位工程进度计划编制步骤
（2）施工总平面图设计要点、标明内容
（3）屋面网架安装方法、钢构件堆场应具备的条件
（4）室内环境质量验收

背 景 资 料

某学校教学楼工程，地上5层，结构类型为钢筋混凝土框架结构，钢结构屋架。1层设8个普通教室，2~5层每层设10个普通教室，普通教室的使用面积均为90m²。

在工程开工前，施工单位按照收集依据、划分施工过程（段）、计算劳动量、优化并绘制正式进度计划图等步骤编制了施工进度计划，并通过了总监理工程师的审查与确认。项目部编制了施工组织总设计，监理工程师审核后，指出施工总平面图设计要求有以下不妥之处：

（1）危险品仓库远离现场单独设置，距在建工程不小于10m。
（2）工作有关联的加工厂适当分散布置。
（3）货物装卸时间长的仓库靠近路边。
（4）主干道单行循环，兼作消防车道，宽度3.5m。

项目部按监理工程师要求修改施工总平面图后，在其上标明了图名、图例等信息。

项目部计划采用高空散装法施工屋面钢网架。钢构件进场前，监理工程师对现场的施工准备工作进行了检查，发现钢构件堆场面积过小等构件堆场基本条件不具备，责令施工单位进行整改。

室内装饰装修验收时，根据《民用建筑工程室内环境污染控制标准》GB 50325—2020，对普通教室的室内环境污染物浓度进行检测。先进行普通教室样板间检测，结果合格后，确定了普通教室的抽检量和检测点。

问题1：单位工程进度计划编制步骤还应包括哪些内容？

【答案】

（1）确定施工顺序。

（2）计算工程量。

（3）计算台班需用量。

（4）确定持续时间。

（5）绘制可行的施工进度计划图。

知识点 引申

单位工程进度计划的内容包括：

（1）工程设计情况。

（2）单位工程进度计划，分阶段进度计划，单位工程准备工作计划，劳动力需用量计划，主材、设备及加工计划，主要施工机械和机具需要量计划，主要施工方案及流水段划分，经济技术指标要求。

问题2：指出施工总平面图设计要求中不妥之处的正确做法。施工总平面图还需标明哪些信息？

【答案】

1. 正确做法

（1）危险品仓库距在建工程不小于15m。

（2）工作有关联的加工厂适当集中。

（3）货物装卸时间长的仓库应远离道路边。

（4）单行主干道宽度不小于4m。

2. 还需标明的信息

比例尺、方向标记、必要的文字说明。

问题3：网架安装方法还有哪些？钢构件堆场应具备的基本条件还有哪些？

【答案】

（1）网架安装的方法还有：分条分块吊装法、滑移法、单元或整体提升（顶升）法、整体吊装法、折叠展开式整体提升法、高空悬拼安装法等。

（2）钢构件堆场应具备的基本条件还有：

① 满足运输车辆通行要求；
② 场地平整；
③ 有电源、水源，排水通畅；
④ 有防止构件变形及表面污染的保护措施。

知识点 引申

大跨度空间钢结构安装的方法

（1）高空散装法：适用于全支架拼装的各种空间网格结构。

（2）分条或分块安装法：适用于分割后结构的刚度和受力状况改变较小的空间网格结构。

（3）滑移法：适用于能设置平行滑轨的各种空间网格结构，尤其适用于跨越施工或场地狭窄、起重运输不便等情况。

（4）整体吊装法：适用于中小型网架。

（5）整体提升法：适用于平板空间网格结构。

（6）整体顶升法：适用于支点较少的多点支撑网架。

（7）折叠展开式整体提升法：适用于柱面网壳结构。

（8）高空悬拼安装法：适用于大悬挑空间钢结构。

问题 4：普通教室间数的抽检量和每间应设置的检测点数分别是多少？若每层只抽检 3 间，是否满足标准规定？

【答案】

（1）普通教室间数的抽检量：不得少于 24 间。（理由：不得少于房间总数的 50%，且不得少于 20 间。）

（2）每间应设置的检测点数：2 个检测点。

（3）若每层只抽检 3 间，教室抽检量不满足标准规定。

【解析】老幼学的室内环境质量验收，抽检量规定在《民用建筑工程室内环境污染控制标准》GB 50325—2020 中的 6.0.14 条。如果只看教材，答案会因为样板间合格而减半。这个思考方式是错误的，因为 6.0.14 条在规范中是强制性条款，必须严格执行，不存在样板间合格减半的说法。

案例 46

▶▶ **知识点索引**

（1）合同管理工作及原则

（2）铆焊设备

(3) 价值工程
(4) 索赔：涉及不可抗力、新材料检验试验费、总承包服务费、垫资利息等

背景资料

某开发商拟建一城市综合体项目，预计总投资15亿元。发包方式采用施工总承包，要求施工单位承担部分垫资。某施工单位中标后，按要求签订施工总承包合同并按照依法履约、诚实信用等原则进行合同管理。

项目部对基坑围护提出了三个方案：A方案成本为8750.00万元，功能系数为0.33；B方案成本为8640.00万元，功能系数为0.35；C方案成本为8525.00万元，功能系数为0.32。最终运用价值工程方法确定了实施方案。

现场对铆焊设备进行专项安全检查发现：焊接操作及配合人员采取了防止火灾等事故的安全措施，用四氯化碳灭火器扑灭气焊电石起火，正在使用的氧气瓶配有安全阀，但未安装减压器。

竣工结算时，总包单位提出索赔事项如下：

（1）特大暴雨造成停工7d，开发商要求总包单位安排20人留守现场照管工地，发生费用5.60万元。

（2）本工程设计采用了某种新材料，总包单位为此支付给检测单位检验试验费460万元，要求开发商承担。

（3）工程主体完工3个月后总包单位为配合开发商自行发包的燃气等专业工程施工，脚手架留置比计划延长2个月拆除。为此要求开发商支付2个月脚手架租赁费68.00万元。

（4）总包单位要求开发商按照银行同期同类贷款利率，支付垫资利息1142.00万元。

问题1：合同管理的原则还有哪些？涉及的合同管理工作内容有哪些？

【答案】

（1）合同管理的原则还有：全面履行、协调合作、维护权益、动态管理。

（2）涉及的合同管理工作内容有：订立、备案、交底、履行、变更、争议与诉讼、分析与总结。

问题2：列式计算3个基坑围护方案的成本系数、价值系数（保留小数点后三位），并确定选择哪个方案。

【答案】

(1) 成本系数

A方案成本系数＝8750/（8750+8640+8525）＝0.338

B方案成本系数＝8640/（8750+8640+8525）＝0.333

C方案成本系数＝8525/（8750+8640+8525）＝0.329

(2) 价值系数

A方案价值系数＝0.33/0.338＝0.976

B方案价值系数＝0.35/0.333＝1.051

C方案价值系数＝0.32/0.329＝0.973

(3) 确定选择B方案。

知识点 引申

应用价值工程进行分析时,应注意:
(1) 若是多个方案比选,应选择价值系数最大的方案。
(2) 若是选择降低成本的对象,应选择价值系数最小的对象。

问题 3:指出铆焊设备使用的不妥之处并改正。相关人员还需针对哪些隐患采取安全措施?

【答案】

(1) 不妥之处并改正。

不妥 1:用四氯化碳灭火器扑灭气焊电石起火。

正确做法:应用干砂或二氧化碳灭火器灭火。

不妥 2:氧气瓶未安装减压器。

正确做法:未安装减压器的氧气瓶严禁使用。

(2) 还需采取的安全措施的隐患:触电、高空坠落、瓦斯中毒等。

问题 4:总包单位提出的索赔是否成立?并说明理由。

【答案】

事项一:索赔成立。

理由:特大暴雨属于不可抗力,开发商要求总包单位留守现场照管工地费用由开发商承担。

事项二:索赔成立。

理由:新材料的检测单位检验试验费不属于工程造价中的检验试验费,应由业主方承担。

事项三:索赔成立。

理由:在合同价中包括的总承包服务费是总承包人对建设单位自行采购材料、工程设备进行保管,对建设单位指定分包单位进行施工现场管理等服务所需的费用,并没有记取配合费用。

事项四:索赔不成立。

理由:垫资利息,合同有约定时按约定;没有规定则不考虑垫资利息,背景资料没有约定垫资利息。

【解析】"垫资利息"与"拖欠付款利息"不是一个概念。垫资是建管部门明令禁止但在工程建设过程中却很常见,其利息看合同是否有约定。拖欠支付工程款,是建设单位的行为责任造成的,故需要支付相应的利息。

知识点 引申

1. 拖欠款的应付利息

利息应付之日	合同有约定时，从应付工程价款之日计付。如：工程预付款的应付时间是开工前7d，因此拖欠预付款的利息起算时间是开工前第6d
	合同没有约定或约定不明的，利息应付之日如下： （1）建设工程已实际交付的，为交付之日。 （2）建设工程没有交付的，为提交竣工结算文件之日。 （3）建设工程未交付，工程价款也未结算的，为当事人起诉之日起
应付利息利率	合同有约定时，按照合同约定执行（高于央行同期同类贷款利率4倍除外）
	合同未约定时，按照央行同期同类贷款利率执行

2. 工程垫资利息

《最高人民法院关于审理建设工程施工合同纠纷案件适用法律问题的解释》规定，当事人对垫资和垫资利息有约定，承包人请求按照约定返还垫资及其利息的，应予支持，但是约定的利息计算标准高于中国人民银行发布的同期同类贷款利率的部分除外。

当事人对垫资没有约定的，按照工程欠款处理。当事人对垫资利息没有约定，承包人请求支付利息的，不予支持。

案例 47 2014 年一建案例题五（有改动）

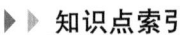 知识点索引

（1）文明施工内容
（2）灭火器摆放
（3）竣工结算价款调整方法
（4）调值公式

背景资料

某新建工程，建筑面积 28000m²，地下 1 层，地上 6 层，框架结构，建筑总高 28.5m，建设单位与施工单位签订了施工合同。部分条款如下：合同价 14250 万元；竣工结算款按调值公式法进行调整；项目施工创省级安全文明工地。

在施工过程中，发生了如下事件：

事件一：项目部在编制的"项目环境管理规划"中，提出了包括抓好现场文化建设等文明施工的工作内容。

事件二：监理工程师在消防工作检查时，发现一只手提式灭火器直接挂在工人宿舍外墙的挂钩上，其顶部离地面的高度为 1.6m；食堂设置了独立制作间和冷藏设施，燃气罐放置在通风良好的杂物间。

事件三：合同中约定，根据人工费和四项材料的价格指数对总造价按调值公式法进行调整。各项目的比重、基准和现行价格指数见下表。

项目	人工费	材料一	材料二	材料三	材料四	机械费
因素比重	0.15	0.30	0.12	0.15	0.08	0.10
基期价格指数	0.99	1.01	0.99	0.96	0.78	1.30
现行价格指数	1.12	1.16	0.85	0.80	1.05	1.35

问题 1：事件一中，现场文明施工还应包含哪些工作内容？
【答案】
（1）规范场容，保持作业环境整洁卫生。
（2）创造文明有序安全生产的条件。
（3）减少对居民和环境的不利影响。

问题 2：事件二中，有哪些不妥之处，并说明正确做法。手提式灭火器还有哪些放置方法？
【答案】
（1）不妥之处：
不妥 1：手提式灭火器顶部离地面的高度为 1.6m。
正确做法：顶部离地面的高度应小于 1.5m。
不妥 2：燃气罐放置在通风良好的杂物间。
正确做法：燃气罐应单独设置存放间。
（2）手提式灭火器还有以下放置方法：
① 放置在托架上；
② 放置在消防箱内；
③ 直接放在环境干燥、条件较好的场所地面上。

知识点 · 引申

灭火器设置要求

（1）应设置在明显的位置，如房间出入口、通道、走廊、门厅及楼梯等部位。
（2）铭牌必须朝外。
（3）不得放置在环境温度超出其使用温度范围的地点。

问题 3：竣工结算款调整的方法还有哪些？
【答案】
（1）工程造价指数调整法。
（2）实际价格法。
（3）调价系数法。

问题 4：事件三中，列式计算经调整后的实际结算款应为多少万元？（精确到小数点后两位）

【答案】

(1) 可调因素比重累加：0.15+0.30+0.12+0.15+0.08＝0.8

(2) 固定系数：1-0.8＝0.2

(3) 实际结算价款：

$$P = 14250 \times \left(0.2 + 0.15 \times \frac{1.12}{0.99} + 0.30 \times \frac{1.16}{1.01} + 0.12 \times \frac{0.85}{0.99} + 0.15 \times \frac{0.80}{0.96} + 0.08 \times \frac{1.05}{0.78}\right)$$

$$= 14962.13 \text{ 万元}$$

知识点 引申

竣工调值公式

$$P = P_0 \left(a_0 + a_1 \frac{A}{A_0} + a_2 \frac{B}{B_0} + a_3 \frac{C}{C_0} + a_4 \frac{D}{D_0}\right)$$

式中 　　　P——工程实际结算价款（调值后）；

P_0——调值前工程进度（合同）款；

a_0——固定费用、不调值部分占合同总造价的比重；

a_1、a_2、a_3、a_4——可调值部分占合同总造价的比重，$a_0+a_1+a_2+a_3+a_4=1$；

A_0、B_0、C_0、D_0——基期（过去）价格指数或价格；

A、B、C、D——现行价格指数或价格。

案例 48　2013 年一建案例题一

▶▶ **知识点索引**

(1) 横道图转化双代号网络计划、关键线路

(2) 等节拍流水施工

(3) 计算劳动力投入量、编制劳动力需求计划需考虑参数

(4) 专业分包和劳务分包范围

一、背景资料

某工程基础底板施工，合同约定工期 50d，项目经理部根据业主提供的电子版图纸编制了施工进度计划，如下图所示。编制底板施工进度计划时，暂未考虑流水施工。

在施工准备及施工过程中，发生了如下事件：

事件一：公司在审批该施工进度计划横道图时提出，计划未考虑工序 B 与 C，工序 D 与 F 之间的技术间歇（养护）时间，要求项目经理部修改。两处工序技术间歇（养护）均为

序号	施工过程	6月 5	10	15	20	25	30	7月 5	10	15	20	25	30
A	基层清理	▬											
B	垫层及砖胎模		▬										
C	防水层施工				▬								
D	防水保护层					▬							
E	钢筋制作		▬▬▬▬▬▬▬▬▬▬▬▬▬▬▬▬▬▬▬▬										
F	钢筋绑扎							▬▬▬▬▬▬▬▬▬▬▬▬▬					
G	混凝土浇筑									▬			

施工进度计划图

2d，项目经理部按要求调整了进度计划，经监理批准后实施。

事件二：施工单位采购的防水材料进场抽样复试不合格，致使工序 C 比调整后的计划开始时间拖后 3d；因业主未按时提供正式的图纸，致使工序 E 在 6 月 11 日才开始。

事件三：基于安全考虑，建设单位要求仍按原合同约定时间完成底板施工，为此施工单位采取调整劳动力等措施，在 15d 内完成 2700t 钢筋制作［工效为 4.5t/（人·工作日）］。

问题1：绘制事件一中调整后的施工进度计划网络图（双代号），并用双线表示出关键线路。

【答案】

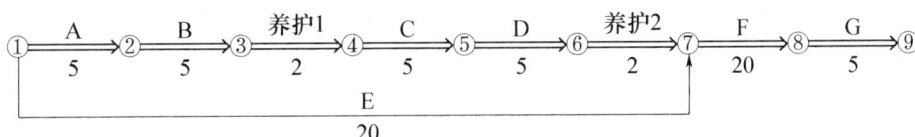

问题2：考虑事件一、二的影响，计算总工期（假定各工序持续时间不变）。如果钢筋制作、钢筋绑扎及混凝土浇筑按两个流水段组织等节拍流水施工，其总工期将变为多少天？是否满足原合同约定的工期？

【答案】

1. 考虑事件一、二的影响，计算总工期。

（1）算法一：通过完善横道图来计算。总工期 $T = 10+20+20+5 = 55$d。

代号	施工过程	6月 5	10	15	20	25	30	7月 35	40	45	50	55
		5 5	2 3	3 2	5	2 3	2 3	2 3	2 3	2 3		
A	基底清理	▬										
B	垫层与砖胎模		▬									
	养护（2d）			▬								
C	防水施工			拖延3d ▬								
D	防水保护层				▬							
	养护（2d）					▬						
E	钢筋制作	业主延误10d ▬▬▬▬▬▬▬▬▬▬▬▬▬▬▬▬▬▬▬▬										
F	钢筋绑扎							▬▬▬▬▬▬▬▬▬▬▬▬▬▬▬▬				
G	混凝土浇筑											▬

(2) 算法二：通过修改网络图来计算，如下图所示：

```
        A      B     养护1    延误1    C      D     养护2    F      G
  ①───→②───→③───→④───→⑤───→⑥───→⑦───→⑨───→⑩───→⑪
    5      5      2      3      5      5      2     20      5
    │                                                ↑
    │    延误2                    E                  │
    └──────────→⑧──────────────────────────────────┘
         10                      20
```

关键线路为：①→⑧→⑨→⑩→⑪。

总工期 $T = 10 + 20 + 20 + 5 = 55d$。

2. 如果钢筋制作、钢筋绑扎及混凝土浇筑按两个流水段组织等节拍流水施工，其总工期将变为 49.5d。

(1) 算法一：绘制流水施工横道图如下图所示。

代号	施工过程	6月						7月			
		5	5	5	5	5	5	5	5	5	4.5
		5	5	2 3	3 2	5	2 3	2 3	2 3	2 3	2 2.5
A	基底清理	──									
B	垫层与砖胎模		──								
	养护（2d）			│							
C	防水施工			拖延3d	──						
D	防水保护层					──					
	养护（2d）						│				
E	钢筋制作	业主延误10d	10d	10d							
F	钢筋绑扎								10d	10d	
G	混凝土浇筑										2.5d 2.5d

① 从 E、F、G 组织流水施工的角度，F 工作第 21d 早即可开始施工，但从网络计划的逻辑关系考虑，F 工作必须是 D 工作养护结束后才能开始，D 工作养护结束时间是第 27d 晚，F 工作只能在 28d 早才能开始施工。

② F、G 两项工作组织等节拍流水施工，其流水步距计算如下：

$$
\begin{array}{r}
10 \quad 20 \\
- \quad 2.5 \quad 5 \\
\hline
10 \quad 17.5 \quad -5
\end{array}
$$

取 $K_{F-G} = 17.5d$。

③ F、G 两项工作组织等节拍流水施工的流水工期：$17.5 + 5 = 22.5d$。

④ 总工期：$27 + 22.5 = 49.5d$。

(2) 算法二：绘制双代号网络图，如下图所示。

```
①─A/5→②─B/5→③─养护1/2→④─延误1/3→⑤─C/5→⑥─D/5→⑦─养护2/2→⑩─F1/10→⑪─G1/2.5→
                            延误2/10              →⑧─E1/10→⑨─E2/10→⑫─F2/10→⑬─G2/2.5→⑭
```

关键线路为：①→②→③→④→⑤→⑥→⑦→⑩→⑪→⑫→⑬→⑭。

总工期为：5+5+2+3+5+5+2+10+10+2.5=49.5d。

3. 满足原合同约定的工期。

问题3：计算事件三中钢筋制作的劳动力投入量。编制劳动力需求计划时，需要考虑哪些参数？

【答案】

（1）2700/（15×4.5）=40人。

（2）编制劳动力需求计划需要考虑的参数有：

① 工程量；

② 持续时间；

③ 劳动力投入量；

④ 劳动效率；

⑤ 班次；

⑥ 每班工作时间。

知识点 引申

安排混合班组承担工作任务时，需要考虑的因素有：

（1）整体劳动效率；

（2）设备能力；

（3）材料供应能力；

（4）班组间的协调。

问题4：根据本案例的施工过程，总承包单位依法可以进行哪些专业分包和劳务分包？

【答案】

（1）专业分包：防水工程。

（2）劳务分包：

① 砌筑作业；

② 钢筋作业；

③ 混凝土作业。

知识点 引申

劳务作业分包

（1）劳务作业分包的范围包括：木工作业、砌筑作业、抹灰作业、石制作业、油漆作业、钢筋作业、混凝土作业、脚手架作业、模板作业、焊接作业、水暖电安装作业、钣金作业、架线作业等。

（2）劳务分包单位资源信息筛选的要点包括：具有良好施工信誉和业绩；具有充足的劳动力及管理人员；符合施工要求的各种资格条件；具有较完善的内部管理体系。

案例 49

▶▶ 知识点索引

（1）综合单价、预付款
（2）砂石地基所用原材料、施工过程中检查内容
（3）楼板混凝土收缩裂缝原因及防治措施
（4）索赔（降排水费增加）、索赔起因

背景资料

某商业建筑工程，地上 6 层，砂石地基，砖混结构，建筑面积 24000m²。外窗采用铝合金窗，内门采用金属门。中标单位投标报价书情况如下：分部分项工程量清单合价为 8200 万元，措施项目清单合价为 360 万元，暂列金额为 50 万元，其他项目清单合价为 120 万元，总包服务费为 30 万元，企业管理费费率为 15%，利润率为 5%，规费为 225.68 万元，增值税按简易项目计算。

在施工过程中发生了如下事件：

事件一：招标工程量清单中土石方工程量 650m³，施工单位根据现场实际情况编制了专项施工方案，确认实际土方工程量为 800m³，定额单价中人工费为 8.40 元/m³、材料费为 12.00 元/m³、机械费 1.60 元/m³。

事件二：砂石地基施工中，施工单位采用细砂（掺入 30% 的碎石）进行铺填。监理工程师检查发现其分层厚度和压实系数不符合规范要求，令其整改。

事件三：2 层现浇混凝土楼板出现收缩裂缝，经项目经理部分析认为原因有混凝土原材料质量不合格（骨料含泥量大），水泥和掺合料用量超出规范规定。同时提出了相应的防治措施，选用合格的原材料，合理控制水泥和掺合料用量。监理工程师认为项目经理部的分析不全面，要求进一步完善原因分析和防治方法。

事件四：在基坑施工中，由于正值雨期，施工现场的排水费用比投标报价中的费用超出 3 万元。施工单位及时向建设单位提出了索赔要求，建设单位不予支持。

问题1：事件一中，施工单位填报土石方分项工程的综合单价是多少元/m³？中标造价是多少万元？（均需列式计算，结果保留两位小数）

【答案】

（1）填报综合单价：

施工方案对应综合单价 =（8.40+12.00+1.60）×（1+15%）×（1+5%）= 26.57 元/m³

填报综合单价 = 26.57×800÷650 = 32.70 元/m³

（2）中标造价 =（8200+360+120+225.68）×（1+3%）= 9172.85 万元。

问题2：事件二中，砂石地基采用的原材料是否正确？砂石地基还可以采用哪些原材料？砂石地基施工过程还应检查哪些内容？

【答案】

（1）正确。

（2）还可以采用的原材料有：中砂、粗砂、砾砂、碎石、卵石、角砾、圆砾或石屑。

（3）施工过程中还应检查：

① 分段施工时搭接部分的压实情况；

② 加水量；

③ 压实遍数。

> **知识点 · 引申**
>
> **依据《建筑地基基础工程施工质量验收标准》GB 50202—2018**
>
> 4.3.1 施工前应检查砂、石等原材料质量和配合比及砂、石拌和的均匀性。
>
> 4.3.2 施工中应检查分层厚度、分段施工时搭接部分的压实情况、加水量、压实遍数、压实系数。
>
> 4.3.3 施工结束后，应进行地基承载力检验。

问题3：事件三中，出现裂缝原因还可能有哪些？并补充完善其他常见的防治方法。

【答案】

(1) 出现裂缝原因还有：

① 混凝土水胶比、坍落度偏大，和易性差；

② 表面抹压收面不规范，养护不及时或养护差。

(2) 防治方法还有：

① 配制合适的混凝土配合比，并确保搅拌质量；

② 确保混凝土浇筑振捣密实，并在初凝前进行二次抹压；

③ 确保混凝土及时养护，并保证养护质量满足要求。

问题4：事件四中，施工单位的索赔是否成立？说明理由。在施工过程中，施工索赔的起因有哪些？

【答案】

(1) 甲施工单位的索赔：不成立。

理由：雨期施工时排水费用增加是一个有经验的承包商能预见的，属于承包单位应承担的风险。另外，排水费属于措施项目费，双方合同约定措施项目费包干使用。

（2）施工索赔的起因包括：

① 合同对方违约；

② 合同错误；

③ 合同变更；

④ 工程环境变化；

⑤ 不可抗力因素。

案例 50

▶▶ 知识点索引

（1）平面控制测量程序

（2）防火设施平面布置改错

（3）降水回收利用技术、选择土方机械考虑因素

（4）施工升降机安全检查项目（保证项目、一般项目）

背景资料

某施工单位承接了两栋住宅楼工程，总建筑面积65000m^2，基础均为筏板基础（上反梁结构），地下2层，地上30层，地下结构连通，上部为两个独立单体一字设置，设计形式一致，地下室外墙南北向的距离40m，东西向的距离120m。

施工过程中发生了以下事件：

事件一：施工开始前，项目经理部安排了测量人员进行平面控制测量定位，测量人员很快提交了测量成果，为工程施工奠定了基础。

事件二：项目经理部编制防火设施平面布置图后，立即由施工人员按此图进行施工。在基坑上口周边的四个转角处分别设置了临时消火栓。在60m^2的木工棚内配备了2只灭火器及相关消防辅助工具，消防检查时对此提出了整改意见。

事件三：基坑及土方施工时设置了降水井，项目部结合基坑施工降水回收利用技术，针对本工程具体情况制定了《×××工程绿色施工方案》。同时，项目技术部门根据该工程基础形式、工程规模、开挖深度及土方机械的特点选择了反铲挖掘机、自卸汽车等土方机械。

事件四：结构施工至12层后，项目经理部按计划设置了外用电梯，相关部门根据《建筑施工安全检查标准》JGJ 59—2011中"施工升降机检查评分表"的内容逐项进行检查，并通过验收，准许使用。

问题 1：事件一中，测量人员从进场测设到形成细部放样的平面控制测量成果需要经过哪些主要步骤？

【答案】
(1) 建立场区控制网；
(2) 建立建筑物施工控制网；
(3) 测设建筑物的主轴线；
(4) 建筑物细部放样。

> 知识点 引申

施工测量

(1) 施工测量现场主要工作：
① 长度的测设；
② 角度的测设；
③ 建筑物细部点平面位置的测设；
④ 建筑物细部点高程位置及倾斜线的测设。
(2) 测量的基本工作：测角、测距、测高差。

问题 2：事件二中存在哪些不妥之处？并分别写出正确做法。

【答案】
不妥 1：编制防火设施平面布置图后，立即由施工人员按此施工。
正确做法：防火设施平面布置图需报公安监督机关审批或备案后方可实施。
不妥 2：在基坑上口设置临时消火栓。
正确做法：消火栓应沿消防车道或堆料场内交通道路的边缘设置。
不妥 3：在 60m² 的木工棚内配备了 2 只灭火器。
正确做法：木工棚内每 25m² 配备 1 只灭火器，60m² 应配备 3 只灭火器。

> 知识点 引申

(1) 临时室外消防给水干管的直径不应小于 DN100，消火栓间距不应大于 120m；距拟建房屋不应小于 5m 且不宜大于 25m，距路边不宜大于 2m。
(2) 室外消火栓沿消防车道或堆料场内交通道路的边缘布置。

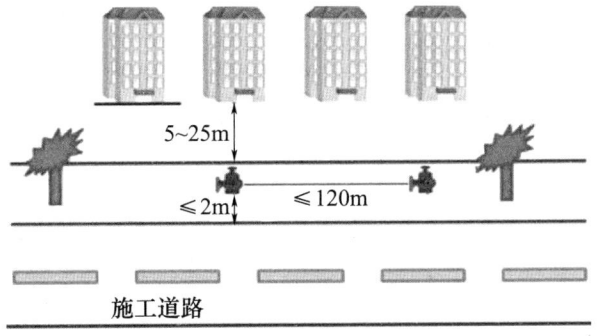

问题 3：事件三中，基坑施工降水回收利用技术包括哪些？选择土方机械需考虑的因素还有哪些？

【答案】

（1）基坑施工降水回收利用技术包括：

① 降水回灌技术；

② 将降水所抽水体集中存放施工时再利用。

（2）选择土方机械需考虑的因素还有：地质、地下水情况、土方量、运距、现场和机具设备条件、工期要求等。

知识点 引申

土方机械化施工机械

（1）土方机械化施工常用机械：推土机、铲运机、挖掘机（包括正铲、反铲、拉铲、抓铲等）、装载机、自卸汽车等。

（2）一般深度不大的大面积基坑土方开挖，宜采用推土机或装载机推土、装土，用自卸汽车运土。

（3）对长度和宽度均较大的大面积土方一次性开挖，可用铲运机铲土、运土、卸土、填筑作业。

（4）对面积不大但较深的基础多采用 $0.5m^3$ 或 $1.0m^3$ 斗容量的液压正铲挖掘机，上层土方也可用铲运机或推土机进行。

（5）如操作面狭窄，且有地下水，土体湿度大，可采用液压反铲挖掘机挖土，自卸汽车运土。

（6）在地下水中挖土，可用拉铲，效率较高。

问题 4：事件四中，"施工升降机检查评分表"检查项目包括哪些内容？

【答案】

检查项目包括：

（1）保证项目应包括安全装置、限位装置、防护设施、附墙架、钢丝绳、滑轮与对重、安拆、验收与使用。

（2）一般项目应包括导轨架、基础、电气安全、通信装置。

案例 51　2010 年一建案例题一（改动大）

▶▶ 知识点索引

（1）工期计算、关键线路

（2）分包与业主关系

（3）现浇混凝土模板支撑体系施工主要安全隐患
（4）成倍节拍流水施工

背景资料

某办公楼工程，地下1层，地上10层，现浇钢筋混凝土框架结构，预应力管桩基础。建设单位与施工总承包单位签订了施工总承包合同，合同工期为29个月。按合同约定，施工总承包单位将预应力管桩工程分包给了符合资质要求的专业分包单位。施工总承包单位提交的施工总进度计划如图1所示（时间单位：月），该计划通过了监理工程师的审查和确认。

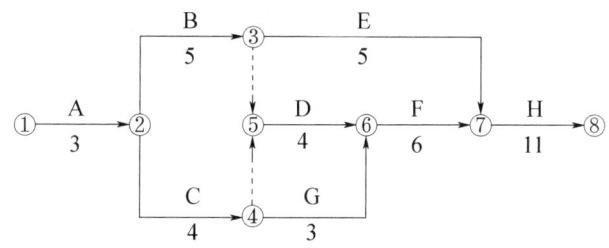

图1 施工总进度计划网络图

合同履行过程中，发生了如下事件：

事件一：现场模板支架搭设前，项目部相关人员召开了安全技术交底会，明确了模板支撑架体地基、基础下沉，杆件间距或步距过大等施工主要安全隐患。

事件二：在工程施工进行到第7个月时，因建设单位提出设计变更，导致G工作停止施工1个月。由于建设单位要求按期完工，施工总承包单位据此向监理工程师提出了赶工费索赔。根据合同约定，赶工费标准为18万元/月。

事件三：在H工作开始前，为了缩短工期，施工总承包单位将原施工方案中H工作的异节奏流水施工调整为成倍节拍流水施工。原施工方案中H工作异节奏流水施工横道图如图2所示（时间单位：月）。

施工工序	施工进度（月）										
	1	2	3	4	5	6	7	8	9	10	11
P	Ⅰ		Ⅱ		Ⅲ						
R					Ⅰ	Ⅱ	Ⅲ				
Q						Ⅰ		Ⅱ		Ⅲ	

图2 H工作异节奏流水施工横道图

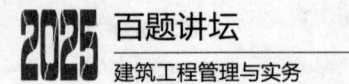

问题1：施工总承包单位计划工期能否满足合同工期要求？为保证工程进度目标，施工总承包单位应重点控制哪条施工线路？

【答案】

（1）本工程计划工期：3+5+4+6+11＝29个月，计划工期能够满足合同工期的要求。

（2）应重点控制关键线路：A→B→D→F→H（或①→②→③→⑤→⑥→⑦→⑧）。

问题2：事件一中，现浇混凝土模板支撑体系施工主要安全隐患还有哪些？

【答案】

（1）架体未按规定设置斜杆、剪刀撑和扫地杆。

（2）构架的节点构造和连接的紧固程度不符合要求。

（3）主梁和荷载显著加大部位的构架未加密、加强。

（4）高支撑架未设置一至数道加强的水平结构层。

知识点 · 引申

装配式混凝土构件运输与安装施工的主要安全隐患

（1）预制混凝土构件吊装时起重设备主钩、吊具及构件重心不重合。

（2）对于超高、超宽、形状特殊的大型预制构件的运输无可靠固定。

（3）预制构件存放不符合安全要求。

（4）装配式混凝土构件现场安装时机械设备的使用不符合安全要求。

（5）装配式混凝土构件安装后过早地拆除临时支撑。

（6）高处作业安全防护设施不到位。

问题3：事件二中，施工总承包单位可索赔的赶工费为多少万元？说明理由。

【答案】

施工总承包单位不能提出赶工费的索赔。

理由：尽管设计变更是建设单位应承担的责任事件，但G工作为非关键工作，其总时差为2个月，停工1个月，没有超过总时差，不影响工期，不需要赶工。

问题4：事件三中，流水施工调整后，H工作相邻工序的流水步距为多少个月？工期可缩短多少个月？按照图2格式绘制出调整后H工作的施工横道图。

【答案】

（1）确认H工作异节奏流水施工的施工工序P、R、Q是否存在间隔或者搭接时间。

计算得到 $K_{P-R}=4$ 个月，$K_{R-Q}=1$ 个月，结合图2可确认不存在间隔或搭接时间，即 $G=0$ 个月。

（2）各施工工序流水节拍分别是：工序P为2个月，工序R为1个月，工序Q为2个月。

流水步距K：流水节拍最大公约数，即1个月。

（3）工期缩短。

① 各工序需队组数:$b_P = 2/1 = 2$;$b_R = 1/1 = 1$;$b_Q = 2/1 = 2$。
② 队组数总和 $N = 2+1+2 = 5$ 队组。
③ 成倍节拍流水施工工期 $T = (M+N-1) \times K + G = (3+5-1) \times 1 = 7$ 个月。
④ 工期缩短月数:$11-7 = 4$ 个月。

(4) 绘图:

施工工序	专业队	施工进度(月)						
		1	2	3	4	5	6	7
P	1	Ⅰ		Ⅲ				
	2		Ⅱ					
R	3		Ⅰ	Ⅱ	Ⅲ			
Q	4				Ⅰ		Ⅲ	
	5				Ⅱ			

案例 52

▶▶ **知识点索引**

(1) 流水施工
(2)《建设工程质量检测管理办法》(住房城乡建设部令第 57 号)
(3) 脚手架验收内容、危大工程验收参与人员
(4) 起重吊装保证项目和一般项目,安全评定等级

背景资料

某群体工程由甲、乙、丙三个独立的单体建筑组成,预制装配式混凝土结构。每个单体均有四个施工过程:基础、主体结构、二次结构、装饰装修。每个单体作为一个施工段,四个施工过程采用四个作业队组织无节奏流水施工。三个单体各施工过程流水节拍见下表。总工期最短的流水施工进度计划如下图所示。

三个单体各施工过程流水节拍表

序号	施工段	施工过程			
		基础	主体结构	二次结构	装饰装修
1	甲栋	A	B	2	3
2	乙栋	4	3	C	2
3	丙栋	2	3	D	E

施工过程	施工总进度（月）																		
	1	2	3	4	5	6	7	8	9	10	11	12	13	14	15	16	17	18	19
基础	甲	甲	丙	丙	乙	乙													
主体结构				甲	甲	甲	甲	甲		丙	丙	丙	乙	乙	乙				
二次结构								甲	甲	甲	丙	丙	丙	乙	乙				
装饰装修											甲	甲	甲	丙	丙	丙		乙	乙

流水施工进度计划图

政府主管部门检查《建设工程质量检测管理办法》（住房城乡建设部令第57号）执行情况：施工单位委托了监理单位控股的具有检测资质的检测机构负责工程的质量检测工作；建设单位按照合同采购一批钢材时，要求钢材供应商在总承包单位材料人员见证下，从其货场对该批钢材取样送检，检测合格后送到施工现场使用。要求相关单位对存在的问题进行整改。

悬挑脚手架搭设到设计高度后，监理工程师组织总承包单位技术负责人（授权委派技术人员）、项目负责人等相关人员进行验收。验收内容包括专项施工方案、产品合格证、检查记录等技术资料。

项目部按照《建筑施工安全检查标准》JGJ 59—2011对现场悬挑式脚手架、起重吊装等评定项目进行检查评定，分项检查评分表无零分项，汇总表得分78分。起重吊装项目检查包括了施工方案、起重机械等保证项目和高处作业等一般项目。

问题1：补充上表中A～E处的流水节拍。(如A—2) 甲栋、乙栋、丙栋的施工工期各是多少？

【答案】

(1) 流水节拍如下：A—2；B—5；C—2；D—3；E—4。

(2) 施工工期：甲栋13个月；乙栋15个月；丙栋15个月。

【解析】一栋单体建筑的施工工期，不能把基础、主体结构、二次结构和装饰装修四个施工过程持续时间累加，因为施工过程可能存在间隔或者搭接时间。正确的做法是，看第一个施工过程"基础"的开始时间，再看最后一个施工过程"装饰装修"的结束时间，结束时间减去开始时间即为该栋建筑的施工工期。

问题2：指出《建设工程质量检测管理办法》执行中的不妥之处，并写出正确做法。

【答案】

不妥1：施工单位委托检测机构。

理由：应建设单位委托检测机构。

不妥2：委托监理单位控股的检测机构。

理由：检测机构与工程相关单位不得有隶属关系。

不妥3：总包单位材料人员见证下取样送检。

理由：应监理单位人员见证。

不妥4：在货场对该批钢材取样送检。

理由：应在施工现场取样。

知识点 引申

依据《建设工程质量检测管理办法》（住房城乡建设部令第57号）

第十五条　检测机构与所检测建设工程相关的建设、施工、监理单位，以及建筑材料、建筑构配件和设备供应单位不得有隶属关系或者其他利害关系。

第十八条　建设单位委托检测机构开展建设工程质量检测活动的，建设单位或者监理单位应当对建设工程质量检测活动实施见证。见证人员应当制作见证记录，记录取样、制样、标识、封志、送检及现场检测等情况，并签字确认。

第十九条　提供检测试样的单位和个人，应当对检测试样的符合性、真实性及代表性负责。检测试样应当具有清晰的、不易脱落的唯一性标识、封志。

建设单位委托检测机构开展建设工程质量检测活动的，施工人员应当在建设单位或者监理单位的见证人员监督下现场取样。

问题3：脚手架验收内容还有哪些？总承包单位参与危大工程（悬挑脚手架）验收的人员还有哪些？

【答案】

1. 脚手架验收内容还包括：

（1）材料与构配件质量；

（2）搭设场地、支撑结构件的固定；

（3）架体搭设质量；

（4）使用说明及检测报告、测试记录等技术资料。

2. 总承包单位参与危大工程（悬挑脚手架）验收人员还有：

（1）项目技术负责人；

（2）专项方案编制人员；

（3）专职安全员。

问题4：本次安全检查评定的等级是什么？分别写出起重吊装检查评定的保证项目和一般项目还有哪些？

【答案】

（1）评定等级：合格。

（2）评定项目还有：

保证项目：钢丝绳与地锚、索具，作业环境、人员。

一般项目：起重吊装、构件码放、警戒监护。

案例 53

▶▶ **知识点索引**

（1）其他项目清单、预付款保函
（2）模板支撑工程超危大标准
（3）专家论证
（4）钢筋机械连接接头
（5）塔吊停止作业的恶劣天气及重新起吊时的试吊
（6）危险源辨识方法、重大危险源类型

背景资料

某公司投资建造一座太阳能电池厂，包括1栋厂房、1栋现浇高层办公楼、2栋装配式宿舍楼。建设单位按工程量清单计价规范进行了公开招标，甲公司中标，合同价7900万元，其中暂列金额为400万元，暂估价300万元。合同约定建设单位按合同价的10%向甲公司支付工程预付款，甲公司提供预付款保函。

厂房建筑面积$3300m^2$，长72m，宽45m，地上1层，钢筋混凝土框架结构，屋面采用球形网架结构。框架柱、梁均沿建筑物四周设置，框架柱轴线间距9000mm，框架梁截面尺寸450mm×900mm，梁底标高9.6m。施工单位根据框架梁模板支撑体系高度编制了超过一定规模危险性较大的模板支撑工程专项施工方案。建设单位组织召开了模板支撑体系专项施工方案专家论证会，设计单位项目技术负责人以专家身份参会。

办公楼主体结构施工时，直径≥20mm的主要受力钢筋按设计要求采用钢筋机械连接，取样时，施工单位试验员根据《混凝土结构工程施工质量验收规范》GB 50204—2015 在钢筋加工棚制作了钢筋机械连接抽样检验接头试件，按规范要求检测力学性能。

用于宿舍楼的某预制外墙板，即将起吊时突遇6级大风，施工人员立即停止作业，塔吊吊钩仍挂在外墙板预埋吊环上。大风过后，施工人员直接将该预制外墙板吊至所在楼层，利用轮廓线控制就位后，设置2道可调斜撑临时固定。

项目部针对工程特点，依据《建筑施工安全检查标准》JGJ 59—2011 采用安全检查表法进行重大危险源辨识，明确高坠、火灾类为本项目重大危险源。

问题1： 甲公司工程量清单中的其他项目清单包括哪几项？乙公司向甲公司提供的预付款保函额度是多少万元？

【答案】

（1）其他项目清单包括：暂列金额、暂估价、计日工、总承包服务费。
（2）预付款：（7900-400）×10%＝750万元。

预付款保函额度与预付款等值，即750万元。

知识点 引申

预付款担保

预付款担保是指承包人与发包人签订合同后领取预付款之前,为保证正确、合理使用发包人支付的预付款而提供的担保。预付款担保的主要形式是银行保函,担保金额通常与预付款是等值的。预付款一般是逐月从工程付款中扣除,预付款担保的担保金额也相应逐月减少。

问题2:对于模板支撑工程,还有哪几项属于超过一定规模危险性较大分部分项工程范围?

【答案】
（1）搭设跨度18m及以上。
（2）施工总荷载（设计值）15kN/m² 及以上。
（3）集中线荷载（设计值）20kN/m 及以上。

问题3:指出专家论证会组织形式的不妥之处,说明理由。专家论证包含哪些主要内容?

【答案】
1. 不妥之处及理由：
不妥1：建设单位组织召开专家论证会。
理由：应由施工单位组织。
不妥2：设计单位项目技术负责人以专家身份参会。
理由：与本工程有利害关系的人员不得以专家身份参会。
2. 专家论证的主要内容有：
（1）内容是否完整、可行。
（2）计算书和验算依据、施工图是否符合有关标准规范。
（3）是否满足现场实际情况,并能确保施工安全。

问题4:指出办公楼主体结构施工时存在的不妥之处,写出正确做法。

【答案】
不妥1：试验员在钢筋加工棚制作试件。
正确做法：应从工程实体中截取试件。
不妥2：仅检测力学性能。
正确做法：还应检测弯曲性能。

知识点 引申

依据《混凝土结构工程施工质量验收规范》GB 50204—2015

5.4.2 钢筋采用机械连接或焊接连接时,钢筋机械连接接头、焊接接头的力学性能、弯曲性能应符合国家现行有关标准的规定。接头试件应从工程实体中截取。

检查数量：按现行行业标准《钢筋机械连接技术规程》JGJ 107 和《钢筋焊接及验收规程》JGJ 18 的规定确定。

检验方法：检查质量证明文件和抽样检验报告。

问题 5：指出预制外墙板在吊运和安装过程中的不妥之处，写出正确做法。塔吊需停止作业的恶劣天气还有哪些？

【答案】

(1) 不妥之处及正确做法：

不妥 1：塔吊停止作业时，吊钩仍挂在外墙板预埋吊环上。

正确做法：停止作业塔吊应解钩，将吊钩升起。

不妥 2：大风过后，直接起吊外墙板。

正确做法：应先试吊，确认制动器灵敏可靠方可正式起吊。

不妥 3：预制外墙板采用轮廓线控制就位。

正确做法：预制外墙板应以轴线和轮廓线双控制。

(2) 塔吊需停止作业的恶劣天气还有：大雨、大雪、大雾。

知识点 引申

塔吊试吊

遇有 6 级及以上的大风或大雨、大雪、大雾等恶劣天气时，应停止塔吊露天作业。雨雪过后或雨雪中作业时，应先进行试吊，确认制动器灵敏可靠后方可作业。

在起吊荷载达到塔吊额定起重量的 90% 及以上时，应先将重物吊离地面 200～500mm，然后进行下列检查：机械状况、制动性能、物件绑扎情况等，确认安全后方可继续起吊。对有晃动的物件，必须拉溜绳使之稳定。

问题 6：重大危险源辨识的方法还有哪些？重大危险源还有哪些？

【答案】

(1) 重大危险源辨识的方法还有：专家调查法、头脑风暴法、德尔菲法、现场调查法、工作任务分析法、危险与可操作性研究法、事件树分析法和故障树分析法。

(2) 重大危险源还有：机械类、电器类、辐射类、物质类和爆炸类等。

案例 54

▶ 知识点索引

(1) 流水施工

(2) 见证与取样（依据《建筑工程检测试验技术管理规范》JGJ 190—2010）

(3) 后浇带浇筑及养护措施
(4) 填充墙施工方案改错

背景资料

某新建职业技术学校工程，由教学楼、实验楼、办公楼及3栋相同的公寓楼组成，均为钢筋混凝土现浇框架结构，室内填充墙体采用蒸压加气混凝土砌块，水泥砂浆砌筑。

施工组织设计中，针对3栋公寓楼组织流水施工，各工序流水节拍参数见下表。

流水节拍参数表

工序编号	施工过程	流水节拍（周）	与前序工序的关系（搭接/间隔）及时间
①	土方开挖与基础	3	
②	地上结构	5	A，B
③	砌筑与安装	5	C，D
④	装饰装修及收尾	4	

绘制流水施工横道图如下图，核定公寓楼流水施工工期满足整体工期要求。

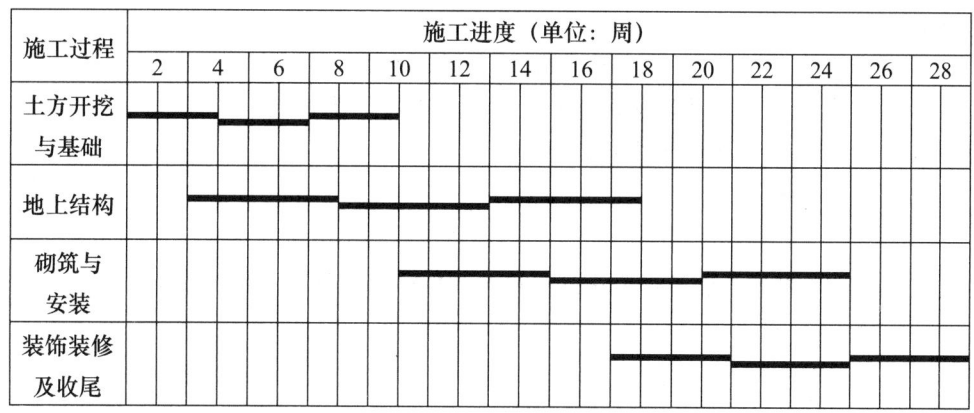

流水施工横道图

教学楼一批A8钢筋进场后，施工单位及时通知见证人员到场进行取样等见证工作，见证人员核查了检测项目等有关见证内容，要求这批钢筋单独存放，待验证资料齐全，完成其他进场验证工作后才能使用。

办公楼后浇带施工方案的主要内容有：以后浇带为界，用快易收口网进行分隔；含后浇带区域整体搭设统一的模板支架，后浇带两侧混凝土浇筑完毕达到拆模条件后，及时拆除支撑架体实现快速周转；预留后浇带部位上覆多层板防护防止垃圾进入；待后浇带两侧混凝土龄期均达到设计要求的60d后，重新支设后浇带部位（两侧各延长一跨立杆）底模与支撑，浇筑混凝土，并按规范要求进行养护。监理工程师认为方案存在错误，且后浇带混凝土浇筑与养护描述不够具体，要求施工单位修改完善后重新报批。

监理工程师审查"实验楼填充墙砌体施工方案"时，指出以下错误内容：砌块使用时，产品龄期不小于 14d；砌筑砂浆可现场人工搅拌；砌块使用时提前 2d 浇水湿润；卫生间墙体底部用灰砂砖砌 200mm 高坎台；填充墙砌筑可通缝搭砌；填充墙与主体结构连接钢筋采用化学植筋方式，进行外观检查验收。要求改正后再报。

问题 1：写出流水节拍参数表中：A、C 对应的工序关系，B、D 对应的时间。

【答案】

A：搭接。

B：1 周。

C：间隔。

D：2 周。

【解析】（1）根据流水节拍表计算出"土方开挖与基础""地上结构"之间的流水步距 $K_{①-②}=3$ 周，而由流水施工横道图得知这两个工序开始时间是间隔 2 周，故得出搭接 1 周的结论。

（2）根据流水节拍表计算出"地上结构""砌筑与安装"之间的流水步距 $K_{②-③}=5$ 周，而由流水施工横道图得知这两个工序开始时间是间隔 7 周，故得出间隔 2 周的结论。

问题 2：钢筋见证检测时，什么时间通知见证人员到场见证？见证人员应核查的见证内容还有哪些？该批进场验证不齐的钢筋还需完成什么验证工作才能使用？

【答案】

（1）见证检测时，应在取样前和送检前通知见证人员到场见证。

（2）见证人员应核查的见证内容还有：数量和比例是否满足规定。

（3）该批钢筋还需复验合格才能使用。

> **知识点** 引申

依据《建筑工程检测试验技术管理规范》JGJ 190—2010

5.8　见证管理

5.8.1　见证检测的检测项目应按国家有关行政法规及标准的要求确定。

5.8.2　见证人员应由具有建筑施工检测试验知识的专业技术人员担任。

5.8.3　见证人员发生变化时，监理单位应通知相关单位，办理书面变更手续。

5.8.4　需要见证检测的检测项目，施工单位应在取样及送检前通知见证人员。

5.8.5　见证人员应对见证取样和送检的全过程进行见证并填写见证记录。

5.8.6　检测机构接收试样时应核实见证人员及见证记录，见证人员与备案见证人员不符或见证记录无备案见证人员签字时不得接收试样。

5.8.7　见证人员应核查见证检测的检测项目、数量和比例是否满足有关规定。

问题 3：指出办公楼后浇带施工方案中的错误之处。后浇带混凝土浇筑及养护的主要措施有哪些？

【答案】

（1）错误之处：含后浇带区域整体搭设统一的模板支架。

(2) 后浇带混凝土浇筑及养护的主要措施：

① 两侧竖向施工缝混凝土表面进行凿毛处理，清除水泥薄膜和松动石子，以及软弱混凝土层；
② 充分湿润，且不得有积水；
③ 冲洗干净；
④ 采用微膨胀混凝土；
⑤ 强度等级比原结构强度提高一级；
⑥ 细致捣实混凝土（新旧混凝土紧密结合）；
⑦ 保持至少14d的湿润养护。

【解析】后浇带混凝土浇筑及养护的主要措施需要考虑两个方面：一是后浇带两侧的竖向施工缝如何处理；二是后浇带本身混凝土的浇筑及养护。

问题4：逐项改正填充墙砌体施工方案中的错误之处。
【答案】
（1）产品龄期不少于28d；
（2）砌筑砂浆应机械搅拌；
（3）砌块使用时当天浇水湿润；
（4）砌体底部用混凝土浇筑150mm高坎台；
（5）砌筑填充墙应错缝搭砌；
（6）化学植筋连接应进行实体检测（拉拔试验）。

知识点 引申

依据《砌体结构工程施工质量验收规范》GB 50203—2011

4.0.9 砌筑砂浆应采用机械搅拌，搅拌时间自投料完起算。

9.1.2 砌筑填充墙时，轻骨料混凝土小型空心砌块和蒸压加气混凝土砌块的产品龄期不应少于28d，蒸压加气混凝土砌块含水率宜小于30%。

9.1.5 采用普通砌筑砂浆砌筑填充墙时，烧结空心砖、吸水率较大的轻骨料混凝土小型空心砌块应提前1~2d浇（喷）水湿润。蒸压加气混凝土砌块采用蒸压加气混凝土砌块砌筑砂浆或普通砌筑砂浆砌筑时，应在砌筑当天对砌块砌筑面喷水湿润。块体湿润程度宜符合下列规定：

1 烧结空心砖的相对含水率60%~70%；
2 吸水率较大的轻骨料混凝土小型空心砌块、蒸压加气混凝土砌块的相对含水率40%~50%。

案例 55

▶▶ 知识点索引

（1）制造成本法和完全成本法计算施工项目成本
（2）夜间施工时间段、噪声限值、施工前准备工作
（3）价款调整计算
（4）费用索赔（不可抗力）
（5）室内环境质量验收（建筑分类、检测污染物名称）

背 景 资 料

建设单位投资兴建某三甲医院住院大楼，建筑面积为 2.20 万 m^2，钢筋混凝土框架结构。建设单位编制了招标文件，发布了招标公告，招标控制价为 1.056 亿元。项目实行施工总承包，承包范围为土建、水电、通风空调、消防及装饰装修工程，消防由建设单位单独发包，主要设备由建设单位采购。先后有 13 家单位通过了资格预审后参加投标，最终 D 施工单位以 9900.00 万元中标。双方按照《建设工程施工合同（示范文本）》GF-2017-0201 签订了施工总承包合同。部分条款约定为：工程质量合格；实际工程量差异在±5%（含±5%）以内时按照工程量清单综合单价结算，超出幅度大于 5% 时按照工程量清单综合单价的 0.9 倍结算，减少幅度大于 5% 时按照工程量清单综合单价的 1.1 倍结算。

D 施工单位中标后进行项目成本分析、成本目标的制定，通过分析中标价得知，期间费用为 642.00 万元，利润为 891.00 万元，增值税为 990.00 万元。

基础底板混凝土量较大，项目部决定组织夜间施工，因事先准备不足，施工过程中被附近居民投诉，后经协调取得了谅解。

有两项分项工程完成后，双方及时确认了实际完成工作量，见表 1。

表 1　分项工程单价及工作量统计表

分项工程	A1	A2
清单综合单价（元/m^3）	420	560
清单工程量（m^3）	5450	6230
实际完成工程量（m^3）	5890	5890

工程按期进入安装调试阶段时，由于雷电引发了一场火灾。火灾结束后 48h 内，D 施工单位向项目监理机构通报了火灾损失情况：价值 80.00 万元的待安装设备报废；D 施工单位人员烧伤所需医疗费及误工补偿费 35.00 万元；租赁施工设备损坏赔偿费 15.00 万元；必要的现场管理保卫人员费用支出 2.00 万元；其他损失待核实后另行上报。监理机构审核属实后上报了建设单位。

该住院大楼竣工验收前，按照规定对室内环境污染物浓度进行了检测，部分检测项及数值见表2。

表2 室内环境污染物浓度检测结果统计表

序号	检测项	浓度值（mg/m³）
1	甲醛	0.08
2	甲苯	0.12
3	二甲苯	0.20
4	TVOC	0.40

问题1：分别按照制造成本法、完全成本法计算该工程的施工项目成本是多少万元？

【答案】

（1）按制造成本法计算该工程的施工项目成本：9900.00−642.00−891.00−990.00＝7377.00万元。

（2）按完全成本法计算该工程的施工项目成本：9900.00−891.00−990.00＝8019.00万元。

知识点 · 引申

施工项目成本

1. 施工项目成本是工程施工所发生的全部生产费用的总和。施工项目的制造成本包括：

（1）主、辅材，构配件，周转材料的摊销费或租赁费（材）；

（2）施工机械的使用费或租赁费（机）；

（3）支付给生产工人的工资、奖金（人）；

（4）施工措施费；

（5）现场施工管理费（项目层次管理费）。

2. 施工项目成本核算。

（1）制造成本法：

$$施工项目成本 = 中标造价 - 期间费用 - 利润 - 税金$$

（2）完全成本法：

$$施工项目成本 = 中标造价 - 利润 - 税金$$

问题2：写出夜间施工规定的时间区段和噪声排放最大值。夜间施工前应做哪些具体准备工作？

【答案】

（1）夜间施工规定时间区段：当日22时至次日6时。

（2）夜间噪声排放最大值为55dB（A）。

（3）夜间施工前具体准备工作如下：

① 办理夜间施工许可证；

② 和社区居委会取得联系（沟通）；

③ 公告（通知）附近社区居民；

④ 发放扰民补偿费用。

问题3：分析计算A1、A2分项工程的清单综合单价是否需要调整？并计算A1、A2分项工程实际完成的工作量是多少元？

【答案】

（1）A1分项工程量的差异幅度：

$$(5890-5450)÷5450×100\%=8.07\%$$

超出幅度大于5%，因此A1分项工程的清单综合单价需要调整。

A1分项工程的实际完成工作量是：

$$5450×(1+5\%)×420+[5890-5450×(1+5\%)]×420×0.9=2466765 元$$

（2）A2分项工程量的差异幅度：

$$(6230-5890)÷6230×100\%=5.46\%$$

减少幅度大于5%，因此A2分项工程的清单综合单价需要调整。

A2分项工程的实际完成工作量是：

$$5890×560×1.1=3628240 元$$

问题4：指出在火灾事故中，建设单位、D施工单位各自应承担哪些损失？（不考虑保险因素）

【答案】

（1）建设单位承担的损失有：

报废的待安装设备80.00万元；

必要的现场管理保卫人员费用支出2.00万元。

（2）D施工单位承担的损失有：

人员烧伤所需医疗费及误工补偿费35.00万元；

租赁施工设备损坏赔偿费15.00万元。

问题5：根据控制室内环境污染的不同要求，该建筑属于几类民用建筑工程？表2中符合规范要求的检测项有哪些？还应检测哪些项目？

【答案】

(1) 属于Ⅰ类民用建筑工程。

(2) 符合规定要求的检测项有：甲苯、二甲苯、TVOC。

(3) 还应检测的项目有：氡、苯、氨。

案例 56

▶▶ **知识点索引**

(1) 屋面基层与保护工程
(2) 流水施工流水步距计算、工期计算、横道图绘制
(3) 施工进度计划调整步骤
(4) 钢筋机械连接常用工具
(5) 底模拆除时的混凝土强度要求

背 景 资 料

某新建住宅楼,框剪结构,地下 2 层,地上 18 层,建筑面积 2.5 万 m^2,甲公司总承包施工。

屋面工程设计中:规定了找坡排水设计要求(表 1);确定了找坡层采用轻骨料混凝土;明确了找平层、隔汽层选用的材料。

表 1 屋面找坡排水设计要求

序号	找坡形式	坡度(%)
1	结构找坡	不应小于 A
2	材料找坡	宜为 B
3	天沟纵向找坡	不应小于 C
4	沟底水落差	不得超过 200mm

施工方项目部盘点工作内容,结合该住宅楼 3 个单元相同的特点,依据原有施工进度计划,按照分析检查结果、确定调整对象等调整步骤,调整施工进度。同时,针对某分部工程制定流水节拍(表 2),就施工过程Ⅰ~Ⅳ组织 4 个施工班组流水施工,其中施工过程Ⅲ因工艺要求需待施工过程Ⅱ完成后 2d 方可进行。

表 2 某分部工程流水节拍表

施工过程编号	施工过程	流水节拍(d)
①	Ⅰ	2
②	Ⅱ	6
③	Ⅲ	4
④	Ⅳ	2

项目部质量月活动中,组织了直螺纹套筒连接、现浇构件拆模管理等知识竞赛活动,以提高管理人员、操作工人的质量意识和业务技能,减少质量通病的发生。

(1) 钢筋直螺纹加工、连接常用检查和使用工具的作用（图1）。

序号	工具名称	待检(施)项目
1	量尺	丝扣通畅
2	通规	有效丝扣长度
3	止规	校核扭紧力矩
4	管钳扳手	丝头长度
5	扭力扳手	连接丝头与套筒

图1 钢筋直螺纹加工、连接常用检查和使用工具的作用连线图（部分）

(2) 现浇混凝土构件底模拆除强度要求见表3。

表3 底模拆除时的混凝土强度要求

构件类型	构件跨度（m）	达到设计要求的混凝土立方体抗压强度标准值的百分率（%）
板	≤2	≥A
	>2，≤8	≥B
	>8	≥C
梁、拱、壳	≤8	≥D
	>8	≥E
悬臂构件		≥F

问题1：写出表1中A、B、C的坡度要求。分别写出屋面找平层、隔汽层可选用的材料。

【答案】

(1) 坡度要求。

A：3 B：2 C：1

(2) 材料。

找平层：水泥砂浆、细石混凝土。

隔汽层：卷材、涂料。

知识点 · 引申

依据《屋面工程质量验收规范》GB 50207—2012
第4部分 基层与保护工程

(1) 屋面找坡应满足设计排水坡度要求，结构找坡不应小于3%，材料找坡宜为2%；檐沟、天沟纵向找坡不应小于1%，沟底水落差不得超过200mm。

(2) 找坡层宜采用轻骨料混凝土，找平层宜采用水泥砂浆或细石混凝土。找平层分格缝纵横间距不宜大于6m，分格缝的宽度宜为5~20mm。

（3）隔汽层应设置在结构层与保温层之间，基层应平整、干净、干燥；隔汽层采用卷材时宜空铺，卷材搭接缝应满粘，其搭接宽度不应小于80mm；采用涂料时，应涂刷均匀。

（4）保护层与卷材、涂膜防水层之间，应设置隔离层。隔离层可采用干铺塑料膜、土工布、卷材或铺抹低强度等级砂浆。

问题2：画出该分部工程施工进度横道图，总工期是多少天？调整施工进度还包括哪些步骤？

【答案】

1. 计算流水步距

（1）同一施工过程累加。

施工过程累加	施工段一	施工段二	施工段三
Ⅰ累加	2	4	6
Ⅱ累加	6	12	18
Ⅲ累加	4	8	12
Ⅳ累加	2	4	6

（2）错位相减取大。

$$
\begin{array}{r}
\text{Ⅰ}-\text{Ⅱ} \quad \begin{array}{rrrr} 2 & 4 & 6 & \\ - & 6 & 12 & 18 \\ \hline 2 & -2 & -6 & -18 \end{array}
\end{array}
$$

$K_{Ⅰ-Ⅱ}=2d$

$$
\begin{array}{r}
\text{Ⅱ}-\text{Ⅲ} \quad \begin{array}{rrrr} 6 & 12 & 18 & \\ - & 4 & 8 & 12 \\ \hline 6 & 8 & 10 & -12 \end{array}
\end{array}
$$

$K_{Ⅱ-Ⅲ}=10d$

$$
\begin{array}{r}
\text{Ⅲ}-\text{Ⅳ} \quad \begin{array}{rrrr} 4 & 8 & 12 & \\ - & 2 & 4 & 6 \\ \hline 4 & 6 & 8 & -6 \end{array}
\end{array}
$$

$K_{Ⅲ-Ⅳ}=8d$

2. $T = \sum K + \sum t_n + \sum G = (2+10+8) + (2+2+2) + 2 = 28d$。

3. 绘制横道图如下：

施工过程	施工进度 (d)													
	2	4	6	8	10	12	14	16	18	20	22	24	26	28
Ⅰ	━	━	━											
Ⅱ		━	━	━	━	━		━	━	━	━			
Ⅲ								━	━	━			━	━
Ⅳ												━	━	━

4. 调整施工进度的步骤还包括：

（1）选择调整方法；

（2）编制调整方案；

（3）对调整方案评价和决策；

（4）调整；

（5）确定调整后的施工进度计划。

【解析】本问不能按照成倍节拍流水施工来绘制横道图。题目明确4个施工过程（Ⅰ~Ⅳ），仅安排4个施工班组，没有增加班组数，而成倍节拍流水施工是需要增加班组数方可组织的。

知识点 引申

进度计划调整的方法

（1）关键工作的调整；

（2）改变某些工作间的逻辑关系；

（3）剩余工作重新编制进度计划；

（4）非关键工作调整；

（5）资源调整。

问题3：对图1中钢筋直螺纹加工、连接常用工具及待检（施）项目对应关系进行正确连线。（在答题卡上重新绘制）

【答案】

序号	工具名称	待检(施)项目
1	量尺	丝扣通畅
2	通规	有效丝扣长度
3	止规	校核扭紧力矩
4	管钳扳手	丝头长度
5	扭力扳手	连接丝头与套筒

依据《钢筋机械连接技术规程》JGJ 107—2016

6.2.1-4 直螺纹钢筋丝头宜满足 6f 级精度要求,应采用专用直螺纹量规检验,通规应能顺利旋入并达到要求的拧入长度,止规旋入不得超过 3P。各规格的自检数量不应少于 10%,检验合格率不应小于 95%。(P 为螺纹的螺距)

6.3.1 直螺纹接头的安装应符合下列规定:

1 安装接头时可用管钳扳手拧紧,钢丝接头应在套筒中央位置相互顶紧,标准型、正反丝型、异径型接头安装后的单侧外露螺纹不宜超过 2P;对无法对顶的其他直螺纹接头,应附加锁紧螺母、顶紧凸台等措施紧固。

2 接头安装后应用扭力扳手校核拧紧扭矩。

3 校核用扭力扳手的准确度级别可选用 10 级。

问题 4:写出表 3 中 A、B、C、D、E、F 对应的数值。(如 F:100)
【答案】
A:50　　B:75　　C:100　　D:75　　E:100　　F:100

案例 57

▶▶ 知识点索引

(1) 专家论证施工方应参加人员、专家论证内容
(2) 子分部工程划分依据、分部工程验收合格标准
(3) 女儿墙根部卷材漏水
(4) 归档文件质量要求

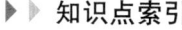

某住宅楼工程,地下 2 层,地上 20 层,建筑面积 2.5 万 m^2,基坑开挖深度 7.6m,地上 2 层以上为装配式混凝土结构,屋面设有女儿墙,屋面防水材料为 SBS 改性沥青防水卷材。某施工单位中标后组建项目部组织施工。

基坑施工前,施工单位编制了《××工程基坑支护方案》,并组织召开了专家论证会,参建各方项目负责人及施工单位项目技术负责人,生产经理、部分工长参加了会议,重点对专项方案的完整性和可行性进行论证。会议期间,总监理工程师发现施工单位没有按规定要求的人员参会,要求暂停专家论证会。

项目部根据项目分部工程较复杂的特点,按照材料种类等要素将主体结构分部工程划分为混凝土结构和砌体结构子分部工程。遵照分部工程质量验收合格的规定内容:如有关安

全、节能、环境保护和主要使用功能的抽样检测结果符合相关规定等，对主体结构分部工程进行了验收。

屋面进行蓄水试验时，发现女儿墙根部漏水。经查证，主要原因是转角处卷材开裂，施工单位进行了整改。

根据合同要求，工程城建档案归档资料由项目部负责整理后提交建设单位，项目部在整理归档文件时，使用了部分复印件，并对重要的变更部位用红色墨水修改，同时对纸质档案中没有记录的内容在提交的电子文件中给予补充，在档案预验收时，验收单位提出了整改意见。

问题1：施工单位参加专家论证会议人员还应有哪些？专家论证的主要内容还有哪些？

【答案】

1. 施工单位参加专家论证会议人员还有：
(1) 施工单位技术负责人。
(2) 专项方案编制人员。
(3) 项目专职安全生产管理人员。

2. 专家论证的内容还有：
(1) 专项方案计算书和验算依据、施工图是否符合标准规范。
(2) 专项方案是否满足现场实际，并能够确保安全。

问题2：将分部工程划分若干子分部工程的要素，除材料种类外还有哪些？补充分部工程质量验收合格规定的内容。

【答案】

1. 划分要素还有：
(1) 施工特点。
(2) 施工程序。
(3) 专业系统及类别。

2. 合格规定还有：
(1) 所含分项工程的质量均应验收合格。
(2) 质量控制资料应完整。
(3) 观感质量应符合要求。

问题3：按先后次序写出女儿墙根部漏水质量问题的治理步骤。

【答案】

(1) 割开转角处开裂的卷材。
(2) 烘烤旧卷材，分层剥离，清除旧胶结料。
(3) 将新卷材分层压入旧卷材下，并搭接粘牢。
(4) 在裂缝表面增加一层卷材，四周粘牢。

> **知识点 引申**

在山墙、女儿墙部位漏水

原因分析：
（1）卷材收口处张口，固定不牢；封口砂浆开裂、剥落，压条脱落。
（2）压顶板滴水线破损，雨水沿墙进入卷材。
（3）山墙或女儿墙与屋面板缺乏牢固拉结，转角处没有做成钝角，垂直面卷材与屋面卷材没有分层搭搓，基层松动（如墙外倾或不均匀沉陷）。
（4）垂直面保护层因施工困难而被省略。

治理措施：
（1）清除卷材张口脱落处的旧胶结料，烤干基层，重新钉上压条，将旧卷材贴紧钉牢，再覆盖一层新卷材，收口处用防水油膏封口。
（2）凿除开裂和剥落的压顶砂浆，重抹1：（2~2.5）水泥砂浆，并做好滴水线。
（3）将转角处开裂的卷材割开，旧卷材烘烤后分层剥离，清除旧胶结料，将新卷材分层压入旧卷材下，并搭接粘贴牢固。再在裂缝表面增加一层卷材，四周粘贴牢固。

问题4：指出项目部在整理归档文件时的不妥之处，并说明正确做法。
【答案】
不妥1：归档文件使用部分复印件。
正确做法：归档的工程文件应为原件。
不妥2：变更部位用红色墨水修改。
正确做法：应采用耐久性和耐用性符合现行国家标准的书写材料修改。
不妥3：纸质档案中没有记录的内容在提交的电子文件中补充。
正确做法：纸质文件和电子文件的内容必须一致。

> **知识点 引申**

依据《建设工程文件归档规范》GB/T 50328—2014

归档文件质量要求（4.2条节选）：
（1）应为原件，内容必须真实、准确，与工程实际相符合。
（2）计算机输出文字、图件以及手工书写材料，其字迹的耐久性和耐用性应符合现行国家标准。
（3）工程文件中文字材料幅面尺寸规格宜为A4幅面，图纸宜采用国家标准图幅。
（4）归档的建设工程电子文件的内容必须与其纸质档案一致。
（5）所有竣工图均应加盖竣工图章，图章尺寸为50mm×80mm。

	竣 工 图	
施工单位		
编制人		审核人
技术负责人		编制日期
监理单位		
总监理工程师		监理工程师

（尺寸：80mm × 50mm）

案例 58

▶▶ 知识点索引

（1）双代号网络图调整
（2）设备租赁时长计算
（3）单位工程施工进度计划

背景资料

某洁净厂房工程，项目经理指示项目技术负责人编制施工进度计划，并评估项目总工期。项目技术负责人编制了相应施工进度安排如下图所示，报项目经理审核。项目经理提出：施工进度计划不等同于施工进度安排，还应包含相关施工计划必要组成内容，要求技术负责人补充。

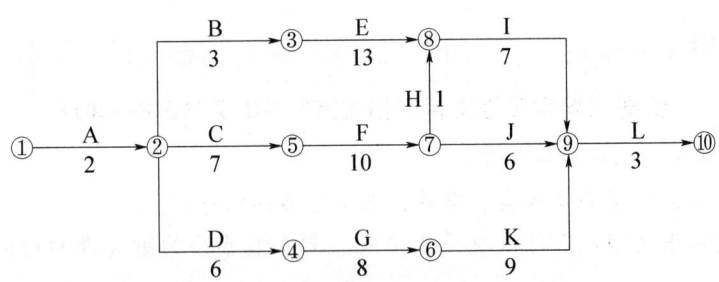

施工进度计划网络图（时间单位：周）

因为本工程采用了某项专利技术，其中工序 B、工序 F、工序 K 必须使用某特种设备，且需按 "B→F→K" 先后顺序施工。该设备在当地仅有一台，租赁价格昂贵，租赁时长计算从进场开始直至设备退场为止，且场内停置等待的时间均按正常作业时间计取租赁费用。

项目技术负责人根据上述特殊情况，对网络图进行了调整，并重新计算项目总工期，报项目经理审批。

项目经理二次审查发现：各工序均按最早开始时间考虑，导致特种设备存在场内停置等待时间。项目经理指示调整各工序的起止时间，优化施工进度安排以节约设备租赁成本。

问题1：写出上图所示网络图的关键线路（用工序表示）和总工期。

【答案】

关键线路：A→C→F→H→I→L。

总工期：2+7+10+1+7+3=30周。

问题2：项目技术负责人还应补充哪些施工进度计划的组成内容？

【答案】

（1）工程设计情况。

（2）单位工程进度计划，分阶段进度计划，单位工程准备工作计划，劳动力需用量计划，主要材料、设备及加工计划，主要施工机械和机具需要量计划，主要施工方案及流水段划分，各项经济技术指标要求等。

【解析】本问难在此施工进度计划的组成内容到底是应该写施工总进度计划还是单位工程施工进度计划的内容？要解决此问题，需抓住题目背景中的关键词"某洁净厂房"，据此判断是单位工程。

问题3：根据特种设备使用的特殊情况，重新绘制调整后的施工进度计划网络图。调整后的网络图总工期是多少？

【答案】

（1）调整后的施工进度计划网络图如下图所示。

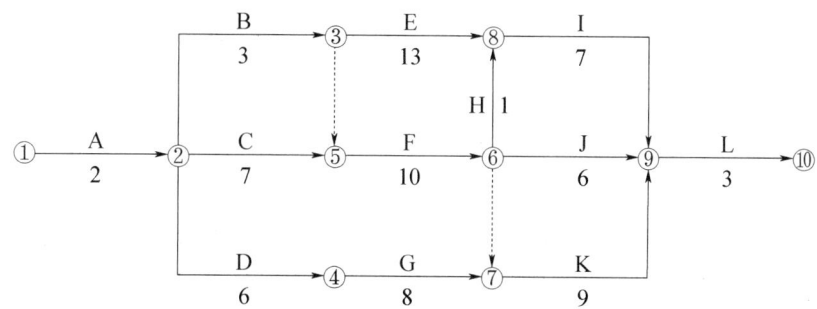

（2）调整后的网络图关键线路：A→C→F→K→L。

总工期：2+7+10+9+3=31周。

【解析】本问看似难度不大，属于常规考点，但绘制调整后的施工进度计划网络图时，需要注意的是，工作F和工作K之间加上虚箭线后，箭尾节点编号是⑦，而箭头节点编号是⑥。⑦→⑥是不符合双代号网络图绘图规则的，故节点编号要重新调整，这一点很多考生都没有注意。

问题4：根据重新绘制的网络图，如各工序均按最早开始时间考虑，特种设备计取租赁费用的时长为多少？优化工序的起止时间后，特种设备应在第几周初进场？优化后特种设备计取租赁费用的时长为多少？

【答案】

（1）按最早开始时间考虑，特种设备计取租赁费用的时长：

算法1：3+4+10+9=26周。

算法2：28-2=26周。

（2）优化工序的起止时间后，应在第6周初进场。

（3）优化后特种设备计取费用时长：

算法1：3+1+10+9=23周。

算法2：28-5=23周。

【解析】本问难度很大，完全超出二级建造师甚至一级建造师考试难度。工作B、F、K的六时间参数计算如下：

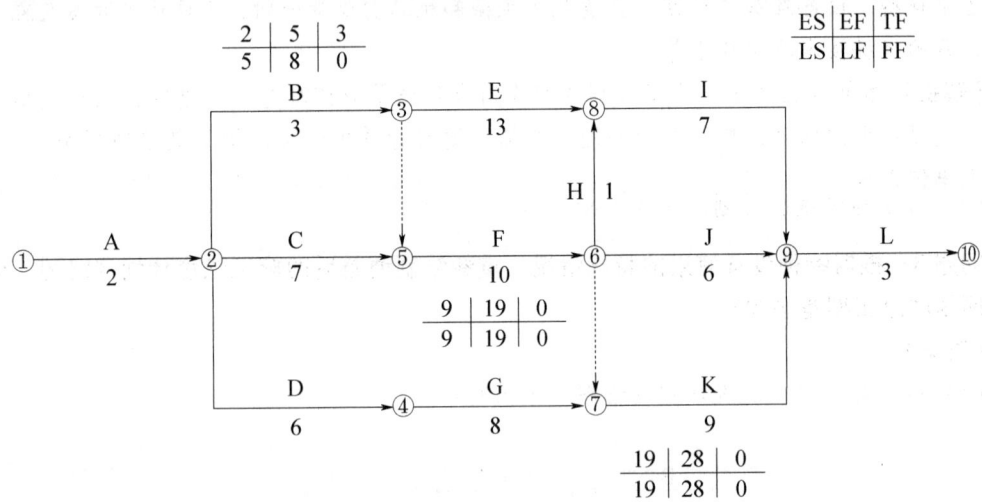

难度1：工作B的总时差是3周，而不是4周，工作B按最迟开始时间开始时，工作B和工作F之间还是存在1周的间隔时间的。

难度2："第几周初进场"这个问题很多考生没有把握好，优化工序起止时间后（即按最迟开始时间开始），工作B应该是5周进场，如果写成第5周初进场就不对，应该写成第6周初进场。如工作A最迟开始时间是0，不能说第0周初进场，因为这种说法不存在，应该说成是第1周初进场。画图举例如下：

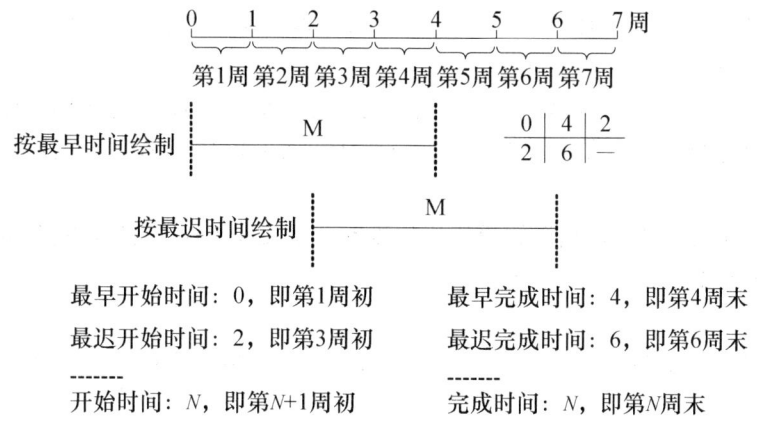

案例 59

▶▶ **知识点索引**

（1）清单投标报价的"五统一"
（2）施工检测试验计划编制和审批
（3）钢筋原材复试项目
（4）强度等级不同构件的混凝土浇筑
（5）竣工验收程序

背 景 资 料

某办公楼工程，建筑面积24000m²，地下1层，地上12层，筏板基础，钢筋混凝土框架结构，砌筑工程采用蒸压灰砂砖砌体。建设单位依据招投标程序确定A施工总承包单位中标，并约定部分工作允许施工总承包单位自行分包。B施工总承包单位因为在填报工程量清单价格（投标文件组成部分）时，所填报的工程量与建设单位提供的工程量不一致以及其他原因导致未中标。

施工总承包单位进场后，项目质量总监组织编制了施工检测试验计划，经施工企业技术部门审批后实施。建设单位指出施工检测试验计划编制与审批程序错误，要求项目部调整后重新报审。第一批钢筋原材到场，项目试验员会同监理单位见证人员进行见证取样，对钢筋原材相关性能指标进行复检。

本工程混凝土设计强度等级：梁板均为C30，地下部分框架柱为C40，地上部分框架柱为C35。施工总承包单位针对梁柱核心区（梁柱节点部位）混凝土浇筑制定了专项技术措施，拟采取竖向结构与水平结构连续浇筑的方式；地下部分梁柱核心区中，沿柱边设置隔离措施，先浇筑框架柱及隔离措施内的C40混凝土，再浇筑隔离措施外的C30梁板混凝土；地上部分，先浇筑柱C35混凝土至梁柱核心区底面（梁底标高处），梁柱核心区与梁、板一起浇筑 C30 混凝土。针对上述技术措施，监理工程师提出异议，要求修正其中的错误和补充必要的确认程序，现场才能实施。

工程完工后，施工总承包单位自检合格，再由专业监理工程师组织了竣工预验收。根据预验收所提出问题施工单位整改完毕，总监理工程师及时向建设单位申请工程竣工验收，建设单位认为程序不妥拒绝验收。

问题 1： B 施工单位在填报工程量清单价格时，除工程量外还有哪些内容必须与建设单位提供的内容一致？

【答案】

必须与建设单位提供的内容一致的还有：项目编码、项目名称、项目特征、计量单位。

问题 2： 针对施工检测试验计划编制、审批程序存在的问题，给出相应的正确做法，钢筋原材的复检项目有哪些？

【答案】

（1）存在问题及正确做法。

问题 1：项目质量总监组织编制了施工检测试验计划。

正确做法：项目技术负责人组织编制施工检测试验计划。

问题 2：施工检测试验计划经施工企业技术部门审批后实施。

正确做法：施工检测试验计划应报送监理单位进行审查，合格后方可实施。

（2）钢筋原材复验项目包括：屈服强度、抗拉强度、伸长率、重量偏差和弯曲性能。

知识点 引申

钢筋质量检查
依据《混凝土结构工程施工规范》GB 50666—2011

5.5.1 钢筋进场检查应符合下列规定：

1 应检查钢筋的质量证明文件。

2 应按国家现行有关标准的规定抽样检验屈服强度、抗拉强度、伸长率、弯曲性能及单位长度重量偏差。

3 经产品认证符合要求的钢筋，其检验批量可扩大一倍。在同一工程中，同一厂家、同一牌号、同一规格的钢筋连续三次进场检验均一次检验合格时，其后的检验批量可扩大一倍。

4 钢筋的外观质量。

5 当无法准确判断钢筋品种、牌号时，应增加化学成分、晶粒度等检验项目。

5.5.2 成型钢筋进场时，应检查成型钢筋的质量证明文件、成型钢筋所用材料质量证明文件及检验报告，并应抽样检验成型钢筋的屈服强度、抗拉强度、伸长率和重量偏差。检验批量可由合同约定，同一工程、同一原材料来源、同一组生产设备生产的成型钢筋，检验批量不宜大于 30t。

5.5.3 钢筋调直后，应检查力学性能和单位长度重量偏差。但采用无延伸功能的机械设备调直的钢筋，可不进行本条规定的检查。

5.5.4 钢筋加工后，应检查尺寸偏差；钢筋安装后，应检查品种、级别、规格、数量及位置。

问题3：针对混凝土浇筑措施监理工程师提出的异议，施工总承包单位应修正和补充哪些措施和确认？

【答案】

（1）地下部分应修正补充：应在交界区域采取分隔措施。分隔位置应在梁板构件中，且距离框架构件边缘不应小于 500mm。

（2）地上部分应补充确认程序：柱、墙位置梁、板高度范围内的混凝土经设计单位同意，可采用强度等级为 C30 的混凝土进行浇筑。

知识点 引申

依据《混凝土结构工程施工规范》GB 50666—2011

8.3.8 柱、墙混凝土设计强度等级高于梁、板混凝土设计强度等级时，混凝土浇筑应符合下列规定：

（1）柱、墙混凝土设计强度比梁、板混凝土设计强度高一个等级时，柱、墙位置梁、板高度范围内的混凝土经设计单位确认，可采用与梁、板混凝土设计强度等级相同的混凝土进行浇筑。

（2）柱、墙混凝土设计强度比梁、板混凝土设计强度高两个等级及以上时，应在交界区域采取分隔措施。分隔位置应在低强度等级的构件中，且距高强度等级构件边缘不应小于 500mm。

（3）宜先浇筑强度等级高的混凝土，后浇筑强度等级低的混凝土。

问题4：指出竣工验收程序有哪些不妥之处？并写出相应正确做法。

【答案】

不妥1：专业监理工程师组织竣工预验收。

正确做法：应由总监理工程师组织竣工预验收。

不妥2：总监理工程师向建设单位申请工程竣工验收。

正确做法：预验收通过后，施工单位向建设单位提交工程竣工报告，申请工程竣工验收。

案例 60

▶▶ **知识点索引**

（1）招标文件改错

（2）一般措施费用项目

（3）转包及违法分包

（4）索赔（不可抗力、设计变更）

背景资料

沿海地区某群体住宅工程，包含整体地下室、8栋住宅楼、1栋物业配套楼及小区公共区域园林绿化等，业态丰富、体量较大，工期暂定3.5年。招标文件约定：采用工程量清单计价模式，要求投标单位充分考虑风险，特别是一般措施项目均应以有竞争力的报价投标，最终按固定总价签订施工合同。招标过程中，投标单位针对招标文件不妥之处向建设单位申请答疑，建设单位修改招标文件后履行完招标流程，最终确定施工单位A中标，并参照《建设工程施工合同（示范文本）》GF-2017-0201与A单位签订施工承包合同。

施工合同中允许总承包单位自行合法分包，A单位将物业配套楼整体分包给B单位，公共区域园林绿化分包给C单位（该单位未在施工现场设立项目管理机构，委托劳务队伍进行施工）、自行施工的8栋住宅楼的主体结构工程劳务（含钢筋、混凝土主材与模架等周转材料）分包给D单位，上述单位均具备相应施工资质。地方建设行政主管部门在例行检查时提出不符合《建筑工程施工转包违法分包等违法行为认定查处管理办法》（建市〔2014〕118号）相关规定要求整改。

在施工过程中，当地遭遇罕见强台风，导致项目发生如下情况：
① 整体中断施工24d；
② 施工人员大量窝工，发生窝工费用88.4万元；
③ 工程清理及修复发生费用30.7万元；
④ 为提高后续抗台风能力，部分设计进行变更，经估算涉及费用22.5万元，该变更不影响总工期。

A单位针对上述情况均按合规程序向建设单位提出索赔，建设单位认为上述事项全部由罕见强台风导致，非建设单位过错，应属于总价合同模式下施工单位应承担的风险，均不予同意。

问题1：指出本工程招标文件中不妥之处，并写出相应正确做法。

【答案】

不妥1：要求投标单位充分考虑风险。

正确做法：采用工程量清单计价的工程，应在招标文件中明确计价中的风险内容及范围，不得采用无限风险。

不妥2：一般措施项目均以应有竞争力的报价投标。

正确做法：一般措施项目中的安全文明施工费不得作为竞争性费用。

不妥3：最终按固定总价签订施工合同。

正确做法：本工程工期较长（3.5年），不适用固定总价合同，可采用可调总价合同。

知识点 引申

合同价款约定方式：

（1）固定单价合同：适用于技术难度小、图纸完备的工程项目。

（2）可调单价合同：适用于施工图不完整、不可预见因素较多、需根据现场实际情况重新组价议价的工程项目。

(3) 固定总价合同：适用于规模小、技术难度小、工期短（一般在一年以内）的工程项目。

(4) 可调总价合同：适用于规模大、技术难度大、图纸设计不完整、设计变更多，工期一般在一年以上的工程项目。

问题2：根据工程量清单计价规范，一般措施项目有哪些（至少列出6项）？

【答案】

(1) 安全文明施工费；

(2) 夜间施工；

(3) 二次搬运费；

(4) 冬雨期施工；

(5) 大型机械设备进出场及安拆；

(6) 施工排水；

(7) 施工降水；

(8) 地上、地下设施，建筑物的临时保护设施；

(9) 已完工程及设备保护。

问题3：根据《建筑工程施工发包与承包违法行为认定查处管理办法》（建市规〔2019〕1号），上述分包行为中哪些属于违法行为？并说明相应理由。

【答案】

违法行为1：A单位将物业配套楼整体分包给B单位。

理由：物业配套楼属于主体结构，如进行分包，则属于违法分包行为。

违法行为2：C单位未在施工现场设立项目管理机构，委托劳务队伍进行施工。

理由：专业承包单位未在现场设置项目管理机构，未派驻项目负责人、技术负责人、质量管理负责人、安全管理负责人等主要管理人员的行为属于转包行为。

违法行为3：A单位将自行施工的8栋楼主体结构工程劳务（包含钢筋、混凝土主材与模架等周转材料）分包给D单位。

理由：劳务单位除计取劳务作业费以外，还计取材料费等属于违法分包行为。

问题4：针对A单位提出的四项索赔，分别判断是否成立。

【答案】

索赔项1：24d工期索赔成立。

索赔项2：窝工费用88.4万元索赔不成立。

索赔项3：工程清理及修复费用30.7万元索赔成立。

索赔项4：设计变更费用22.5万元索赔成立。

案例 61

▶ **知识点索引**

（1）项目部组建步骤
（2）安全专项施工方案
（3）混凝土浇筑前，模板分项工程检查内容
（4）混凝土浇筑及振捣

背景资料

某办公楼工程，建筑面积98000m²，钢筋混凝土框架核心筒结构。地下3层、地上46层，建筑高度203m，基坑深度为15m，桩基础为人工挖孔桩，桩长18m。首层大堂的高度为12m，跨度为24m。外墙为玻璃幕墙。吊装施工的垂直运输采用内爬式塔吊，单个构件吊装的最大重量为12t。施工单位中标后组建了项目部，并与项目部签订了项目管理目标责任书。

合同履行过程中，发生了下列事件。

事件一：施工总承包单位编制了附着式整体提升脚手架的专项施工方案，经专家论证，履行相关程序后开始实施。

事件二：上部标准层土建结构工序安排如下：

工作内容	施工准备	模板支撑体系搭设	模板支设	钢筋加工	钢筋绑扎	管线预埋	混凝土浇筑
工序编号	A	B	C	D	E	F	G
时间（d）	1	2	2	2	2	1	1
紧后工序	B、D	C、F	E	E	G	G	—

事件三：模板安装完毕隐蔽工程验收合格后，施工单位填报了浇筑申请单，监理工程师签字确认。施工班组采用振动棒倾斜于混凝土内由近及远、分层浇筑，监理工程师发现后责令停工整改，同时要求再次确认混凝土泵车设置位置是否符合要求。

问题1： 施工单位组建项目部的步骤有哪些？

【答案】

（1）根据项目管理规划大纲、项目管理目标责任书及合同要求明确管理任务。
（2）根据管理任务分解和归类，明确组织结构。
（3）根据组织结构，确定岗位职责、权限以及人员配置。
（4）制定工作程序和管理制度。
（5）由组织管理层审核认定。

知识点 引申

项目管理目标责任书

（1）在项目实施之前，由组织法定代表人或其授权人与项目管理机构负责人协商制定。

（2）根据项目实施变化进行补充和完善。

问题 2：根据《危险性较大的分部分项工程安全管理规定》（建办质〔2018〕31 号），上述背景资料中需要专家论证的安全专项施工方案还有哪几项？

【答案】

（1）基坑开挖工程专项施工方案。

（2）基坑支护工程专项施工方案。

（3）人工挖孔桩工程专项施工方案。

（4）首层大堂模板支撑体系专项施工方案。

（5）玻璃幕墙工程专项施工方案。

（6）内爬式塔吊安装拆卸工程专项施工方案。

【解析】本问答案存在两个难点：

（1）基坑降水工程为什么不需要专家论证？

理由：题目背景并未提供地下水位深度，所以是否需要降水是不确定的，在拟定答案的过程中应不予考虑。

（2）单个构件吊装的最大重量为 120kN，已超过 100kN，为什么不需要专家论证？

理由：单件起吊重量在 100kN 及以上的起重吊装工程需要专家论证的前提是采用非常规起重设备及方法，而题干中并未明确是常规起吊还是采用非常规起重设备及方法，在拟定答案的过程中就不予考虑。

知识点 引申

非常规起重设备、方法

（1）采用自制起重设备设施进行起重作业；

（2）2 台（或以上）起重设备联合作业；

（3）流动式起重机带载行走；

（4）采用滑排、滑轨、滚杠、地牛等措施进行水平位移；

（5）采用绞磨、卷扬机、葫芦或液压千斤顶等方式进行提升；

（6）人力起重工程。

注：依据各省区市危险性较大的分部分项工程安全管理实施细则，如《北京市房屋建筑和市政基础设施工程危险性较大的分部分项工程安全管理实施细则》（京建法〔2019〕11 号）等。

问题 3：根据上部标准层土建结构工序安排表绘制出双代号网络图，找出关键线路，并计算上部标准层结构每层工期是多少日历天？

【答案】

（1）绘制的双代号网络图如下：

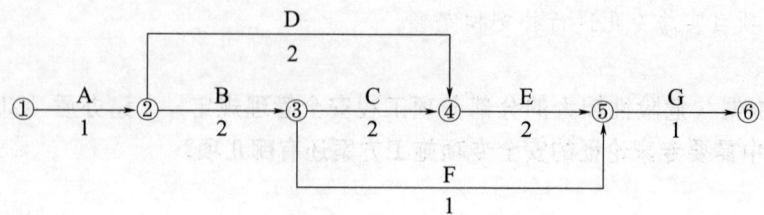

（2）关键线路为：A→B→C→E→G（或表示为①→②→③→④→⑤→⑥）。

（3）上部标准层结构每层工期为：8 日历天。

问题 4：在浇筑混凝土工作中，施工班组的做法有哪些不妥之处？并说明正确做法。混凝土泵车设置位置需具备哪些条件？

【答案】

1. 施工班组做法不妥之处及正确做法。

不妥 1：振动棒倾斜于混凝土振捣。

正确做法：振捣棒应垂直插入振捣。

不妥 2：混凝土由近及远浇筑。

正确做法：混凝土浇筑应由远及近。

2. 混凝土泵车设置位置需具备的条件：平整、坚实、具备通车行走条件。

知识点 引申

振捣棒振捣混凝土
依据《混凝土结构工程施工规范》GB 50666—2011

（1）应按分层浇筑厚度分别进行振捣，振动棒的前端应插入前一层混凝土中，插入深度不应小于 50mm。

（2）振动棒应垂直于混凝土表面并快插慢拔均匀振捣；当混凝土表面无明显塌陷、有水泥浆出现、不再冒气泡时，可结束该部位振捣。

（3）振动棒与模板的距离不应大于振动棒作用半径的 0.5 倍；振捣插点间距不应大于振动棒的作用半径的 1.4 倍。

案例 62

▶▶ **知识点索引**

（1）土方机械选择依据
（2）塔吊遇停电时应采取的措施
（3）后张法预应力梁模板拆除
（4）安全事故、交叉作业时的安全隔离措施

背景资料

某企业新建办公楼工程，地下 1 层，地上 16 层，建筑高度 55m，地下建筑面积 3000m²，总建筑面积 21000m²，现浇混凝土框架结构。一层大厅高 12m，长 32m，大厅处有 3 道后张预应力混凝土梁。

地下室结构完成施工单位自检合格后，项目负责人立即组织总监理工程师及建设单位、勘察单位、设计单位项目负责人进行地基基础分部验收。

大厅后张预应力混凝土梁浇筑完成 25d 后，生产经理凭经验判定混凝土强度已达到设计要求，随即安排作业人员拆除了梁底模板并准备进行预应力张拉。

结构施工第 5 层时，施工单位相关部门对项目安全进行检查，发现外脚手架存在安全隐患，责令项目部立即整改。施工第 10 层时，碰上当地供电部门临时停电，现场对塔吊采取了相应的安全防范措施。

外墙装饰完成后，施工单位安排工人拆除外脚手架。在拆除过程中，上部钢管意外坠落击中下部施工人员，造成 1 名工人死亡。

问题 1：本工程地基基础分部工程的验收程序有哪些不妥之处？并说明理由。
【答案】
不妥 1：施工单位自检合格后，立即组织验收。
理由：施工单位自检合格后，应向监理单位申请基础工程验收。
不妥 2：施工单位项目负责人组织基础工程验收。
理由：应由总监理工程师组织基础工程验收。
不妥 3：参加基础工程验收人员不齐。
理由：施工单位项目技术质量负责人，施工单位技术、质量部门负责人也应参加基础工程验收。

问题 2：预应力混凝土梁底模拆除工作有哪些不妥之处？并说明理由。
【答案】
不妥 1：凭经验判定混凝土强度。
理由：应采用同条件养护试块方法判定混凝土强度。
不妥 2：混凝土强度达到设计要求随即拆除梁底模。
理由：必须办理拆模申请手续后方可拆模。

不妥 3：生产经理批准拆模。

理由：应由项目技术负责人批准拆模。

不妥 4：拆除底模后进行预应力筋张拉。

理由：后张预应力混凝土结构底模拆除应在预应力张拉完毕后。

问题 3：塔吊运转过程中突然停电，按步骤写出相应的安全防范措施。

【答案】

(1) 立即将所有控制器拨到零位。

(2) 断开电源开关。

(3) 采取措施将重物安全降到地面。

问题 4：安全事故分几个等级？本次安全事故属于哪种安全事故？当交叉作业无法避开在同一垂直方向上操作时，应采取什么措施？

【答案】

(1) 安全事故分为：四个等级。

(2) 本次安全事故属于：一般事故。

(3) 应设置安全防护棚或安全防护网等安全隔离措施。

知识点 引申

交叉作业
依据《建筑施工高处作业安全技术规范》JGJ 80—2016

7.1.1 交叉作业时，下层作业位置应处于上层作业的坠落半径之外。

7.1.2 交叉作业时，坠落半径内应设置安全防护棚或安全防护网等安全隔离措施。当尚未设置安全隔离措施时，应设置警戒隔离区，人员严禁进入隔离区。

7.1.3 处于起重机臂架回转范围内的通道，应搭设安全防护棚。

7.1.4 施工现场人员进出的通道口，应搭设安全防护棚。

7.1.5 不得在安全防护棚棚顶堆放物料。

7.1.7 对不搭设脚手架和设置安全防护棚时的交叉作业，应设置安全防护网，当在多层、高层建筑外立面施工时，应在二层及每隔四层设一道固定的安全防护网，同时设一道随施工高度提升的安全防护网。

案例 63

▶ 知识点索引

(1) 工程造价计算

(2) 钢筋分项工程
(3) 劳务工人实名制管理
(4) 施焊作业

二、背景资料

某开发商投资兴建办公楼工程，建筑面积9600m²，地下1层，地上8层，现浇钢筋混凝土框架结构，外墙为玻璃幕墙。经公开招投标，某施工单位中标。

中标造价部分费用如下：直接工程费3000.00万元，管理费费率8%，利润率6%，措施项目费为直接工程费的10%，其他项目费用70.00万元，规费费率2.20%，增值税税率为9%。

钢筋原材进场后，施工方在钢筋分项工程方案中把钢筋进场检验、钢筋加工列为质量控制内容，过程中重点检查钢筋进场合格证和复试报告。监理工程师指出钢筋分项工程质量控制内容和过程中重点检查内容均不全，要求补充完善。

施工单位为了落实用工管理，对项目部劳务人员实名制管理进行检查。发现项目部在施工现场配备了专职劳务管理人员，登记了劳务人员基本身份信息，存有考勤、工资结算及支付记录。施工单位认为项目部劳务实名制管理工作仍不完善，责令项目部进行整改。

装修施工期间，在顶层，某管道安装工独自对焊工未焊完的管道接口进行施焊，结果引燃了正下方用于工程的幕墙保温材料，引起火灾。所幸正在进行幕墙作业的施工人员救火及时，无人员伤亡。

问题1：分步骤列式计算该工程中标造价。（单位：万元，保留两位小数）

【答案】
(1) 分部分项工程费 = 3000.00×(1+8%)×(1+6%) = 3434.40万元
(2) 措施项目费 = 3000.00×10% = 300.00万元
(3) 其他项目费 = 70.00万元
(4) 规费 = (3434.40+300.00+70.00)×2.20% = 83.70万元
(5) 增值税 = (3434.40+300.00+70.00+83.70)×9% = 349.93万元
(6) 中标造价 = 3434.40+300.00+70.00+83.70+349.93 = 4238.03万元

【解析】工程造价的计算，是分措其规税累加。其中，措施项目费、其他项目费、规费和税金都比较好计算，关键的是算出分部分项工程费。

根据清单计价规定，分部分项工程费 = Σ（分部分项工程量×综合单价）。显然本题不是考核这个公式，而是考核其中的一种变异形式。综合单价是人材机管利累加的单位工程量造价，综合单价乘以对应的分部分项工程量，不就是分部分项工程中总人工费+总材料费+总机械费+总管理费+总利润吗？题目中直接工程费是总人工费+总材料费+总机械费。

问题2：钢筋分项工程质量控制内容还有哪些？钢筋施工过程中重点检查内容还有哪些？

【答案】
(1) 钢筋分项工程质量控制内容还有：钢筋连接、钢筋安装等。
(2) 钢筋施工过程中重点检查内容还有：加工质量、钢筋连接试验报告、操作者合格证。

问题 3：项目部在劳务人员实名制管理工作中还应该完善哪些工作？
【答案】
（1）采集进入施工现场的建筑工人的基本信息，并及时核实、实时更新。
（2）真实完整记录建筑工人工作岗位、劳动合同签订情况等从业信息。
（3）建立建筑工人实名制管理台账。
（4）通过信息化手段将相关数据实时、准确、完整上传至当地的建筑工人实名制管理平台。
【解析】答案依据 2019 年 3 月 1 日实施的《建筑工人实名制管理办法（试行）》。

问题 4：指出装修施工作业中的不妥之处。
【答案】
不妥 1：管道安装工进行施焊。
不妥 2：施焊作业独自进行。
不妥 3：施焊前，作业点下方未采取隔离措施。

知识点 引申

电焊工、气焊工从事电气设备安装和电、气焊切割作业时，要有操作证和动火证并配备看火人员和灭火器具，动火前要清除周围的易燃、可燃物，必要时采取隔离等措施，作业后必须确认无火源隐患方可离去。动火证当日当地有效，否则要重新办理动火证手续。

案例 64

▶▶ 知识点索引
（1）单位工程施工组织设计的内容、审批人
（2）实际进度前锋线
（3）结合实际进度的工期索赔

背景资料

某建筑施工单位在新建办公楼工程项目开工前，按《建筑施工组织设计规范》GB/T 50502—2009 规定的单位工程施工组织设计应包含的各项基本内容，编制了本工程的施工组织设计，经相应人员审批后报监理机构，在总监理工程师审批签字后按此组织施工。

在施工组织设计中，施工进度计划以时标网络图（时间单位：月）形式表示。在第 8 月末，施工单位对现场实际进度进行检查，并在时标网络图中绘制了实际进度前锋线，如下图所示。

针对检查中所发现实际进度与计划进度不符的情况，施工单位均在规定时限内提出索赔意向通知，并在监理机构同意的时间内上报了相应的工期索赔资料。经监理工程师核实，工

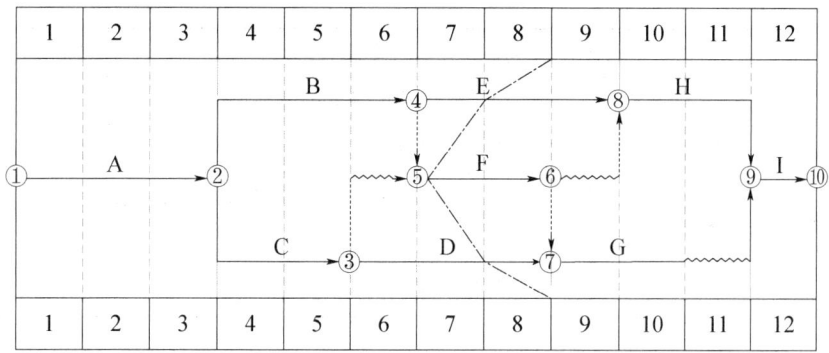

序 E 的进度偏差是因为建设单位供应材料原因所导致，工序 F 的进度偏差是因为当地政令性停工导致，工序 D 的进度偏差是因为工人返乡农忙导致。根据上述情况，监理工程师对三项工期索赔分别予以批复。

问题 1：本工程的施工组织设计中应包含哪些基本内容？
【答案】
（1）工程概况；
（2）施工部署；
（3）施工进度计划；
（4）施工准备与资源配置计划；
（5）主要施工方法；
（6）施工现场平面布置。

知识点 引申

依据《建筑施工组织设计规范》GB/T 50502—2009

1 施工组织总设计基本内容包括：工程概况、总体施工部署、施工总进度计划、总体施工准备与主要资源配置计划、主要施工方法、施工总平面布置。

2 施工方案基本内容包括：工程概况、施工安排、施工进度计划、施工准备与资源配置计划、施工方法及工艺要求。

3 施工管理计划包括：进度管理计划、质量管理计划、安全管理计划、环境管理计划、成本管理计划等。

问题 2：施工单位哪些人员具备审批单位工程施工组织设计的资格？
【答案】
由施工单位技术负责人或施工单位技术负责人授权的技术人员审批。

知识点 引申

分类	施工组织总设计、单位工程施工组织设计、施工方案
编制	项目负责人主持编制，根据实际需要可分阶段编制

续表

审批	施工组织总设计	总包单位技术负责人
	单位工程施工组织设计	施工单位技术负责人或授权的技术人员
	施工方案	项目技术负责人
	重难点分部分项工程和专项工程施工方案	施工单位技术部门组织专家评审，施工单位技术负责人批准
		分包单位编制时，分包单位技术负责人批准，总包单位项目技术负责人核准备案

问题3： 写出网络图中前锋线所涉及各工序的实际进度偏差情况。如后续工作仍按原计划的速度进行，本工程的实际完工工期是多少个月？

【答案】

（1）各工序实际进度偏差情况：

工序E：滞后1个月。

工序F：滞后2个月。

工序D：滞后1个月。

（2）工程的实际完工工期：13个月。

问题4： 针对工序E、工序F、工序D，分别判断施工单位上报的三项工期索赔是否成立，并说明相应的理由。

【答案】

（1）工序E索赔：成立。

理由：工序E滞后1个月，影响总工期1个月，且因建设单位供应材料所导致，属建设单位责任范围，故索赔成立。

（2）工序F索赔：不成立。

理由：工序F虽是政令性停工导致滞后2个月，原计划网络图的总时差为1个月，但由于工序E已经给予1个月的工期索赔，此时工序F滞后2个月并不影响总工期，故索赔不成立。

（3）工序D索赔：不成立。

理由：工序D滞后的原因是工人返乡农忙，属施工单位责任范围，故索赔不成立。

案例65

▶▶ 知识点索引

（1）文明施工保证项目

（2）消防器材配备

(3) 模板支撑体系搭设
(4) 移动式操作平台

背景资料

某新建商用群体建设项目，地下2层，地上8层，现浇钢筋混凝土框架结构，桩筏基础，建筑面积88000m²。某施工单位中标后组建项目部进场施工，在项目现场搭设了临时办公室、各类加工车间、库房、食堂和宿舍等临时设施；并根据场地实际情况，在现场临时设施区域内设置了环形消防通道、消火栓、消防供水池等消防设施。

施工单位在每月例行的安全生产与文明施工巡查中，对照《建筑施工安全检查标准》JGJ 59—2011中"文明施工检查评分表"的保证项目逐一进行检查。经统计，现场生产区临时设施总面积为1230m²，检查组认为现场临时设施区域内消防设施配置不齐全，要求项目部整改。

针对地下室200mm厚的无梁楼盖，项目部编制了模板及其支撑架专项施工方案。方案中采用直径42mm钢管支撑架体系，竖向剪刀撑宽度为5.1m，顶托螺杆插入立杆的长度不小于150mm，伸出立杆的长度控制在500mm以内，与立杆内侧空隙为3mm。

在装饰装修阶段，项目部使用钢管和扣件临时搭设了一个移动式操作平台用于顶棚装饰装修作业。该操作平台的台面面积8.64m²，台面距楼地面高4.6m。

问题1：按照"文明施工检查评分表"的保证项目检查时，除现场办公和住宿外，检查的保证项目还应有哪些？

【答案】

还应检查的保证项目有：
(1) 现场围挡；
(2) 封闭管理；
(3) 施工场地；
(4) 材料管理；
(5) 现场防火。

问题2：针对本项目生产区临时设施总面积情况，在生产区临时设施区域内还应增设哪些消防器材或设施？

【答案】
(1) 至少26支灭火器。
(2) 专供消防用的太平桶、积水桶和黄砂池。

问题3：指出本项目模板及其支撑架专项施工方案中的不妥之处，并分别写出正确做法。

【答案】

不妥1：竖向剪刀撑宽度为5.1m。

正确做法：竖向剪刀撑的宽度为6~9m。

不妥2：顶托螺杆伸出立杆的长度控制在500mm以内。

正确做法：直径42mm钢管支撑架体系，顶托螺杆伸出长度不应大于200mm。

不妥 3：顶托螺杆与立杆内侧空隙为 3mm。

正确做法：不应大于 2.5mm。

知识点 引申

依据《施工脚手架通用规范》GB 55023—2022

4.4.12 支撑脚手架独立架体高宽比不应大于 3.0。

4.4.13 支撑脚手架应设置竖向和水平剪刀撑，并应符合下列规定：

1 剪刀撑的设置应均匀、对称。

2 每道竖向剪刀撑的宽度应为 6~9m，剪刀撑斜杆的倾角应在 45°~60°之间。

4.4.14 支撑脚手架的水平杆应按步距沿纵向和横向通长连续设置，且应与相邻立杆连接稳固。

4.4.15 脚手架可调底座和可调托撑调节螺杆插入脚手架立杆内的长度不应小于 150mm，且调节螺杆伸出长度应经计算确定，并应符合下列规定：

1 当插入的立杆钢管直径为 42mm 时，伸出长度不应大于 200mm。

2 当插入的立杆钢管直径为 48.3mm 及以上时，伸出长度不应大于 500mm。

4.4.16 可调底座和可调托撑螺杆插入脚手架立杆钢管内的间隙不应大于 2.5mm。

问题 4：现场搭设的移动式操作平台的台面面积、台面高度是否符合规定？现场移动式操作平台作业安全控制要点有哪些？

【答案】

（1）现场搭设的移动式操作平台的台面面积符合规定、台面高度符合规定。

（2）移动式平台作业安全控制要点有：

① 台面脚手板要铺满扎（钉）牢。

② 台面四周设置防护栏杆。

③ 架体应保持垂直，不得弯曲变形。

④ 制动器除在移动情况外，均应保持制动状态。

⑤ 移动时，操作平台上不得站人。

⑥ 限载作业。

⑦ 使用中每月不少于 1 次定期检查，专人负责日常维护工作。

案例 66

知识点索引

（1）安全专项施工方案

（2）钢筋进场复验

(3）节能分部工程验收
(4）室内环境质量验收

背景资料

某办公楼工程，建筑面积35000m²，地下2层，地上15层，框架筒体结构，外装修为单元式玻璃幕墙和局部干挂石材。

在施工过程中，发生了下列事件：

事件一：施工单位进场后，项目经理召集项目相关人员确定了基础及结构施工期间的总体部署和主要施工方法。土方工程依据合同约定采用专业分包；底板施工前，在基坑外侧将塔吊安装调试完成；结构施工至地上8层时安装双笼外用电梯；模板拆至5层时安装悬挑卸料平台；考虑到场区将来回填的需要，主体结构外架采用悬挑式脚手架；楼板及柱模板采用木胶合板，支撑体系采用碗扣式脚手架；核心筒采用大钢模板施工。会后相关部门开始了施工准备工作。

事件二：主体结构施工过程中，施工单位对进场的钢筋按国家现行有关标准抽样检验了抗拉强度、屈服强度。结构施工至4层时，施工单位进场一批72tϕ18的HRB400E级钢筋，在此前因同厂家、同牌号的该规格钢筋已连续三次进场检验，均一次检验合格，施工单位对此批钢筋仅抽取一组试件送检，监理工程师认为取样组数不足。

事件三：建筑节能分部工程验收时，由施工单位项目经理主持、施工单位质量负责人及相关专业的质量检查员参加，总监理工程师认为该验收主持及参加人员均不满足规定，要求重新组织验收。

事件四：该工程交付使用7d后，建设单位委托有资质的检验单位进行室内环境污染检测，在对室内环境的甲醛、氨、苯、甲苯、二甲苯、TVOC浓度进行检测时，检测人员将房间对外门窗关闭30min后进行检测；在对室内环境的氡浓度进行检测时，检测人员将房间对外门窗关闭12h后进行检测。

问题1：依据《住房城乡建设部办公厅关于实施〈危险性较大的分部分项工程安全管理规定〉有关问题的通知》（建办质〔2018〕31号），工程自开工至结构施工完成，施工单位应陆续上报哪些安全专项方案？

【答案】
(1) 基坑开挖专项施工方案；
(2) 基坑支护专项施工方案；
(3) 玻璃幕墙安装工程专项施工方案；
(4) 石材干挂工程专项施工方案；
(5) 塔吊安装与拆卸工程专项施工方案；
(6) 双笼外用电梯安装与拆卸工程专项施工方案；
(7) 悬挑卸料平台工程专项施工方案；
(8) 悬挑式脚手架专项施工方案。

问题2：事件二中，施工单位还应增加哪些钢筋检测项目？通常情况下钢筋检验批量最大不宜超过多少吨？监理工程师的意见是否正确？并说明理由。

【答案】

(1) 还应检测：伸长率、弯曲性能、重量偏差。

(2) 最大不宜超过60t。

(3) 监理工程师的意见：不正确。

理由：同厂家、同牌号、同规格的钢筋连续三次进场检验均一次检验合格时，其后的检验批量可扩大一倍，120t为一个批次，即72t可仅抽取一组试件送检。

【解析】本题的第2小问和第3小问，绝大多数考生都会答错，会误认为题目背景问的是成型钢筋，故按30t作为一个检验批来处理，这种做法是错误的。题目背景信息给的是HRB400级钢筋，书面用语是热轧带肋钢筋，属于钢筋原材而不是成型钢筋，检测项目需参考《混凝土结构工程施工质量验收规范》GB 50204—2015 中的5.2.1条，检验批划分参照《钢筋混凝土用钢 第2部分：热轧带肋钢筋》GB 1499.2—2024。

知识点 引申

钢筋进场抽样检测项目
依据《混凝土结构工程施工质量验收规范》GB 50204—2015

5.2.1 钢筋进场时，应按国家现行相关标准的规定抽取试件做屈服强度、抗拉强度、伸长率、弯曲性能和重量偏差检验。

检验批划分：每批由同一牌号、同一炉罐号、同一规格的钢筋组成。每批重量通常不大于60t，超过60t的部分，每增加40t，增加一个拉伸试验试样和弯曲试验试样。

检验方法：检查质量证明文件和抽样复试报告。

5.2.2 成型钢筋进场时，应抽取试件作屈服强度、抗拉强度、伸长率和重量偏差检验。

检验批划分：同一工程、同一类型、同一原材料来源、同一组生产设备生产的成型钢筋，检验批量不应大于30t。

检验方法：检查质量证明文件和抽样复试报告。

问题3：节能分部工程验收应由谁主持？还应有哪些人员参加？

【答案】

(1) 应由总监理工程师主持。

(2) 还需参加节能验收的人员有：

① 施工单位项目技术负责人和节能专业的负责人；

② 施工员；

③ 施工单位技术负责人；

④ 设计单位项目负责人及节能专业负责人；

⑤ 节能工程材料供应商；

⑥ 分包单位负责人（若有分包单位时）。

【解析】 本问很多考生会按照一般分部工程验收的规定来答题,即按照《建筑工程施工质量验收统一标准》GB 50300—2013 来答题,此时会发现与题目背景参加的人员"相关专业的质量检查员参加"有矛盾,所以本问并不是考核此标准,而是考核《建筑节能工程施工质量验收标准》GB 50411—2019。

问题4:事件四中,有哪些不妥之处?并分别说明正确说法。
【答案】
不妥1:工程交付使用 7d 后进行室内环境污染检测。
正确做法:室内环境污染检测应在工程完工至少 7d 后,交付使用前进行。
不妥2:甲醛、氨、苯、甲苯、二甲苯、TVOC 浓度在房间对外门窗关闭 30min 后进行检测。
正确做法:应在房间对外门窗关闭 1h 后进行检测。
不妥3:氡浓度在房间对外门窗关闭 12h 后进行检测。
正确做法:应在房间对外门窗关闭 24h 后进行检测。

知识点 引申

依据《民用建筑工程室内环境污染控制标准》GB 50325—2020

6.0.1 民用建筑工程及室内装饰装修工程的室内环境质量验收,应在工程完工不少于 7d 后、工程交付使用前进行。

6.0.12 民用建筑工程验收时,应抽检每个建筑单体有代表性的房间室内环境污染物浓度,氡、甲醛、氨、苯、甲苯、二甲苯、TVOC 的抽检量不得少于房间总数的 5%,每个建筑单体不得少于 3 间,当房间总数少于 3 间时,应全数检测。

6.0.13 民用建筑工程验收时,凡进行了样板间室内环境污染物浓度检测且检测结果合格的,其同一装饰装修设计样板间类型的房间抽检量可减半,并不得少于 3 间。

6.0.14 幼儿园、学校教室、学生宿舍、老年人照料房屋设施室内装饰装修验收时,室内空气中氡、甲醛、氨、苯、甲苯、二甲苯、TVOC 的抽检量不得少于房间总数的 50%,且不得少于 20 间。当房间总数不大于 20 间时,应全数检测。

6.0.18 当对民用建筑室内环境中的甲醛、氨、苯、甲苯、二甲苯、TVOC 浓度检测时,装饰装修工程中完成的固定式家具应保持正常使用状态;采用集中通风的民用建筑工程,应在通风系统正常运行的条件下进行;采用自然通风的民用建筑工程,检测应在对外门窗关闭 1h 后进行。

6.0.19 民用建筑室内环境中氡浓度检测时,对采用集中通风的民用建筑工程,应在通风系统正常运行的条件下进行;采用自然通风的民用建筑工程,应在房间的对外门窗关闭 24h 以后进行。Ⅰ类建筑无架空层或地下车库结构时,一、二层房间抽检比例不宜低于总抽检房间数的 40%。

案例 67

▶ **知识点索引**

(1) 施工组织设计编制、审批
(2) 混凝土强度等级达不到设计要求原因分析
(3) 双代号网络图总时差、自由时差、关键线路及工期
(4) 工期索赔（结合总时差计算）

背景资料

某房屋建筑工程，建筑面积 6800m²，结构体系为钢筋混凝土框架结构，节能体系为外墙外保温，根据《建设工程施工合同（示范文本）》和《建设工程监理合同（示范文本）》，建设单位分别与中标的施工单位和监理单位签订了施工合同和监理合同。

在合同履行过程中，发生了下列事件：

事件一：工程开工前，施工单位的项目技术负责人主持编制了施工组织设计，经项目负责人审核、施工单位技术负责人审批后，报项目监理机构审查。监理工程师认为该施工组织设计的编制、审核（批）手续不妥，要求改正；同时，要求补充建筑节能工程施工的内容。施工单位认为，在建筑节能工程施工前还要编制、报审建筑节能施工技术专项方案，施工组织设计中没有建筑节能工程施工内容并无不妥，不必补充。

事件二：主体结构混凝土强度检测时，评定结果达不到设计要求的强度等级。经过相关专家分析存在混凝土原材料材质不符合规定，混凝土拌制时没有法定检测单位提供的配合比试验报告，浇筑完毕后养护不符合要求等问题。

事件三：施工单位提交了室内装饰装修工期进度计划网络图（下图），经监理工程师确认后按此图组织施工。

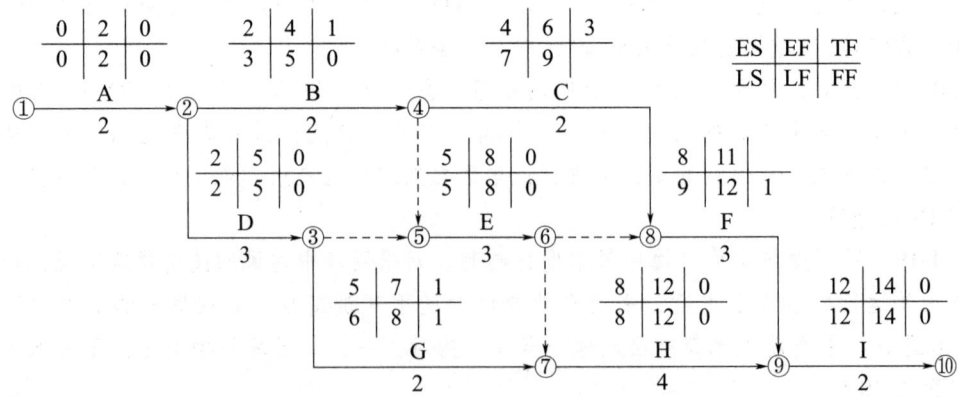

室内装饰装修工期进度计划网络图（时间单位：周）

事件四：在室内装饰装修工程施工过程中，因设计变更导致工作 C 的持续时间为 36d，施工单位以设计变更影响施工进度为由，提出 22d 的工期索赔。

问题 1：分别指出事件一中施工组织设计编制、审批程序的不妥之处,并写出正确做法。施工单位关于建筑节能工程施工的说法是否正确？说明理由。

【答案】

（1）不妥之处及正确做法：

不妥 1：施工单位的项目技术负责人主持编制施工组织设计。

正确做法：施工组织设计应由项目负责人主持编制。

不妥 2：施工组织设计由项目负责人审核。

正确做法：单位工程施工组织设计应由施工单位主管部门（技术部门）审核。

（2）施工单位关于建筑节能工程施工的说法：不正确。

理由：建筑节能工程作为单位工程中的一个分部工程，编制单位工程施工组织设计时，应包括建筑节能工程的施工内容。

知识点 ◎ 引申

依据《建筑节能工程施工质量验收标准》GB 50411—2019

3.1.3 建筑节能工程采用的新技术、新工艺、新材料、新设备，应按有关规定进行评审、鉴定。施工前应对新采用的施工工艺进行评价，并制定专项施工方案。

3.1.4 单位工程施工组织设计应包括建筑节能工程的施工内容。建筑节能工程施工前，施工单位应编制建筑节能工程专项施工方案。施工单位应对从事建筑节能工程施工作业的人员进行技术交底和必要的实际操作培训。

问题 2：事件二中，混凝土强度等级达不到设计要求的原因还有哪些？写出混凝土搅拌时正确的加料顺序。

【答案】

1. 原因还有：

（1）拌制混凝土时投料计量有误。

（2）混凝土搅拌、运输、浇筑不符合规范要求。

2. 搅拌时正确加料顺序：粗骨料→水泥→细骨料→水。

问题 3：针对事件三的进度计划网络图，列式计算工作 C 和工作 F 时间参数，并确定该网络图的计算工期（单位：周）和关键线路（用工作表示）。

【答案】

（1）工作 C 和工作 F 时间参数。

C 工作自由时差：$FF_C = 8-6 = 2$ 周。

F 工作的总时差：$TF_F = 9-8 = 1$ 周（或 $TF_F = 12-11 = 1$ 周）。

（2）计算工期：14 周。

（3）关键线路：A→D→E→H→I。

问题 4： 事件四中，施工单位提出的工期索赔是否成立？说明理由。

【答案】

施工单位提出的 22d 工期索赔：不成立。

理由：尽管设计变更是建设单位应承担的责任事件，但工作 C 总时差为 3 周（21d），其持续时间延长 36−2×7=22d，只影响工期 22−21=1d，所以只能索赔工期 1d。

案例 68

 知识点索引

（1）绿色施工创新技术

（2）混凝土抗压强度标养试件和抗渗试件

（3）设备供应合同

（4）竖向洞口和水平洞口

 背景资料

某新建办公楼，地下 1 层，1.2m 厚筏板基础，地上 12 层，框架剪力墙结构，筏板基础混凝土强度等级为 C30，抗渗等级为 P6，总方量 3980m³，由某商品混凝土搅拌站供应，一次性连续浇筑，在施工现场内设置了钢筋加工区。

为了贯彻有关部门的要求，项目部尽可能进行绿色施工。为此，项目技术负责人核对了绿色施工创新技术内容，结合本项目实际情况，有针对性地在现场开展基坑与地下工程施工的资源保护和创新技术、高性能混凝土应用技术和建筑垃圾减排及回收再利用技术。

在筏板基础混凝土浇筑期间，试验人员随机选择了一辆正处于等候状态的混凝土运输车，进行放料取样，并留置了一组标准养护抗压试件（3 个）和一组标准养护抗渗试件（3 个）。

施工总承包单位项目部在签订设备供应合同时，尤其注意设备价格、设备数量等问题。并在设备供应合同后对设备数量附详细清单，列明成套设备名称、套数等内容。

监理单位现场安全巡视发现，外墙上某竖向落地洞口（600mm×1600mm）、楼地面上某水平洞口（1600mm×2000mm）的安全防护措施不妥，要求施工单位责令改正。

问题 1： 绿色施工创新技术内容还有哪些？

【答案】

（1）装配式施工技术。

（2）信息化施工技术。

（3）建材与施工机具、设备绿色性能评价及选用技术。

（4）钢结构、预应力结构和新型结构施工技术。

（5）高强度、耐候钢材应用技术。

（6）新型模架开发与应用技术。

问题2：分别指出筏板基础浇筑期间的不妥之处，并写出正确做法。本工程筏板基础混凝土至少应留置多少组标准养护抗压试件？

【答案】

（1）不妥之处及正确做法。

不妥1：试验人员在混凝土运输车中放料取样。

正确做法：应在混凝土浇筑地点随机取样。

不妥2：标养抗渗试件一组为3个。

正确做法：标养抗渗试件应为一组6个。

（2）应至少留置16组标养抗压试件。

知识点 引申

1. 大体积混凝土现场取样（依据《大体积混凝土施工标准》GB 50496—2018）

5.7.1 当一次连续浇筑不大于1000m³同配合比的大体积混凝土时，混凝土强度试件现场取样不应少于10组。

5.7.2 当一次连续浇筑1000~5000m³同配合比的大体积混凝土时，超出1000m³的混凝土，每增加500m³取样不应少于一组，增加不足500m³时取样一组。

5.7.3 当一次连续浇筑大于5000m³同配合比的大体积混凝土时，超出5000m³的混凝土，每增加1000m³取样不应少于一组，增加不足1000m³时取样一组。

图示如下：

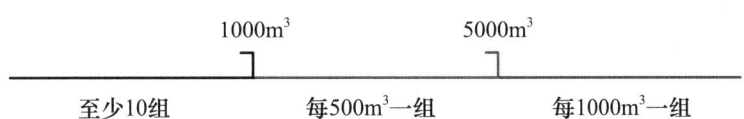

2. 抗渗性能标准养护试件规定（依据《地下防水工程质量验收规范》GB 50208—2011）

4.1.11 防水混凝土抗渗性能应采用标准条件下养护混凝土抗渗试件的试验结果评定，试件应在混凝土浇筑地点随机取样后制作，符合下列规定：

（1）连续浇筑混凝土超过500m³应留置一组6个抗渗试件，且每项工程不得少于两组；采用预拌混凝土的抗渗试件，留置组数应视结构的规模和要求而定。

（2）抗渗性能试验应符合现行国家标准《混凝土长期性能和耐久性能试验方法标准》GB/T 50082的有关规定。

问题3：设备供应合同签订时，还需注意哪些问题？设备数量的详细清单中还应列明哪些内容？

【答案】

（1）还需注意的问题：技术标准、现场服务、验收和保修。

（2）设备数量的详细清单还应列明：随主机的辅机、附件、易损耗备用品、配件和安装修理工具。

问题4：指出背景中两个洞口正确的防护措施。

【答案】

（1）竖向落地洞口：临空一侧设置高度不小于1.2m的防护栏杆，并应采用密目式安全立网或工具式栏板封闭，设置挡脚板。

（2）水平洞口：在洞口作业侧设置高度不小于1.2m的防护栏杆，洞口应采用安全平网封闭。

知识点 引申

洞口防护
依据《建筑施工高处作业安全技术规范》JGJ 80—2016

4.2.1 洞口作业时，应采取防坠落措施，并应符合下列规定：

1 当竖向洞口短边边长小于500mm时，应采取封堵措施；当竖向洞口短边边长大于或等于500mm时，应在临空一侧设置高度不小于1.2m的防护栏杆，并应采用密目式安全立网或工具式栏板封闭，设置挡脚板。

2 当非竖向洞口短边边长为25～500mm时，应采用承载力满足使用要求的盖板覆盖，盖板四周搁置应均衡，且应防止盖板移位。

3 当非竖向洞口短边边长为500～1500mm时，应采用盖板覆盖或防护栏杆等措施，并应固定牢固。

4 当非竖向洞口短边边长大于或等于1500mm时，应在洞口作业侧设置高度不小于1.2m的防护栏杆，洞口应采用安全平网封闭。

案例 69

▶ **知识点索引**

（1）重大危险源风险分析评价内容

（2）重大危险源管理的组织措施

（3）泥浆护壁钻孔灌注桩

（4）钢筋冷拉调直

（5）机械设备使用管理制度

 背 景 资 料

某单体办公楼，地下1层，地上15层。桩基础采用泥浆护壁钻孔灌注桩，设计桩径800mm，有效桩长为15m，混凝土设计强度等级为C40。

施工前，施工方对本工程存在的重大危险源进行了风险分析评价，辨识了各类危险因素及其原因与机制，并依次评价已辨识的危险事件发生的概率。公司管理层要求项目部采取对相关人员的培训与指导等组织措施来进行重大危险源的管理。

泥浆护壁钻孔灌注桩施工时，采用正循环方式进行循环清孔，随即下放钢筋笼和钢导管，紧接着采用 C40 混凝土进行水下浇筑。桩底注浆时，注浆压力达到设计值时，施工单位便终止注浆。

框架柱箍筋采用 $\phi 8$ 盘卷钢筋冷拉调直后制作，经测算，其中 KZ1 的箍筋每套下料长度为 2350mm。

塔吊使用过程中，项目经理部严格执行"三定"制度、交接班制度等机械设备使用管理制度，确保塔吊运行周期内零事故。

问题1：重大危险源风险分析评价内容还有哪些？重大危险源管理的组织措施还有哪些？
【答案】
1. 重大危险源风险分析评价内容还有：
（1）评价危险事件的后果。
（2）评价危险事件发生概率和发生后果的联合作用。
（3）风险控制。
2. 组织措施还有：
（1）提供保证安全的设备。
（2）工作人员水平、工作时间、职责的确定。
（3）对操作工人的管理。

问题2：分别指出灌注桩施工过程和验收中的不妥之处，并说明理由。
【答案】
不妥1：第一次清孔后随即下放钢筋笼和钢导管。
理由：需终孔验收合格后方可下放钢筋笼和钢导管。
不妥2：下放钢筋笼和钢导管后浇筑水下混凝土。
理由：需二次清孔并质量验收合格后方可浇筑水下混凝土。
不妥3：水下浇筑 C40 混凝土。
理由：水下混凝土强度应比设计强度提高强度等级配置。
不妥4：注浆压力达到设计值即终止注浆。
理由：注浆终止条件应控制注浆量和注浆压力两个因素，以注浆量为主。

知识点 引申

泥浆护壁钻孔灌注桩

（1）应进行工艺性试成桩，数量不少于2根。
（2）正反循环成孔机具应根据桩型、地质条件及成孔工艺选择，砂土层成孔宜选用反循环钻机。
（3）清孔可采用正循环清孔、泵吸反循环清孔、气举反循环清孔等方法。清孔后孔底沉渣厚度要求：端承型桩应不大于 50mm；摩擦型桩应不大于 100mm；抗拔、抗水平荷载桩应不大于 200mm。

（4）钢筋笼宜分段制作，接头宜采用焊接或机械连接，接头宜相互错开。

（5）水下混凝土强度应比设计强度提高等级配置，坍落度宜为 180~220mm；水下混凝土灌注应采用导管法连续灌注；水下混凝土超灌高度应高于设计桩顶标高 1m 以上，充盈系数不应小于 1。

（6）桩底注浆导管应采用钢管，单根桩上数量不少于两根。注浆终止条件应控制注浆量与注浆压力两个因素，以前者为主，满足下列条件之一即可终止注浆：

① 注浆总量达到设计要求；

② 注浆量不低于 80%，且压力大于设计值。

问题 3：计算单根桩混凝土最小浇筑量。（结果保留两位小数）

【答案】

$\pi \times 0.4^2 \times (15+1) = 8.04 m^3$

【解析】本工程设计桩长 15m，为了保证设计桩顶混凝土强度能够最终满足设计要求，桩顶至少应超过 1m，故计算混凝土最小浇筑量时，桩长应按照 16m 长度来计算。但这里同时要注意，如果是业主方确认单根桩的混凝土浇筑量时，这时桩长只能按照 15m 长度计算混凝土浇筑量，因为清单计价只算净量。

问题 4：在不考虑加工损耗和偏差的前提下，列式计算 100m 长 $\phi 8$ 盘卷钢筋经冷拉调直后，最多能加工多少套 KZ1 的柱箍筋？

【答案】

$100 \times (1+4\%) / (2350 \div 1000) = 44$ 套

【解析】本问考核的是盘卷钢筋采用冷拉调直时的最大伸长率规定。盘卷钢筋采用冷拉调直时，HPB300 光圆钢筋的冷拉率不宜大于 4%，HRB400、HRB500、HRB600 级带肋钢筋的冷拉率不宜大于 1%。考生们一定要注意的是，如果题目背景说的是采用无延伸功能的机械设备进行调直，那就不需要考虑伸长率。

问题 5：项目机械设备的使用管理制度还有哪些？

【答案】

项目机械设备的使用管理制度还有：安全交底制度、技术培训制度、检查制度、操作证制度。

> 知识点 · 引申

项目机械设备的使用管理制度

1. "三定"制度，是指机械使用过程中的定人、定机、定岗位责任的制度。

2. 交接班制度，内容包括：

（1）交接工作完成情况；

（2）交接机械运转情况；

（3）交接备用料具、工具和附件；

（4）填写本班的机械运行记录；

（5）交接双方签字；

（6）管理部门检查交接情况。

3. 安全交底制度。

4. 技术培训制度：

（1）操作人员做到"四懂三会"，即懂机械原理、懂机械构造、懂机械性能、懂机械用途，会操作、会维修、会排除故障。

（2）维修人员做到"三懂四会"，即懂技术要求、懂质量标准、懂验收规范，会拆检、会组装、会调试、会鉴定。

5. 检查制度。

6. 操作证制度。

案例 70

▶▶ 知识点索引

（1）文明施工管理要求、劳动防护用品

（2）混凝土工程安全控制内容

（3）灭火器

（4）电梯井口防护

背景资料

某办公楼工程，建筑面积 95000m²，地下 2 层，地上 15 层，首层大厅层高 6m，其余各层层高 3m，框架-剪力墙结构，7 度抗震设防。

为使施工现场保持良好的施工环境和施工秩序，克服"脏、乱、差"的现象，建设单位要求施工现场做到围挡、大门、标牌标准化等文明施工管理"六化"要求和相应工种配备好劳动防护用品。

为确保主体结构工程施工过程的安全，项目部明确了现浇混凝土工程的主要安全控制内容，如模板支撑系统设计等。

在柱钢筋安装过程中，钢筋工张某独自对柱钢筋进行焊接作业。施工现场的宿舍区共 480m²，施工单位直接在宿舍出入口的地面上摆放了 8 只灭火器。现场监理机构认为施工单位的消防管理不到位，要求施工单位整改。

施工至 12 层时，监理机构现场检查发现施工单位在电梯井口采用了防护栏杆进行防护，并在电梯井内的第 3、7、11 层的相应位置采用安全平网封闭，网体与井壁空隙为 28mm。

问题 1：建筑工程施工现场文明施工"六化"要求还有哪些？维修电工应配备的劳动防护用品有哪些？

【答案】

（1）"六化"要求还有：材料码放整齐化、安全设施规范化、生活设施整洁化、职工行为文明化、工作生活秩序化。

（2）维修电工应配备的劳动防护用品：绝缘鞋、绝缘手套、紧口工作服。

问题 2：混凝土工程主要安全控制内容还有哪些？

【答案】

（1）模板支拆施工安全。

（2）混凝土浇筑高处作业安全。

（3）混凝土浇筑设备使用安全。

知识点·引申

钢结构工程施工的主要安全控制内容

（1）钢结构工程构件安装作业及过程中临时支撑措施。

（2）钢结构工程设备使用及用电安全。

（3）钢结构工程高处作业安全。

（4）钢结构工程作业区安全防护措施。

问题 3：指出施工现场消防管理中的不妥之处，并给出正确做法。还有哪些部位也需布置手提式灭火器？

【答案】

1. 不妥之处及正确做法。

不妥 1：钢筋工进行焊接作业。

正确做法：焊接作业必须有持有特种作业操作资格证的电焊工进行。

不妥 2：独自进行焊接作业。

正确做法：焊接时要有人监护。

不妥 3：宿舍区设 8 只灭火器。

正确做法：应配备 10 只 10L 灭火器。

不妥 4：灭火器直接摆在地面上。

正确做法：为避免受潮，灭火器离地面高度不宜小于 0.15m。

2. 还需布置手提式灭火器的部位有：通道、走廊、门厅及楼梯等部位。

问题 4：指出电梯井口防护的不妥之处，并给出正确做法。

【答案】

不妥 1：电梯井口采用防护栏杆进行防护。

正确做法：应设置高度不应小于 1.5m 的防护门。

不妥 2：在电梯井内的第 3、7、11 层设置安全平网。

正确做法：应每隔两层且不大于 10m 加设一道安全平网。

不妥 3：网体与井壁空隙为 28mm。

正确做法：空隙不得大于 25mm。

知识点 引申

依据《建筑施工高处作业安全技术规范》JGJ 80—2016
电梯井口

4.2.2 电梯井口应设置防护门，其高度不应小于 1.5m，防护门底端距地面高度不应大于 50mm，并应设置挡脚板。

4.2.3 在电梯施工前，电梯井内应每隔 2 层且不大于 10m 加设一道安全平网。电梯井内的施工层上部，应设置隔离防护设施。

建筑施工安全网

8.1.2 采用平网防护时，严禁使用密目式安全立网代替平网使用。

8.1.3 密目式安全立网使用前，应检查产品分类标记、产品合格证、网目数及网体重量，确认合格方可使用。

8.2.2 密目式安全立网搭设时，每个开眼环扣应穿入系绳，系绳应绑扎在支撑架上，间距不得大于 450mm。相邻密目网间应紧密结合或重叠。

8.2.4 用于电梯井、钢结构和框架结构及构筑物封闭防护的平网，应符合下列规定：

1 平网每个系节点上的边绳应与支撑架靠紧，边绳的断裂张力不得小于 7kN，系绳沿网边应均匀分布，间距不得大于 750mm。

2 电梯井内平网网体与井壁的空隙不得大于 25mm，安全网拉结应牢固。

案例 71

▶ 知识点索引

（1）基坑监测

（2）绘制双代号网络计划

（3）费用索赔

（4）竣工日期、竣工结算

背 景 资 料

某开发商投资新建一住宅小区工程，总建筑面积 24000m²，工程基坑支护采用桩锚体系，桩数总计 200 根，基础采用桩筏形式，桩数总计 400 根。经公开招投标，某施工总承包单位中标，双方依据《建设工程施工合同（示范文本）》GF-2017-0201 签订了施工总承包合同。部分条款约定如下：

（1）合同造价3600万元，除设计变更、钢筋和水泥价格变动及承包合同范围外的工作内容据实调整外，其他费用均不调整。

（2）合同工期306天，自2021年3月1日起至2021年12月31日止。工期奖惩标准为2万元/d。

在合同履行过程中，发生了下列事件：

事件一：因钢筋价格上涨幅度较大，建设单位与施工总承包单位签订了"关于钢筋价格调整的补充协议"，协议约定钢筋价款增加60万元。

事件二：基坑开挖前，施工单位委托具有相应资质的第三方对基坑工程进行现场监测，监测单位编制了监测方案，明确了支护结构的位移值突然明显增大等情形时立即进行危险报警。监测方案经建设方、监理方认可后开始实施。

事件三：工程楼板组织分段施工，某一段各工序的逻辑关系见下表。

工作内容	材料准备	支撑搭设	模板铺设	钢筋加工	钢筋绑扎	混凝土浇筑
工作编号	A	B	C	D	E	F
紧后工作	B、D	C	E	E	F	—
工作时间	3	4	3	5	5	1

事件四：2021年3月22日，施工总承包单位在基础底板施工期间，因连续降雨发生了排水费用6万元。2021年4月5日，某批次钢筋常规检测合格，建设单位以保证工程质量为由，要求施工总承包单位还需对该批次钢筋进行化学成分检测，施工总承包单位委托具有资质的检测单位进行了检测，化学成分检测费用8万元，检测结果合格。针对上述问题，施工总承包单位按索赔程序和时限要求，分别提出6万元排水费用、8万元检测费用的索赔。

事件五：工程竣工后，施工总承包单位于2021年12月28日向建设单位提交的竣工验收申请报告，建设单位于2022年1月6日确认验收通过，并于2022年1月9日签发工程接收证书，并开始办理工程结算。

问题1：事件二中，基坑监测管理工作有哪些不妥之处？说明理由。基坑支护结构还有哪些情形也应立即报警？

【答案】

1. 不妥之处及理由。

不妥1：施工单位委托基坑监测单位。

理由：应由建设单位委托。

不妥2：监测方案经建设方、监理方认可后实施。

理由：应经建设方、设计方认可后实施。

2. 应立即报警的基坑支护结构情形还有：支护结构的支撑或锚杆体系出现过大变形、压曲、断裂、松弛或拔出的迹象。

知识点·引申

依据《建筑基坑工程监测技术标准》GB 50497—2019

3.0.2 基坑工程设计文件应对监测范围、监测项目及测点布置、监测频率和监测预警值等做出规定。

3.0.3 基坑工程施工前,应由建设方委托具备相应能力的第三方对基坑工程实施现场监测。监测单位应编制监测方案,监测方案应经建设方、设计方等认可,必要时还应与基坑周边环境涉及的有关管理单位协商一致后方可实施。

3.0.9 现场监测的对象宜包括:
(1) 支护结构;
(2) 基坑及周围岩土体;
(3) 地下水;
(4) 周边环境中的被保护对象,包括周边建筑、管线、轨道交通、铁路及重要的道路等;
(5) 其他应监测的对象。

3.0.10 下列基坑工程的监测方案应进行专项论证:
(1) 邻近重要建筑、设施、管线等破坏后果很严重的基坑工程;
(2) 工程地质、水文地质条件复杂的基坑工程;
(3) 已发生严重事故,重新组织施工的基坑工程;
(4) 采用新技术、新工艺、新材料、新设备的一、二级基坑工程;
(5) 其他需要论证的基坑工程。

4.1.2 基坑工程现场监测应采用仪器监测与现场巡视检查相结合的方法。

4.3.1 基坑工程整个施工期内,每天均应有专人进行巡视检查。

4.3.2 基坑工程巡视检查宜包括:支护结构、施工状况、周边环境、监测设施及其他巡视检查内容。

4.3.5 巡视检查宜以目测为主,可辅以锤、钎、量尺、放大镜等工器具以及摄像、摄影等设备进行。

8.0.9 当出现下列情况之一时,必须立即进行危险报警,并应通知有关各方对基坑支护结构和周边环境保护对象采取应急措施。
(1) 基坑支护结构的位移值突然明显增大或基坑出现流沙、管涌、隆起、陷落等;
(2) 基坑支护结构的支撑或锚杆体系出现过大变形、压屈、断裂、松弛或拔出的迹象;
(3) 基坑周边建筑的结构部分出现危害结构的变形裂缝;
(4) 基坑周边地面出现较严重的突发裂缝或地下空洞、地面下陷;
(5) 基坑周边管线变形突然明显增长或出现裂缝、泄漏等;
(6) 冻土基坑经受冻融循环时,基坑周边土体温度显著上升,发生明显的冻融变形;
(7) 出现基坑工程设计方提出的其他危险报警情况,或根据当地工程经验判断,出现其他必须进行危险报警的情况。

问题 2：根据事件三中给出的逻辑关系，绘制双代号网络计划图，并计算该网络计划图的工期。

【答案】

(1) 绘制双代号网络计划图如下所示。

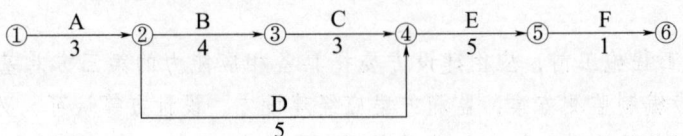

(2) 工期：16d。

问题 3：分别指出事件四中施工总承包单位的两项索赔是否成立？说明理由。

【答案】

(1) 6 万元排水费用索赔：不成立。

理由：连续降雨属于一个有经验的承包商可以预见的风险，由施工方承担。

(2) 8 万元钢筋检测费用索赔：成立。

理由：合同价款中的检验试验费是指对材料进行一般鉴定和检查的费用，钢筋的一般鉴定和检查内容指屈服强度、抗拉强度、伸长率、重量偏差和弯曲性能。钢筋化学成分检测不属于一般鉴定和检查，所以不包括在合同价款中的检验试验费，如有发生，业主方承担费用。

问题 4：指出本工程的竣工日期是哪一天，工程结算总价是多少万元？

【答案】

(1) 竣工日期：2021 年 12 月 28 日。

(2) 工程结算总价：3600+60+8+3×2＝3674 万元。

知识点 引申

依据《建设工程施工合同（示范文本）》GF-2017-0201

13.2.3 竣工日期

工程经竣工验收合格的，以承包人提交竣工验收申请报告之日为实际竣工日期，并在工程接收证书中载明；因发包人原因，未在监理人收到承包人提交的竣工验收申请报告 42 天内完成竣工验收，或完成竣工验收不予签发工程接收证书的，以提交竣工验收申请报告的日期为实际竣工日期；工程未经竣工验收，发包人擅自使用的，以转移占有工程之日为实际竣工日期。

案例 72

知识点索引
（1）围挡设置
（2）基坑临边
（3）施工组织设计修改
（4）分部工程验收

背景资料

某高校新建教学及科研楼工程，均为地下1层，地上6层，钢筋混凝土框架结构，采用悬臂式钻孔灌注桩排桩作为基坑支护结构，科研楼电梯安装工程为建设单位指定分包，施工总承包单位按规定在土方开挖过程中实施桩顶位移监测并设定了监测预警值。

施工过程中，发生了下列事件：

事件一：为控制成本，现场围墙分段设计，实施全封闭式管理。即东、南两面紧邻市区主要路段设计为1.8m高砖围墙，并按市容管理要求进行美化；西、北两面紧邻居民小区一般路段，设计为1.8m高普通钢围挡。部分围挡占据了交通路口。

事件二：土方开挖时，在支护桩顶设置了900mm高的基坑临边安全防护栏杆；在紧靠栏杆的地面上堆放了砌块、钢筋等建筑材料。挖土过程中，发现支护桩顶向坑内发生的位移超过预警值，现场立即停止挖土作业，并在坑壁增设锚杆以控制桩顶位移。

事件三：在主体结构施工前，与主体结构施工密切相关的某国家标准发生修改并已开始实施，现场监理机构要求施工单位修改施工组织设计，重新审批后才能组织实施，被施工单位拒绝。

事件四：电梯安装工程早于装饰装修工程完工，提前由总监理工程师组织验收，总承包单位未参加，验收后电梯安装单位将电梯工程相关资料移交建设单位。整体工程完成时，电梯安装单位已撤场，由建设单位组织，监理、设计、总承包单位参与进行了单位工程质量验收。

问题1： 事件一中，分别说明现场砖围墙和普通钢围挡设计高度是否妥当？说明理由。交通路口占据道路的围挡还要采取哪些措施？

【答案】

（1）围挡高度：

① 砖围墙1.8m高，不妥当。

理由：市区主要路段的施工现场围挡高度不应小于2.5m。

② 普通钢围挡1.8m高，妥当。

理由：一般路段围挡高度不应小于1.8m。

（2）距离交通路口20m范围内占据道路施工设置的围挡，其0.8m以上部分应采用通透性围挡，并应采取交通疏导和警示措施。

问题 2：分别指出事件二中错误之处，并写出正确做法。针对该事件中的桩顶位移问题，还可采取哪些应急措施？

【答案】

(1) 错误之处及正确做法。

错误 1：在支护桩顶设临边安全防护栏杆。

正确做法：防护栏杆在基坑四周固定时，钢管离基坑边口的距离不应小于 50cm。

错误 2：基坑临边安全防护栏杆设置 900mm 高。

正确做法：防护栏杆应设置 1.2m 高。

错误 3：紧靠栏杆的地面上堆放砌块、钢筋等建筑材料。

正确做法：材料堆放在基坑边时，要距坑边 1m 以外。

(2) 桩顶位移采取的应急措施还有：加设支撑、支护墙背卸载、加快垫层施工、加厚垫层。

知识点 引申

防护栏杆
依据《建筑施工高处作业安全技术规范》JGJ 80—2016

(1) 防护栏杆由上、下两道横杆及栏杆柱组成，上杆距地面高度应为 1.2m，下杆应在上杆和挡脚板中间设置。

(2) 防护栏杆高度大于 1.2m 时，应增设横杆，横杆间距不应大于 600mm。横杆长度大于 2m 时，必须加设栏杆柱。

(3) 当栏杆在基坑四周固定时，可采用钢管打入地面 50~70cm 深，钢管离边口的距离不应小于 50cm。当基坑周边采用板桩时，钢管可打在板桩外侧。

(4) 防护栏杆必须自上而下用安全立网封闭，或在栏杆下边设置高度不低于 18cm 的挡脚板或 40cm 的挡脚笆，板与笆下边距离底面的空隙不应大于 10mm。

问题 3：事件三中，施工单位拒绝修改施工组织设计的做法是否合理？哪些情况发生后需要修改施工组织设计并重新审批？

【答案】

(1) 施工单位拒绝修改施工组织设计：不合理。

(2) 需要修改施工组织设计并重新审批的情况有：

① 工程设计有重大修改；

② 有关法律、法规、规范和标准实施、修订和废止；

③ 主要施工方法有重大调整；

④ 主要施工资源配置有重大调整；

⑤ 施工环境有重大改变。

问题 4：事件四中存在哪些错误，正确的做法是什么？

【答案】

错误 1：总承包单位未参加电梯安装工程验收。

正确做法：电梯安装工程验收总承包单位必须参加。（或分部工程验收时总承包单位必须参加）

错误 2：电梯安装单位将电梯工程资料移交建设单位。

正确做法：电梯安装单位应将电梯工程资料移交总承包单位。

错误 3：参加单位工程质量验收的单位不齐。

正确做法：勘察单位和电梯安装单位也应参加单位工程质量验收。

案例 73

▶▶ 知识点索引

（1）临时用水类型
（2）节能与能源利用技术要点
（3）砂浆试块强度代表值、强度验收判定
（4）消防器材配备
（5）室内环境污染物浓度检测

  背 景 资 料

某教学楼工程，建筑面积 17000m²，地下 1 层，地上 6 层，檐高 25.2m，主体为框架结构，砌筑及抹灰所用砂浆采用现场拌制。施工单位进场后，项目经理组织编制了《某教学楼施工组织设计》，经批准后开始施工。

在施工过程中，发生了下列事件：

事件一：根据现场条件，场内设置了办公区、木材加工区等生产辅助设施，工人宿舍统一设置在场外。施工组织设计中对临时用水进行了设计与计算。

事件二：为了充分体现绿色施工在施工过程中的应用，项目部在临建施工及使用方案中提出了在节能和能源利用方面的技术要点。

事件三：进行 5 层填充墙砌筑施工时，设计要求采用 M10 水泥砂浆砌筑。试块按照规定要求留置，共留置 4 组试块，经 28d 标准养护后进行砂浆试块强度的评定。4 组试块试验结果如下：

试件编号	试验强度值（MPa）		
一组	10.5	12.1	9.1
二组	9.2	9.6	9.4
三组	12.5	10.3	7.6
四组	10.2	10.6	9.9

事件四：结构施工期间，项目有 150 人参与施工，项目部组建了 10 人的义务消防队，

楼层内配备了消防立管和消防箱,消防箱内消防水管长度达 20m;在临时搭建的 95m^2 钢筋加工棚内,配备了 2 只 10L 的灭火器。

事件五:工程验收前,相关单位对一间 240m^2 的公共教室选取 4 个检测点,进行了室内环境污染物浓度的测试,其中两个主要指标的检测数据如下:

点位	1	2	3	4
甲醛(mg/m^3)	0.08	0.06	0.05	0.05
氨(mg/m^3)	0.20	0.15	0.15	0.14

问题 1:事件一中,《某教学楼施工组织设计》在计算临时用水的总用水量时,根据用途应考虑哪些方面的用水量?

【答案】

(1) 现场施工用水量;

(2) 施工机械用水量;

(3) 施工现场生活用水量;

(4) 消防用水量;

(5) 漏水损失。

【解析】背景信息明确"工人宿舍统一设置在场外",即场内不设置生活区,故用水量不考虑生活区生活用水量。

问题 2:事件二中的临建施工及使用方案中,在节能和能源利用方面可提出哪些技术要点?

【答案】

(1) 制定临建施工能耗指标,提高临建施工能源利用率。

(2) 临时设施宜采用节能材料,墙体、屋面使用隔热性能好的材料,减少夏天空调、冬天取暖设备的使用时间及能耗量。

(3) 临时用电优先选用节能电线和节能灯具,临时照明按照最低照度设计。

(4) 合理配置采暖设备、空调、风扇数量,规定使用时间,实行分段分时使用,节约用电。

(5) 施工现场分别设定生活和办公的用电控制指标。

【解析】本题难度较大,不能完全按照教材内容作答,题干信息问的是临时设施的节能,而不是生产的节能。

问题 3:事件三中各组试块砂浆强度代表值分别是多少?该检查部位砂浆强度检验结论是什么?并说明理由。

【答案】

(1) 4 组试块砂浆强度代表值分别为:

1 组:10.5MPa(理由:强度最大值 12.1MPa 与中间值 10.5MPa 偏差幅度超过 15%)。

2 组:9.4MPa(理由:取三者平均值)。

3组：无效。（理由：强度最大值和最小值均超过中间值15%）。

4组：10.2MPa（理由：取三者平均值）。

（2）该检查部位砂浆强度检验结论：不合格。

理由：同一验收批砂浆试块抗压强度平均值（10.5+9.4+10.2）/3＝10.0MPa，小于设计强度等级的1.1倍（11MPa）。

知识点 引申

砂浆强度代表值及验收合格条件

1. 砂浆试块抗压强度值确定：

（1）取三个试块测值的算术平均值作为该组试块的砂浆抗压强度值，精确到0.1MPa。

（2）三个测值的最大值或最小值如有一个与中间值的差值超过中间值的15%，取中间值作为该组试块的砂浆抗压强度值。

（3）三个测值的最大值和最小值均超过中间值的15%时，结果无效。

2. 砂浆试块强度验收合格条件：

（1）同一验收批砂浆试块抗压强度平均值≥设计强度等级值的1.1倍。

（2）同一验收批砂浆试块抗压强度的最小1组平均值≥设计强度等级值的0.85倍。

3. 砌筑砂浆的验收批，同一类型、强度等级的砂浆试块不应少于3组；同一验收批砂浆只有1组或2组试块时，每组试块抗压强度平均值应大于或等于设计强度等级值的1.1倍。

问题4：指出事件四中有哪些不妥之处，写出正确做法。

【答案】

不妥1：项目部组建10人的义务消防队。

正确做法：义务消防队人数不少于施工总人数的10%，本项目150人参与施工，应组建不少于15人的义务消防队。

不妥2：消防箱内消防水管长度达20m。

正确做法：消防箱内消防水管长度应不小于25m。

附加题目：

(1) 96m² 的钢筋加工棚和木材加工棚，消防器材如何配备？

(2) 104m² 的钢筋加工棚和木材加工棚，消防器材如何配备？

(3) 1230m² 的钢筋加工棚和木材加工棚，消防器材如何配备？

知识点 引申

消防器材的配备

（1）临时搭设的建筑物区域内每100m²配备2只10L灭火器。

（2）大型临时设施总面积超过1200m²时，应配有专供消防用的太平桶、积水桶（池）、黄砂池。

(3) 临时木料间、油漆间、木工机具间等，每25m²配备1只灭火器。
(4) 消防水源进水口一般不应少于两处。
(5) 消防箱内消防水管长度不小于25m。

问题5：事件五中，该房间检测点的选取数量是否合理？说明理由。该房间两个主要指标的报告检测值为多少？分别判断该两项检测指标是否合格？说明理由。

【答案】

(1) 检测点的选取数量：合理。

理由：房间使用面积大于等于100m²、小于500m²时，检测点不应少于3个。背景资料设置4个监测点，满足不应少于3个的规定。

(2) 检测值：

甲醛检测值：（0.08+0.06+0.05+0.05）/4＝0.06mg/m³。

氨检测值：（0.20+0.15+0.15+0.14）/4＝0.16mg/m³。

(3) 判断：

① 甲醛检测值指标：合格。

理由：Ⅰ类民用建筑工程甲醛浓度限量≤0.07 mg/m³。

② 氨检测值指标：不合格。

理由：Ⅰ类民用建筑工程氨浓度限量≤0.15 mg/m³。

案例 74

▶▶ 知识点索引

(1) 支护结构

(2) 基坑降水

(3) 专项方案内容

(4) 大体积混凝土

(5) 安全技术交底

背景资料

某办公楼工程，建筑面积82000m²，地下3层，地上20层，钢筋混凝土框剪结构。距基坑边7m处有一栋6层住宅楼。地基土层为粉质黏土和粉砂，地下水为潜水，位于地面以下9m。基础为片筏基础，埋深14.5m，基础底板混凝土厚1500mm，采取整体分层连续浇筑方式施工。基坑支护工程委托有资质的专业单位施工，降排的地下水用于现场机具、设备清洗。主体结构选择有相应资质的A劳务公司作为劳务分包，并签订了劳务分包合同。

合同履行过程中，发生了下列事件：

事件一：基坑支护工程专业施工单位提出了基坑支护降水采用"排桩+锚杆+截水帷幕+降水井"方案，施工总承包单位要求基坑支护降水方案进行比选后确定。在基坑降水的施工方案中说明：采用轻型井点降水，地下水位以下挖土的过程中，基坑降水至基坑坑底标高处，降水工作持续至基础垫层施工完毕。

事件二：该施工单位组织编制深基坑开挖专项施工方案，内容包括工程概况、编制依据、施工计划、施工工艺技术、计算书及图纸。经专家论证，补充有关内容后按程序通过了审批。

事件三：基础底板混凝土浇筑完毕后，施工方按规范要求对浇筑体进行保温保湿养护，其中保湿养护持续7d。第3天时，对里表温差按照每8h进行一次测试，测温显示混凝土内部温度70℃，混凝土表面温度35℃。养护结束时，底板表面温度与环境最大温差为23℃，为使后续工作尽快实施，拆除了表面的保温覆盖层。

事件四：结构施工至第10层时，工期严重滞后。为保证工期，A劳务公司将部分工程分包给了另一家有相应资质的B劳务公司，B劳务公司进场工人100人。因场地狭窄，B劳务公司将工人安排在本工程地下室居住。工人上岗前，项目部安全员向施工作业班组进行了安全技术交底，双方签字确认。

问题1：事件一中，适用于本工程的基坑支护降水方案还有哪些？
【答案】
（1）地下连续墙+内支撑+降水井。
（2）排桩+内支撑+截水帷幕+降水井。
（3）咬合桩围护墙+内支撑+降水井。
【解析】本问难度很大，要求考生有一定的现场施工经验。
（1）周边住宅楼距离基坑边仅7m，而基坑开挖深度为14.5m，开挖深度范围内有单体建筑，故基坑侧壁安全等级为一级，支护形式只能选地下连续墙、排桩或咬合桩围护墙。型钢水泥土搅拌墙和板桩围护墙适用于基坑深度不宜大于12m，所以在此不能采用。
（2）地下水位-9.5m，开挖前水位至少降到坑底以下0.5m，必须设置降水井。
（3）降水过程中，为保证基坑外水不渗透至坑内，必须设置截水帷幕；若支护形式为地下连续墙时，可不再设截水帷幕，因为地下连续墙可兼作截水帷幕。
（4）本基坑地下3层，开挖深度为14.5m，单独用地下连续墙或排桩支护无法抵抗周边土体的推力，必须加混凝土内支撑或锚杆。

知识点 引申

基坑侧壁安全等级是一级时支护结构的选择

（1）灌注桩排桩支护：适用于可采取降水或截水帷幕的基坑。
（2）地下连续墙：适用于周边环境条件很复杂的深基坑。
（3）咬合桩围护墙：适用于较深的基坑，可同时用于截水。
（4）型钢水泥土搅拌墙：适用于黏性土、粉土、砂土、砂砾土等较深的基坑，深度不宜大于12m。
（5）板桩围护墙：适用于黏性土、粉土、砂土等较深的基坑，深度不宜大于12m。

问题2：事件一中基坑降水施工方案有哪些不妥之处，并写出正确做法。

【答案】

不妥1：采用轻型井点降水。

正确做法：应采用喷射井点降水。

不妥2：基坑降水至基坑坑底标高处。

正确做法：应将地下水位降到坑底以下500mm以上。

不妥3：降水工作持续至基础垫层施工完毕。

正确做法：降水工作应持续到基础（包括地下水位下回填土）施工完成。

知识点 · 引申

降水方法选择（依据教材）

降水方法	轻型井点	喷射井点	降水管井
土料要求	填土、黏性土、粉土和砂土		碎石土和黄土，不宜用于填土
渗透系数	$1\times10^{-7} \sim 2\times10^{-4}$ cm/s（小）		真空：$>1\times10^{-6}$ cm/s（大） 非真空：$>1\times10^{-5}$ cm/s（大）
降水深度	单级：6m以内 多级：6~10m	8~20m	>6m

注：降水深度从地面开始往下计算

问题3：事件二中深基坑开挖专项施工方案应补充哪些内容？

【答案】

深基坑开挖专项施工方案还应补充的内容包括：

(1) 施工安全保证措施；

(2) 施工管理及作业人员配备和分工；

(3) 验收要求；

(4) 应急处置措施。

【解析】本问根据事件二题目背景给出的信息，判断考核的是《住房和城乡建设部办公厅关于实施〈危险性较大的分部分项工程安全管理规定〉有关问题的通知》（建办质〔2018〕31号）。

问题4：指出事件三中底板大体积混凝土浇筑及养护的不妥之处，并说明正确做法。

【答案】

不妥1：保湿养护持续7d。

正确做法：保湿养护持续时间不宜少于14d。

不妥2：每8h进行一次里表温差测试。

正确做法：里表温差测试在混凝土浇筑后，每昼夜不应少于4次。

不妥 3：混凝土内部温度 70℃，混凝土表面温度 35℃。
正确做法：采取措施使混凝土内外温差不大于 25℃。
不妥 4：拆除保温覆盖层时底板表面与大气温差为 23℃。
正确做法：拆除保温覆盖时，表面与大气温差不应大于 20℃。

问题 5：指出事件四中的不妥之处，并分别说明理由。
【答案】
不妥 1：A 劳务公司将部分工程分包给 B 劳务公司。
理由：劳务分包单位再分包行为，属于违法分包。
不妥 2：B 劳务公司将工人安排在本工程地下室居住。
理由：在建工程内严禁住人。
不妥 3：安全员向施工作业班组进行安全技术交底。
理由：应由施工负责人进行安全技术交底。(《建筑施工安全检查标准》JGJ 59—2011 3.1.3-3 条)
不妥 4：双方签字确认。
理由：应由交底人、被交底人、专职安全员进行签字确认。

知识点 引申

安全技术交底
依据《建筑施工安全检查标准》JGJ 59—2011

(1) 施工负责人在分派生产任务时，应对相关管理人员、施工作业人员进行书面安全技术交底。

(2) 安全技术交底应按施工工序、施工部位、施工栋号分部分项进行。

(3) 安全技术交底应结合施工作业场所状况、特点、工序，对危险因素、施工方案、规范标准、操作规程和应急措施进行交底。

(4) 安全技术交底应由交底人、被交底人、专职安全员进行签字确认。

案例 75

知识点索引

(1) 泥浆护壁钻孔灌注桩改错、桩身完整性检测方法
(2) 泥浆护壁灌注桩坍孔原因
(3) 基坑支护结构变形观测
(4) 混凝土小型空心砌块

背景资料

某写字楼工程,地质条件复杂,基坑深度12m,距离邻近建筑物7m,支护结构采用地下连续墙且作为地下室外墙,变形观测精度等级为一等。工程桩为泥浆护壁钻孔灌注桩基础,桩径1m,桩长35m,混凝土强度等级C30,共400根。

施工单位编制的桩基础施工方案中列明,导管法水下灌注C30混凝土,灌注时桩顶混凝土面超过设计标高500mm,每根桩留置一组混凝土试件,成桩后选择有代表性的桩进行验收检测,按总桩数20%对桩身完整性进行检验,并采用静荷载试验的方法对3根桩进行承载力检验。监理工程师认为方案存在错误,要求施工单位整改后重新上报。

施工过程中有一根灌注桩出现了孔壁坍塌,经分析是该桩护筒埋置未达到设计深度所导致,施工方在项目技术负责人的领导下制定整改方案报监理机构批准后采取了相应措施。

基坑工程施工过程中,施工方对基坑支护结构进行变形观测,观测基准点设置3个。围护墙顶部变形观测点沿基坑周边布置,观测点间距为20~50m,每侧边不少于1个观测点。

主体结构普通混凝土小型空心砌块施工中,项目部采用的施工工艺有:砌块底面朝上反砌于墙上;错缝搭砌,搭接长度不满足要求时在水平灰缝中设φ4钢筋网片,保证网片两端与竖缝距离不得少于300mm;外墙转角临时间断处留长高比为2/3的斜槎。监理工程师对施工工艺提出了整改要求。

问题1: 指出桩基础施工方案中的错误之处,并分别写出正确做法。检测桩身完整性方法包括哪些?

【答案】

(1) 施工方案的错误之处及正确做法:

错误1:水下灌注混凝土强度等级C30。

正确做法:应灌注C35混凝土(强度等级提高一级)。

错误2:桩顶混凝土面超过设计标高500mm。

正确做法:应超灌1m以上。

错误3:选择有代表性的桩进行验收检测。

正确做法:验收检测的桩应随机选择。

错误4:对3根桩进行承载力检验。

正确做法:应对至少4根桩进行承载力检验。(1%至少3根)

(2) 检测桩身完整性方法包括:钻芯法、低应变法、高应变法、声波透射法。

知识点 引申

验收检测的受检桩选择条件

(1) 施工质量有疑问的桩;

(2) 局部地基条件出现异常的桩;

(3) 承载力验收时选择部分Ⅲ类桩;

(4) 设计方认为重要的桩;

(5) 施工工艺不同的桩;
(6) 宜按规定均匀和随机选择。

问题2：分析造成泥浆护壁灌注桩坍孔的原因还有哪些？（至少写出三条）
【答案】
泥浆护壁灌注桩坍孔原因还有：
(1) 泥浆比重不够;
(2) 孔内水头高度不够或出现承压水;
(3) 进尺速度太快或空转时间太长，转速太快;
(4) 冲击锥（抓）或掏渣筒倾倒，撞击孔壁;
(5) 爆破处理孔内孤石、探头石时，炸药量过大。

问题3：指出基坑支护变形观测的错误之处，并说明理由。
【答案】
错误1：基坑支护结构变形观测基准点设置3个。
理由：变形观测精度等级为一等时，变形观测基准点不应少于4个。
错误2：围护墙顶部变形观测点间距为20~50m。
理由：围护墙顶部变形观测点间距不宜大于20m。
错误3：每侧边不少于1个观测点。
理由：每侧边不宜少于3个观测点。

知识点 引申

变形观测

1. 变形观测的基准点：分为沉降基准点和位移基准点。
(1) 沉降观测基准点，在特等、一等沉降观测时，不应少于4个；其他等级沉降观测时不应小于3个，基准之间应形成闭合环。
(2) 位移观测基准点，对水平位移观测、基坑监测和边坡监测，在特等、一等沉降观测时，不应少于4个；其他等级时不应小于3个。

2. 基坑变形观测分为基坑支护结构变形观测和基坑回弹观测。(依据《建筑基坑工程监测技术标准》GB 50497—2019)
(1) 围护墙或基坑边坡顶部的水平和竖向位移监测点应沿基坑周边布置，基坑各侧边中部、阳角处、邻近被保护对象的部位应布置监测点。监测点水平间距不宜大于20m，每边监测点数目不宜少于3个。水平和竖向位移监测点宜为共用点，监测点宜设置在围护墙顶或基坑坡顶上。
(2) 围护墙或土体深层水平位移监测点宜布置在基坑周边的中部、阳角处及有代表性的部位。监测点水平间距宜为20~60m，每侧边监测点数目不应少于1个。

问题 4：指出主体结构普通混凝土小型空心砌块施工工艺的不妥之处，分别说明正确做法。

【答案】

不妥 1：钢筋网片两端与竖缝距离不得少于 300mm。

正确做法：不应小于 400mm。

不妥 2：斜槎长高比为 2/3。

正确做法：斜槎水平投影长度不应小于斜槎高度。

知识点 引申

斜槎长高比

（1）混凝土小型空心砌块：斜槎水平投影长度不应小于斜槎高度，即长高比≥1。

（2）普通砖砌体：斜槎长高比≥2/3。

（3）多孔砖砌体：斜槎长高比≥1/2。

案例 76

▶▶ 知识点索引

（1）锤击沉桩法终止沉桩

（2）从业人员实名制监管数据

（3）常见职业病、职业健康检查

（4）脚手架拆除改错

背景资料

某新建工业厂区，地处大山脚下，总建筑面积 16000m²，其中包含一幢 6 层长方形办公楼工程，预制管桩，钢筋混凝土框架结构。

在施工过程中，发生下列事件：

事件一：在预制管桩锤击沉桩施工过程中，某一根管桩在桩端标高接近设计标高时，难以下沉。此时，贯入度已达到设计要求，施工单位认为该桩承载力已经能够满足设计要求，提出终止沉桩。经组织勘察、设计、施工等各方参建人员和专家会商后同意终止沉桩，监理工程师签字认可。

事件二：主体结构施工过程中，当地建管部门对本辖区在建项目进行从业人员实名制监管数据检查，在本项目上检查了从业人员基本信息与务工合同信息、项目实名制备案与用工花名册信息等监管数据信息。

事件三：现场作业时，电焊工突发身体不适，送医院被诊断为一氧化碳中毒。监理工程师要求所有接触职业病危害作业的劳动者必须按规定进行职业健康检查。

事件四：施工结束后，办公楼外脚手架按东、南、西、北四个立面分片进行拆除，先拆除南北面积比较大的两个立面，再拆除东西两个立面。为了快速拆除架体，工人先将大部分连墙件逐个拆除后，再统一拆除架管。拆除的架管、脚手板传递到一定高度后直接顺着架体溜下后斜靠在墙根，等累积一定数量后一次性清运出场。

问题1：事件一中，监理工程师同意终止沉桩是否正确？请说明理由。预制管桩的沉桩方法有哪几种？

【答案】

（1）监理工程师同意终止沉桩的做法：不正确。

理由：贯入度达到设计要求而桩端标高未达到时，应继续锤击3阵，按每阵10击的贯入度不大于设计规定的数值予以确认。

（2）预制管桩的沉桩方法有：锤击沉桩法、静力压桩法。

知识点 引申

锤击沉桩法

依据《建筑地基基础工程施工规范》GB 51004—2015

（1）预制桩的混凝土强度达到70%后方可起吊，达到100%后方可运输和打桩。

（2）单节桩采用两支点起吊时，吊点距桩端宜为0.2L（桩段长）。

（3）接桩接头宜高出地面0.5~1m。

（4）沉桩顺序：先深后浅、先大后小、先长后短、先密后疏。

（5）终止沉桩标准：

① 终止沉桩应以桩端标高控制为主，贯入度控制为辅，当桩终端达到坚硬、硬塑黏性土、中密以上粉土、砂土、碎石土及风化岩时，可以贯入度控制为主，桩端标高控制为辅。

② 贯入度达到设计要求而桩端标高未达到时，应继续锤击3阵，按每阵10击的贯入度不大于设计规定的数值予以确认。

问题2：从业人员实名制监管数据信息还有哪些？

【答案】

（1）企业工资支付专用账户信息。

（2）项目工资支付保证金信息。

（3）项目出勤计量信息。

（4）从业人员工资支付信息。

（5）从业人员务工行为评价信息。

知识点 引申

建筑工程施工现场监管信息系统

（1）安全监管数据应包括施工现场人员作业行为监管数据、施工机械设备运行安全监管数据、危险性较大的分部分项工程安全监管数据、安全防护相关设施设备安全监管数据、施工现场安全管理行为监管数据等；宜包括安全教育、专项安全施工方案等资料。

（2）环境监管数据应包括工地扬尘监测数据、现场环境噪声监测数据、工地小气候气象监测数据等。

问题3：电焊工的职业病类型还有哪些？写出需要进行职业健康检查的时间。
【答案】
电焊工的职业病类型还有：电焊尘肺、电光性眼炎。
职业健康检查的时间：上岗前、在岗期间、离岗时。

> **知识点·引申**

常见职业病类型

（1）矽尘肺：碎石设备作业、爆破作业。

（2）水泥尘肺：水泥搬运、投料、拌合。

（3）电焊尘肺：手工电弧焊、气焊作业。

（4）一氧化碳中毒：手工电弧焊、电渣焊、气割、气焊作业。

（5）苯中毒：油漆作业、防腐作业。

（6）手臂振动病：操作混凝土振动棒、风镐作业。

（7）电光性眼炎：手工电弧焊、电渣焊、气割作业。

问题4：事件四中，脚手架拆除作业存在哪些不妥之处？并简述正确做法。
【答案】
不妥1：分段拆除时，先拆南北立面，再拆东西立面。
正确做法：分段拆除高差不应大于2步，如高差大于2步，应增设连墙件加固。
不妥2：先将连墙件拆除后，再一起拆除架管。
正确做法：连墙件必须随脚手架逐层拆除，严禁先将连墙件整层拆除后拆脚手架。
不妥3：拆除的架管、脚手板直接顺着架体溜下后斜靠在墙根。
正确做法：拆下的构配件采用起重设备吊运或人工传递到地面，严禁抛掷。

> **知识点·引申**

依据《施工脚手架通用规范》GB 55023—2022

5.4 拆除

5.4.1 脚手架拆除前，应清除作业层上的堆放物。

5.4.2 脚手架的拆除作业应符合下列规定：

1 架体拆除应按自上而下的顺序按步逐层进行，不应上下同时作业。

2 同层杆件和构配件应按先外后内的顺序拆除；剪刀撑、斜撑杆等加固杆件应在拆卸至该部位杆件时拆除。

3 作业脚手架连墙件应随架体逐层、同步拆除，不应先将连墙件整层或数层拆除后再拆架体。

4　作业脚手架拆除作业过程中，当架体悬臂端高度超过 2 步时，应加设临时拉结。

5.4.3　作业脚手架分段拆除时，应先对未拆除部分采取加固处理措施后再进行架体拆除。

5.4.4　架体拆除作业应统一组织，并应受专人指挥，不得交叉作业。

5.4.5　严禁高空抛掷拆除后的脚手架材料与构配件。

案例 77

▶▶ **知识点索引**

（1）基坑降水方式、降水深度、截水帷幕

（2）基坑支护选型的依据

（3）赢得值法

（4）资料组卷

背景资料

某框架结构，基坑深度 8.2m，地下水位较高，开挖深度范围内有一高层建筑，距基坑北边 4m 处地面以下 3m 埋设有一根燃气管道。地基土渗透系数较大，且含有大量碎石土。

事件一：施工单位编制基坑支护方案时，考虑降水深度较深，拟采用多级轻型井点降水，并在四周设置深层水泥土搅拌桩截水帷幕。基坑采用复合土钉墙支护方式。

事件二：合同工程量清单报价中写明，外墙面瓷砖面积 1000m^2，综合单价为 110 元/m^2。施工过程中，建设单位调换了瓷砖的规格型号，实际综合单价为 150 元/m^2，该分项工程施工完成后，经监理工程师实测确认瓷砖粘贴面积为 1200m^2，但建设单位尚未确认该变更单价，施工单位用挣值法进行了成本分析。

事件三：完工后，项目部按要求进行了施工资料的组卷。其中，防水专业承包工程的施工资料由总包单位负责，并单独组卷；三台电梯按不同型号每台电梯单独组卷；室外工程将建筑环境、安装工程共同组卷。

问题 1：事件一降水方式是否合理？说明理由。最低降水深度是多少？截水帷幕还有哪些方式？

【答案】

（1）降水方式：不合理。

理由：本工程渗透系数比较大，适合采用管井降水。

（2）最低降水深度 = 8.2+0.5 = 8.7m。

（3）截水帷幕还有：高压喷射注浆、地下连续墙、小齿口钢板桩。

问题2：基坑支护选型的依据是什么？本工程的支护方式是否合理？说明理由。

【答案】

（1）基坑支护选型的依据有：

① 基坑深度；

② 土的性状及地下水条件；

③ 基坑周边环境对基坑变形的承受能力及支护结构失效的后果；

④ 主体地下结构和基础形式及其施工方法、基坑平面尺寸及形状；

⑤ 支护结构施工工艺的可行性；

⑥ 施工场地条件及施工季节；

⑦ 经济指标、环保性能和施工工期。

（2）本工程支护方式：不合理。

理由：土钉墙支护适用于基坑侧壁安全等级为二、三级。本工程基坑开挖深度范围内有一高层建筑且地面下埋设有燃气管道，属于周边环境条件复杂的基坑工程，基坑侧壁安全等级为一级。

知识点 · 引申

依据《建筑基坑支护技术规程》JGJ 120—2012

3.1.3 基坑支护设计时，应综合考虑基坑周边环境和地质条件的复杂程度、基坑深度等因素，按下表采用支护结构的安全等级。对同一基坑的不同部位，可采用不同的安全等级。

支护结构的安全等级

安全等级	破坏后果
一级	支护结构失效、土体过大变形对周边环境或主体结构施工安全的影响很严重
二级	支护结构失效、土体过大变形对周边环境或主体结构施工安全的影响严重
三级	支护结构失效、土体过大变形对周边环境或主体结构施工安全的影响不严重

条文解释3.1.3 安全等级表仍维持了原规程对支护结构安全等级的原则性划分方法。本规程依据国家标准《工程结构可靠性设计统一标准》GB 50153—2008 对结构安全等级确定的原则，以破坏后果严重程度，将支护结构划分为三个安全等级。对基坑支护而言，破坏后果具体表现为支护结构破坏、土体过大变形对基坑周边环境及主体结构施工安全的影响。支护结构的安全等级，主要反映在设计时支护结构及其构件的重要性系数和各种稳定性安全系数的取值上。

条文解释表明基坑侧壁安全等级还是按照老版规范执行，即按照如下规定执行：

（1）符合下列情况之一，为一级基坑：

① 重要工程或支护结构作主体结构的一部分；

② 开挖深度大于10m；

③ 与邻近建筑物、重要设施的距离在开挖深度内的基坑；

④ 基坑范围内有历史文物、近代优秀建筑、重要管线等需要严加保护的基坑。

（2）三级基坑为开挖深度小于 7m，且周围环境无特别要求的基坑。

（3）除一级和三级外的基坑属二级基坑。

问题 3：事件二中，计算墙面瓷砖粘贴分项工程的 BCWS、BCWP、ACWP、CV，并分析成本状况。

【答案】

（1）BCWS = 计划工作量 × 预算单价 = 1000m² × 110 元/m² = 11 万元。

（2）BCWP = 已完工作量 × 预算单价 = 1200m² × 110 元/m² = 13.2 万元。

（3）ACWP = 已完工作量 × 实际单价 = 1200m² × 150 元/m² = 18 万元。

（4）CV = BCWP − ACWP = 13.2 − 18 = −4.8 万元。

（5）成本偏差为负值，表示成本超支。

问题 4：事件三中，项目部的做法有哪些不妥？写出正确做法。

【答案】

不妥 1：防水专业承包工程的施工资料由总包单位负责。

正确做法：防水专业承包工程的施工资料由专业承包单位负责。

不妥 2：室外工程将建筑环境、安装工程共同组卷。

正确做法：室外工程应将室外建筑环境、室外安装工程单独组卷。

案例 78

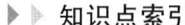 知识点索引

（1）固定总价合同

（2）装配式混凝土结构专项方案内容、预制构件堆放

（3）工程资料

（4）调值公式

背景资料

某装配式混凝土建筑，采用施工总承包模式，工期 1 年，图纸完备，采用工程量清单计价，投标截止日期为 4 月 2 日，双方按照约定签订固定总价合同。

总承包单位在施工前编制了装配式混凝土结构施工的专项方案，内容包括工程概况、编制依据、进度计划、绿色施工和安全管理。预制构件进场后堆放情况为：外墙板采用平卧式堆放，预制楼板采用 8 层叠层平卧，上下层之间设垫块，垂直方向位置错开 500mm。

依据《建筑工程资料管理规程》JGJ/T 185—2009 对工程资料的分类，由施工总承包单

位负责施工资料的收集、组卷等工作。组卷过程中,节能工程资料合并至所在单位工程资料,电梯分型号统一组卷,室外工程按室外建筑环境、室外安装工程单独组卷。

合同约定,可针对人工费、材料费价格变化对竣工结算进行调价,各部分费用占总费用的百分比、价格指数见下表。8月份完成工程量价款为1200万元(未考虑动态调整部分)。

费用占比及价格指数表

名称	费用占比	2月份	3月份	4月份	7月份	8月份
人工费	20%	60	65	70	70	80
钢材	30%	4000	4200	4500	4500	4500
水泥	15%	400	390	410	400	380
木材	10%	2800	2850	3000	3050	3100

问题1:该工程采用固定总价合同是否合理?请说明理由。

【答案】

该工程采用固定总价合同:合理。

理由:固定总价合同适用于规模小、技术难度小、工期短(一般在1年以内)的工程项目。本项目为装配式混凝土建筑,技术难度比较小,同时工期为1年,满足固定总价合同的适用条件。

问题2:装配式混凝土结构施工的专项方案还应包括哪些内容?预制构件的堆放有何不妥?写出正确做法。

【答案】

(1) 装配式混凝土结构施工的专项方案还应包括:施工场地布置、预制构件运输与存放、安装与连接施工、质量管理、信息化管理、应急预案等。

(2) 预制构件堆放的不妥之处及正确做法:

不妥1:外墙板平卧式堆放。

正确做法:预制外墙板宜采用专用支架直立存放。

不妥2:预制楼板采用8层叠层平卧。

正确做法:叠放层数不宜超过6层。

不妥3:预制楼板上下层之间垫块垂直方向位置错开500mm。

正确做法:每层构件间的垫块应上下对齐。

问题3:工程资料分为哪几类?施工资料组卷中有何不妥?写出正确做法。

【答案】

(1) 工程资料可分为:工程准备阶段文件、监理资料、施工资料、竣工图和工程竣工文件5类。

（2）施工资料组卷中的不妥之处及正确做法：

不妥 1：节能工程资料合并至所在单位工程资料。

正确做法：节能工程资料单独组卷。

不妥 2：电梯分型号统一组卷。

正确做法：电梯应按不同型号每台电梯单独组卷。

问题 4：物价动态调整后的结算价款为多少万元？（保留两位小数）

【答案】

（1）固定系数 $a_0 = 1 - (20\% + 30\% + 15\% + 10\%) = 25\%$

（2）结算价款

$$1200 \times \left[0.25 + 0.20 \times \frac{80}{65} + 0.30 \times \frac{4500}{4200} + 0.15 \times \frac{380}{390} + 0.1 \times \frac{3100}{2850}\right] = 1287.01 \text{ 万元}$$

知识点 引申

基准日期

依据《建设工程施工合同（示范文本）》GF-2017-0201

1.1.4.6　基准日期：招标发包的工程以投标截止日前 28d 的日期为基准日期，直接发包的工程以合同签订日前 28d 的日期为基准日期。

案例 79

▶▶ 知识点索引

（1）劳动合同、劳务用工档案

（2）主体结构验收程序改错、验收需检查的工程资料

（3）竣工结算支付申请、拖欠款利息

（4）项目成本考核内容

背景资料

某施工单位中标某框架结构办公大楼，工期 360 日历天，双方按照《建设工程施工合同（示范文本）》GF-2017-0201 签订固定总价合同。合同实施过程中，发生如下事件：

事件一：当地劳动监察部门在现场抽查时发现，劳动合同仅明确工资标准、支付方式和支付时间，劳务用工档案仅包括劳动合同和考勤表。总包单位责令劳务分包企业立即整改。

事件二：主体工程完工后，施工单位项目负责人组织项目技术负责人及设计单位项目负责人进行主体工程验收。在验收过程中检查主体结构的相关工程资料，包括施工单位提交的质量自评报告、勘察设计单位的认可文件、施工许可证、规划许可证、中标通知书。

事件三：竣工验收通过后，施工单位于 2019 年 6 月 2 日提交竣工结算支付申请，建设

单位在收到申请后一直未予答复。施工单位于2019年7月13日将工程交付给建设单位，之后与建设单位多次协调未果，于2019年9月18日向人民法院提请优先受偿权利。

事件四：施工单位严格按照企业成本管理的相关要求，对该项目进行了成本考核，考核内容包括成本计划的编制和落实情况，项目施工目标成本和阶段性成本目标的完成情况等。

问题1：劳动合同还应明确哪些内容？劳务用工档案还应包括哪些资料？
【答案】
（1）劳动合同还应明确：合同期限、工作内容、工作条件、合同终止条件、双方责任。
（2）劳务用工档案还应包括：
① 施工作业工作量完成登记表；
② 工资发放表；
③ 班组工资结清证明。

问题2：事件二有哪些不妥？写出正确做法。需检查的工程资料还应该包括哪些？
【答案】
（1）不妥之处及正确做法。
不妥1：施工单位项目负责人组织主体结构验收。
正确做法：应由总监理工程师组织主体结构验收。
不妥2：仅施工单位项目技术负责人和设计单位项目负责人参加主体结构验收。
正确做法：施工单位技术、质量部门负责人也应该参加主体结构验收。
不妥3：验收过程中检查主体结构的相关工程资料。
正确做法：工程资料为主体结构验收所需条件，应在主体结构验收前检查。
（2）需检查的工程资料还应包括：
① 监理单位提交的主体工程质量评估报告。
② 完整的主体结构工程档案资料，见证试验档案，监理资料；施工质量保证资料；管理资料和评定资料。
③ 主体工程验收通知书。
④ 混凝土结构子分部工程结构实体混凝土强度验收记录。
⑤ 混凝土结构子分部工程结构实体钢筋保护层厚度验收记录。

问题3：竣工结算支付申请的内容包括哪些？根据《建设工程施工合同（示范文本）》GF-2017-0201，应从哪天开始计算利息？
【答案】
（1）竣工结算支付申请的内容包括：
① 竣工结算总额；
② 已支付的合同价款；
③ 应扣留的质量保证金；
④ 应支付的竣工付款金额。
（2）应从2019年7月13日开始计算利息。

知识点 引申

依据《最高人民法院关于审理建设工程施工合同纠纷案件适用法律问题的解释》法释〔2004〕14号

第十八条 利息从应付工程价款之日计付。当事人对付款时间没有约定或约定不明的，下列时间视为应付款时间：

（一）建设工程已实际交付的，为交付之日。

（二）建设工程没有交付的，为提交竣工结算文件之日。

（三）建设工程未交付，工程价款也未结算的，为当事人起诉之日起。

问题4：项目成本考核内容还应包括哪些？

【答案】

（1）建立以项目经理为核心的成本责任制落实情况。

（2）对各部门、岗位的责任成本的检查和考核情况。

（3）施工成本考核的真实性、符合性。

（4）考核兑现。

案例 80

▶▶ 知识点索引

（1）灌注桩排桩支护

（2）土方开挖安全要点、选择土方机械的依据

（3）起拱、底模拆除构件强度

（4）箍筋加密区钢筋接头、粗骨料最大粒径

背景资料

某抗震设防烈度为7度的建筑工程，建筑面积25000m²，地上10层，地下2层（地下水位-2.0m）。主体结构为现浇钢筋混凝土框架-剪力墙结构，柱网尺寸9m×9m（局部柱网为6m×6m），梁底模板施工单位按经验起拱高度分别是20mm、12mm。梁、柱受力钢筋为HRB400E，接头连接方式为搭接。地下室外墙采用P8防水混凝土浇筑，外墙厚250mm，钢筋净距60mm。主体结构一、二层柱混凝土强度等级为C40，以上各层柱强度等级为C30。

施工过程中发生了如下事件：

事件一：基坑采用灌注桩排桩支护，灌注桩排桩采取间隔成桩的施工顺序，已完成浇筑混凝土的桩与邻桩间距为3倍桩径，且桩顶充分泛浆，高度为300mm。桩身混凝土强度等级按设计要求配置。

事件二：施工单位编制土方开挖施工方案后组织施工。在基坑北侧坑边大约 1m 处堆置了 3m 高的土方，土方开挖分为两段，一段人工开挖，开挖时工人间操作间距约为 2m，一段机械开挖，挖土机间距约为 8m。挖土时由坡脚向上逆坡开挖，施工过程中发生了边坡塌方事故。

事件三：地下室外墙防水混凝土浇筑过程中，现场对粗骨料最大粒径进行检测，检测结果为 50mm。

事件四：在主体结构施工过程中，监理工程师在检查钢筋连接情况时，发现梁、柱钢筋的搭接接头有位于梁、柱端箍筋加密区的情况。

问题 1：指出事件一中的不妥之处，并说明理由。
【答案】
不妥 1：已完成浇筑混凝土的桩与邻桩间距为 3 倍桩径。
理由：已完成浇筑混凝土的桩与邻桩间距应大于 4 倍桩径。
不妥 2：灌注桩顶泛浆高度为 300mm。
理由：灌注桩顶泛浆高度不应小于 500mm。
不妥 3：桩身混凝土强度等级按设计要求配置。
理由：本工程地下水位较高，水下灌注混凝土时混凝土强度应比设计强度提高一个等级配制。

问题 2：指出事件二中的不妥之处，并说明理由。
【答案】
不妥 1：编制了土方开挖施工方案后组织施工。
理由：土方开挖施工方案编制后需按规定审批或专家论证方可实施。
不妥 2：在基坑边大约 1m 处堆放土方。
理由：距坑边 1m 以外方可堆放土方。
不妥 3：基坑边堆放 3m 高的土方。
理由：堆放高度不能超过 1.5m。
不妥 4：开挖时工人间操作间距约为 2m。
理由：基坑开挖时，工人操作间距应大于 2.5m。
不妥 5：开挖时挖土机间距约为 8m。
理由：基坑开挖时，挖土机间距应大于 10m。
不妥 6：挖土时由坡脚向上逆坡开挖。
理由：挖土应由上而下，逐层进行，严禁先挖坡脚或逆坡挖土。

问题 3：该工程梁模板的起拱高度是否正确？说明理由。梁底模拆除时，混凝土强度应满足什么要求？
【答案】
(1) 该工程梁模板的起拱高度：正确。
理由：对跨度大于 4m 的现浇混凝土梁、板，模板应按设计要求起拱；设计无具体要求时，起拱高度应为跨度的1‰~3‰。

针对9m跨度的梁，底模起拱高度应为9~27mm，题目背景起拱高度20mm是合理的。
针对6m跨度的梁，底模起拱高度应为6~18mm，题目背景起拱高度12mm是合理的。
（2）拆除跨度为9m的梁底模，混凝土强度应达到设计强度标准值的100%。
拆除跨度为6m的梁底模，混凝土强度应达到设计强度标准值的75%。

问题4：事件三中，混凝土粗骨料最大粒径控制是否正确？请从地下室外墙的截面尺寸、钢筋净距和防水混凝土的设计原则三方面分别分析本工程防水混凝土粗骨料最大粒径。本工程的粗骨料最大粒径应为多少？

【答案】
（1）粗骨料最大粒径控制：不正确。
（2）本工程防水混凝土粗骨料最大粒径应为：
① 从外墙截面尺寸角度：不得超过构件截面最小尺寸的1/4，即250mm×1/4=62.5mm。
② 从钢筋净距角度：不得大于钢筋最小净距的3/4，即60mm×3/4=45mm。
③ 从地下防水混凝土角度：粗骨料粒径宜为5~40mm，即最大粒径为40mm。
（3）本工程的粗骨料最大粒径应为40mm。

问题5：事件四中，梁、柱端箍筋加密区出现搭接接头是否妥当？说明理由。如梁、柱端箍筋加密区的接头不可避免，应如何处理？

【答案】
（1）梁、柱端箍筋加密区出现搭接接头：不妥当。
理由：接头不宜设置在有抗震要求的框架梁端、柱端的箍筋加密区。
（2）当无法避开时，应用等强度高质量机械连接接头，且不应超过50%。

知识点 引申

钢筋连接

（1）钢筋接头位置宜设置在受力较小处。同一纵向受力钢筋不宜设置两个或两个以上的接头。接头末端至钢筋弯起点的距离不应小于钢筋直径的10倍。

（2）有抗震设防要求的结构中，梁端、柱端箍筋加密区范围内钢筋不应进行搭接。（《混凝土结构工程施工质量验收规范》GB 50204—2015）

（3）同一连接区段内，纵向受力钢筋的接头面积百分率应符合下列规定：（《混凝土结构工程施工规范》GB 50666—2011）

① 在受拉区不宜超过50%，但装配式混凝土结构构件连接处可根据实际情况适当放宽；受压接头可不受限制。

② 接头不宜设置在有抗震要求的框架梁端、柱端的箍筋加密区；当无法避开时，对等强度高质量机械连接接头，不应超过50%。

③ 直接承受动力荷载的结构构件中，不宜采用焊接接头；当采用机械连接接头时，不应超过50%。

案例 81

▶ **知识点索引**

(1) 新上岗操作工人安全教育培训
(2) 安全防护设施验收资料、落地式操作平台
(3) 专职安全员安全生产职责
(4) 外围护部品隐蔽工程验收对象
(5) 外墙板防水密封材料嵌填质量要求

■ **背景资料**

某新建项目包括四栋混凝土装配式住宅、一栋现浇混凝土框架-剪力墙结构办公楼和三栋商业建筑，建筑面积166000m²。某施工总承包单位中标后组建了项目部。

项目开工1个月后，施工总承包单位对项目进行安全检查，针对建筑施工劳动密集、人员流动性大的特点，对新职工岗前安全教育落实情况及应急救援预案完善情况重点检查。

检查人员发现现场安全防护设施验收资料只有施工方案和安全防护设施验收记录。现场使用一落地式操作平台施工作业，平台从底层第一步水平杆起每隔两层设置连墙件，平台临边设置1.15m高防护栏杆，平台上堆放1m高多层模板，平台搭设所用钢管和扣件均有产品合格证。

在询问专职安全员有关安全生产职责履行情况时，安全员张三认为每天巡查项目安全生产管理情况，阻止和处理"三违"等现象，并做好记录，已经尽到了安全生产职责；在对专职安全员李四进行考核时，当问到"安全管理检查评分表"保证项目有哪几项时，安全员只答出"安全生产责任制"和"施工组织设计及专项施工方案"两项。

装配式住宅预制外墙板施工完毕后，对预埋件、与主体结构之间的连接节点进行了隐蔽工程验收。合格后进行外墙板接缝防水密封材料嵌填，监理工程师要求嵌填质量务必饱满、密实、均匀。

问题1：建筑工程施工企业新上岗操作工人安全教育培训应包括哪些内容？
【答案】
(1) 安全生产法律法规和规章制度；
(2) 安全操作规程；
(3) 针对性的安全防护措施；
(4) 违章指挥、违章作业、违反劳动纪律产生的后果；
(5) 预防、减少安全风险以及紧急情况下应急救援的基本知识、方法和措施。

问题2：项目安全防护设施验收资料还应包括哪些？落地式操作平台搭设及使用有哪些不妥之处？写出正确做法。
【答案】
(1) 项目安全防护设施验收资料还应包括：

① 安全防护用具用品、材料和设备产品合格证明；
② 预埋件隐蔽验收记录；
③ 安全防护设施变更记录。
（2）落地式操作平台不妥之处及正确做法：

不妥1：每隔两层设置连墙件。

正确做法：应逐层设置连墙件，且间距不应大于4m。

不妥2：平台临边设置1.15m高防护栏杆。

正确做法：安全防护栏杆高度应不低于1.2m。

不妥3：平台上堆放1m高多层模板。

正确做法：平台上临时堆放的模板不宜超过3层。

知识点 引申

落地式操作平台

（1）高度不应大于15m，高宽比不应大于3∶1。

（2）应与建筑物进行刚性连接或加设防倾措施，不得与脚手架连接。

（3）应从底层第1步水平杆起逐层设置连墙件，且连墙件间距不应大于4m，并应设置水平剪刀撑。

（4）一次搭设高度不应超过相邻连墙件2步。

问题3：张三对自己应负的安全生产责任认识是否全面？专职安全员的安全生产职责还应包括哪些？"安全管理检查评分表"保证项目还应包括哪几项？

【答案】

（1）张三对自己应负的安全生产责任认识：不全面。

（2）专职安全员的安全生产职责还应包括：

① 对危大工程应依据方案实施监督并做好记录；

② 应建立项目安全生产管理档案，并应定期向企业报告项目安全生产情况。

（3）"安全管理检查评分表"中保证项目还应包括：安全技术交底、安全检查、安全教育和应急救援。

问题4：事件四中，外围护部品隐蔽工程验收的对象还有哪些？接缝防水密封材料嵌填质量要求还有哪些？

【答案】

1. 外围护部品隐蔽工程验收的对象还有：

（1）与主体结构之间的封堵构造节点；

（2）变形缝及墙面转角处的构造节点；

（3）防雷装置；

（4）防火构造。

2. 接缝防水密封材料嵌填质量要求还有：顺直、表面平滑、厚度符合设计要求。

知识点·引申

外围护部系统应进行下列现场试验和测试：
(1) 饰面砖（板）的粘结强度测试；
(2) 墙板接缝处及门窗安装部位的现场淋水试验；
(3) 现场隔声测试；
(4) 现场传热系数测试。

案例 82

▶ 知识点索引

(1)《绿色建造技术导则（试行）》（建办质〔2021〕9 号）
(2) 机械数量计算
(3) 塔式起重机保证项目
(4) 装配式混凝土结构

背景资料

某办公综合楼，占地面积 76314.60m²，地下 2 层，地上 15 层，建筑高度 62.5m，预制装配整体式结构，预制装配率 45%。建设单位依法进行公开招标，最终确定施工总承包单位 A 中标，双方签订建筑工程施工总承包合同。合同实施过程中发生如下事件：

事件一：项目开工前，施工单位按照《绿色建造技术导则（试行）》（建办质〔2021〕9 号）中关于绿色施工的规定，明确了装配式建筑的垃圾产生量不大于 300t/万 m²，要求项目部监测并分析施工现场扬尘、噪声等各类污染物，同时积极推广使用建筑机器人。

事件二：基础土方开挖量为 264000m³，采用反铲挖掘机进行大开挖，其台班产量为 330m³，每台挖掘机每天工作 2 个台班（每天挖掘机数量不变），要求 5 个月完成开挖工作。

事件三：主体结构剪力墙采用预制夹心保温剪力墙结构，施工单位制定了专项施工方案。方案要求墙板吊运及安装主要由塔式起重机完成，施工中对塔式起重机进行了安全检查。

事件四：装配式混凝土构件安装时，预制柱按照边柱、角柱、中柱顺序进行安装。预制梁和叠合梁、板按照先次梁后主梁、先高后低的原则安装。预制墙板钢筋采用套筒灌浆连接，灌浆时采用压浆法从下灌浆孔灌注，从上出浆孔流出后及时封堵，灌浆拌合物制备后 30min 内用完，每工作班应制作 1 组且每层不应少于 3 组边长为 70.7mm 的立方体试件，标养 28d 后进行抗折强度试验。

问题 1：事件一中，指出不妥之处并改正，补充施工现场常见的污染物，建筑机器人可完成的工作有哪些？

【答案】

（1）不妥之处：装配式建筑的垃圾产生量不大于 300t/万 m^2。

正确做法：装配式建筑的垃圾产生量不大于 200t/万 m^2。

（2）施工现场常见的污染物还有：光、污水、有害气体、固体废弃物。

（3）建筑机器人可完成的工作包括：材料搬运、打磨、铺墙地砖、钢筋加工、喷涂、高空焊接等。

问题 2：事件二中，需配置多少台该型号的挖掘机？（每月按 30d 计算）

【答案】

需配置挖掘机数量：264000/（330×2×5×30）= 2.67 台，取整数 3 台。

问题 3：事件三中，建筑施工安全检查时，"塔式起重机"检查评定保证项目应包括哪些？

【答案】

（1）载荷限制装置；

（2）行程限位装置；

（3）保护装置；

（4）吊钩、滑轮、卷筒与钢丝绳；

（5）多塔作业；

（6）安拆、验收与使用。

问题 4：事件四中，分别指出装配式混凝土工程施工中的不妥之处，并写出正确做法。

【答案】

不妥 1：预制柱按照边柱、角柱、中柱顺序安装。

正确做法：应按角柱、边柱、中柱顺序安装。

不妥 2：预制梁和叠合梁、板按照先次梁后主梁、先高后低的原则安装。

正确做法：应按先主梁后次梁、先低后高的原则安装。

不妥 3：从上出浆孔流出后及时封堵。

正确做法：从其他灌浆孔、出浆孔流出后及时封堵。

不妥 4：灌浆拌合物制备后 30min 内用完。

正确做法：灌浆拌合物加水后 30min 内用完。

不妥 5：灌浆料留 70.7mm 的立方体试块。

正确做法：应留 40mm×40mm×160mm 的长方体试块。

不妥 6：灌浆料试块进行抗折强度试验。

正确做法：应进行抗压强度试验。

案例 83

▶ 知识点索引
（1）物料提升机
（2）起重吊装保证项目
（3）基坑检查评分表计算
（4）"三定"原则、安全检查方法、移动式操作平台
（5）安全防护设施验收内容

背景资料

某公司中标一栋24层住宅楼，建筑面积35000m²，基坑深度8.20m，采用排桩+锚杆的组合支护方式，填充墙采用轻骨料混凝土小砌块。甲乙双方按照《建设工程施工合同（示范文本）》GF-2017-0201签订施工承包合同，采用工程量清单计价。合同履行过程中发生如下事件。

事件一：现场采用物料提升机进行小型材料吊运，提升机钢丝绳采用2个绳卡固定，绳卡滑鞍正反交错设置。监理工程师巡视时发现吊运时容器内物品过满、工作场地昏暗时吊运。

事件二：基坑工程施工期间，相关部门根据《建筑施工安全检查标准》JGJ 59—2011规定，进行现场安全检查，基坑工程安全检查表打分情况如下。最终汇总表得分为78分。（由于地下水位较低，本项目不需降水）

基坑工程安全检查评分表

检查项目	保证项目						一般项目
	施工方案	基坑支护	降排水	坑边荷载	基坑开挖	安全防护	
满分	10	10	10	10	10	10	40
实际得分	7	10	—	6	7	7	35

事件三：监理单位针对现场的高处作业展开了安全隐患整改情况复查，通过"量、测"手段复查斜拉式悬挑操作平台，存在的问题要求再次整改。

事件四：监理单位进行项目安全防护设施验收时，对防护栏杆的设置与搭设、攀登与悬空作业设施搭设、操作平台及其防护设施搭设等内容进行验收。

问题1：物料提升机设置有哪些不妥？说明理由。起重吊装保证项目有哪些？
【答案】
（1）不妥之处及理由。
不妥1：物料提升机钢丝绳采用2个绳卡固定。
理由：物料提升机固定采用绳卡时，数量不得少于3个且间距不小于钢丝绳直径的6倍。
不妥2：绳卡滑鞍正反交错设置。

理由：绳卡滑鞍放在受力绳的一侧，不得正反交错设置绳卡。
（2）起重吊装的保证项目有：施工方案、起重机械、钢丝绳与地锚、索具、作业环境、作业人员。

问题2：基坑保证项目得分是多少？基坑工程分项检查表应得分值为多少？若其他分项检查表均有得分，本次安全检查评为哪个等级？说明理由。
【答案】
（1）基坑保证项目得分。
基坑保证项目实际得分：7+10+6+7+7=37分。
考虑缺项后，基坑保证项目应得分为37/50×60=44.4分。
（2）基坑工程分项检查表应得分值。
缺"降排水"项，基坑工程实际得分：37+35=72分。
考虑缺项后，基坑工程分项检查表得分调整为：72/90×100=80分。
（3）本次安全检查评定：合格。
理由：本项目所有安全检查评分表无零分，同时汇总表得分在80分以下，70分及以上。
【解析】本问难点在于基坑工程分项检查表应得分值的计算，绝大多数考生把保证项目分数调整到44.4分后，就会理所当然加上一般项目分数35分，得到基坑工程分项检查表应得分79.4分。这种算法是错误的，没有深刻理解公式各字母的含义。

知识点 引申

当评分遇有缺项时，分项检查评分表或检查评分汇总表的总得分值应按下式计算：

$$A_2 = \frac{D}{E} \times 100$$

式中　A_2——遇有缺项时总得分值；
　　　D——实查项目在该表的实得分值之和；
　　　E——实查项目在该表的应得满分值之和。

问题3：安全检查的方法还有哪些？悬挑式操作平台的形式还有哪些？
【答案】
（1）安全检查的方法还有：听、问、看、运转试验。
（2）悬挑式操作平台的形式还有：支承式、悬臂梁式。

问题4：项目安全防护设施验收内容还有哪些？
【答案】
（1）防护棚的搭设。
（2）安全网的设置。
（3）安全防护设施、设备的性能与质量，所用材料、配件的规格。
（4）设施的节点构造，材料配件的规格、材质及其与建筑物的固定、连接状况。

案例 84

▶▶ 知识点索引

（1）目标成本计算及分解方法
（2）总包合同管理内容、总包单位对分包单位进行安全检查和考核的内容
（3）地下防水混凝土施工及施工缝渗漏水原因
（4）价值工程

背景资料

某框架结构工程，地下2层，地上24层，混凝土管桩加1.2m厚C40P8筏板基础。采用工程量清单计价，合同工期360日历天，招标控制价为9400万元。采用公开招标确定施工总承包单位，最终由A公司中标，中标价格为9100万元，其中增值税为800万元。根据合同约定，A公司将幕墙工程分包给具有相应资质的分包人B施工。施工过程中发生如下事件：

事件一：项目开工前，公司确定本项目目标利润率为6%，项目部采用目标利润百分比法确定了目标成本。同时根据本工程的具体情况，项目成本管理部门按照月度形象进度计划对目标成本进行了分解。

事件二：为了确保按期完工，A公司在施工前按照依法履行、诚实信用的原则开展合同管理工作，并重点对分包人B的安全生产进行检查和考核。

事件三：施工单位按照设计抗渗等级试配混凝土，并选用矿渣硅酸盐水泥配制混凝土。地下室外墙施工时在基础底板顶面留置水平施工缝，监理工程师检查时发现不合理，要求施工单位整改，并发现部分施工缝处有渗漏水现象。

事件四：主体结构某分项工程由A、B、C、D四项工作组成，为了进行成本控制，项目经理部对各项工作进行了分析，其结果见下表。

工作	功能评分	预算成本（万元）
A	15	650
B	35	1200
C	30	1030
D	20	720
合计	100	3600

问题1：计算本项目的目标成本。目标成本的分解方法还有哪些？
【答案】
（1）目标成本=（9100-800）×（1-6%）=7802万元。
（2）目标成本的分解方法还有：
① 根据总工期生产进度网络节点计划分解；

② 按施工项目直接成本和间接成本分解；
③ 按成本编制的工、料、机费用分解。

问题 2：事件二中，总承包单位合同管理工作有哪些？总包单位对分包单位的安全检查和考核内容包括哪些？

【答案】

（1）总承包单位合同管理工作包括：合同订立、合同备案、合同交底、合同履行、合同变更、争议与诉讼、合同分析与总结。

（2）总包单位对分包单位的安全检查和考核内容包括：

① 分包单位安全生产管理机构的设置、人员配备及资格情况；

② 分包单位违约、违章情况；

③ 分包单位安全生产绩效。

知识点 引申

安全教育和培训类型

（1）上岗证书的初审、复审培训；

（2）三级安全教育；

（3）岗前教育；

（4）日常教育；

（5）年度继续教育。

问题 3：事件三中，地下防水工程施工做法中有哪些不妥？说明理由。分析施工缝隙漏水的原因有哪些。

【答案】

（1）不妥之处及理由：

不妥 1：按照设计抗渗等级试配混凝土。

理由：防水混凝土试配抗渗等级应比设计要求提高 0.2MPa。

不妥 2：选用矿渣硅酸盐水泥配制混凝土。

理由：宜采用硅酸盐水泥或普通水泥配制防水混凝土。

不妥 3：地下室外墙水平施工缝留置在基础底板顶面。

理由：地下室外墙水平施工缝应留在高出底板表面不小于 300mm 的墙体上。

（2）施工缝隙漏水的原因有：

① 在支模和绑钢筋的过程中，施工缝没有及时清除干净。

② 在浇筑上层混凝土时，未按规定处理施工缝。

③ 钢筋过密，内外模板距离狭窄，混凝土浇捣困难。

④ 下料方法不当，骨料集中于施工缝处。

⑤ 新老接槎部位产生收缩裂缝。

问题 4：计算下表中 A、B、C、D 四项工作的功能系数、成本系数和价值系数（将此表复制到答题卡上，计算结果保留小数点后两位）。

工作	功能评分	预算成本（万元）	功能系数	成本系数	价值系数
A	15	650			
B	35	1200			
C	30	1030			
D	20	720			
合计	100	3600			

【答案】

工作	功能评分	预算成本（万元）	功能系数	成本系数	价值系数
A	15	650	0.15	0.18	0.83
B	35	1200	0.35	0.33	1.06
C	30	1030	0.30	0.29	1.03
D	20	720	0.20	0.20	1
合计	100	3600	1	1	

案例 85

▶ **知识点索引**

（1）钢筋代换、箍筋弯钩
（2）钢构件加工前应完成的工作
（3）预制墙板现场试验与测试、外墙板接缝处淋水试验
（4）建筑垃圾回收利用

背景资料

某 8 度抗震设防地区一框架-剪力墙结构建筑物，基坑开挖深度 8.2m，室外自然地坪标高为-0.6m，地下水位位于地表以下 1.8m，屋顶结构为钢结构网架结构体系，外墙采用预制夹心复合墙板体系。施工过程中采用 BIM 技术进行建模，模拟屋顶网架结构的拼装施工，该工程施工被选为项目所在地绿色建造项目。施工期间发生如下事件：

事件一：二层梁板钢筋绑扎完毕后，施工单位自检合格，向监理机构申请隐蔽工程验收。验收过程中发现：部分钢筋有私自代换现象；部分箍筋弯钩为 45°，平直段长度为 8d

(d 为箍筋直径)。

事件二：钢结构网架构件加工前，施工单位进行了施工图详图设计、审查施工图纸等工作；监理工程师检查发现焊工已经脱岗 8 个月未办理任何手续就进行施焊，随即要求施工单位整改。

事件三：预制墙板施工完毕后进行了饰面砖粘结强度和接缝处的现场淋水试验。

事件四：项目采用多项绿色施工技术，对现场散落的砂浆和混凝土、钢筋余料等建筑垃圾回收再利用。

问题1：事件一中，有哪些不妥之处，写出正确做法。

【答案】

不妥1：钢筋有私自代换现象。

正确做法：钢筋代换应征得设计单位的同意，并办理设计变更手续。

不妥2：部分箍筋弯钩为 45°。

正确做法：箍筋弯钩的弯折角度不应小于 135°。

不妥3：箍筋弯钩平直段长度为 8d。

正确做法：平直段长度不应小于箍筋直径的 10 倍。

知识点 引申

依据《混凝土结构工程施工质量验收规范》GB 50204—2015

5.3.3 箍筋末端按设计要求做弯钩，并应符合下列规定：

(1) 一般结构构件，箍筋弯钩的弯折角度不应小于 90°，弯折后平直段长度不应小于箍筋直径的 5 倍。

(2) 有抗震设防要求或设计有专门要求的结构构件，箍筋弯钩的弯折角度不应小于 135°，弯折后平直段长度不应小于箍筋直径的 10 倍。

问题2：事件二中，钢结构网架构件加工前应进行的工作还有哪些？焊工直接上岗施焊是否妥当？说明理由。

【答案】

(1) 加工前应进行的工作还有：提料、备料、工艺试验和工艺规程的编制、技术交底。

(2) 焊工直接上岗施焊不妥。

理由：焊工属于特种作业人员，离岗超过 6 个月需重新进行实际操作考核，考核合格后方可上岗作业。

问题3：事件三中，预制墙板还应进行哪些项目的现场试验与测试？外墙板接缝的淋水试验如何进行？

【答案】

(1) 预制墙板还应进行的现场试验与测试包括：

① 外门窗安装部位的现场淋水试验；

② 现场隔声测试；

③ 现场传热系数测试。

(2) 外墙板接缝的淋水试验：每1000m² 外墙（含窗）面积应划分为一个检验批，不足1000m² 时也应划分为一个检验批；每个检验批应至少抽查一处，抽查部位应为相邻两层4块墙板形成的水平和竖向十字接缝区域，面积不得少于10m²，进行现场淋水试验。

知识点 引申

装配式建筑外围护系统质量验收应检查的文件和记录

（1）竣工图或施工图、性能试验报告、设计说明及其他设计文件。
（2）外围护部品和配套材料的出场合格证、进场验收记录。
（3）施工安装记录。
（4）隐蔽工程验收记录。
（5）施工过程中重大技术问题的处理文件、工作记录和工程变更记录。

问题4：事件四中，可回收利用的建筑垃圾还有哪些？
【答案】
（1）剔凿产生的砖石和混凝土碎块；
（2）打桩截下的钢筋混凝土桩头；
（3）砌块碎块；
（4）废旧木料；
（5）塑料。

案例 86

▶▶ 知识点索引

（1）特种作业操作资格证
（2）塔吊和物料提升机的安全防护装置
（3）施工电梯投入使用前检查内容、需停止作业的恶劣天气
（4）安全检查评分

 背景资料

某住宅工程位于市中心地带，建筑面积共36800m²，地上27层，地下2层，框架-剪力墙结构。垂直运输机具为塔吊、施工电梯以及物料提升机；3层以下采用落地式钢管脚手架，从4层开始使用悬挑式脚手架。现场监理机构要求施工机械、设备使用及操作相关人员应具备相应的资格，同时现场应加强对现场垂直运输机械安全防护装置的日常检查。

项目采用SC200/200V型高速施工电梯运输人员及材料。在施工电梯安装完毕且检查验

收合格后，投入了使用。为了避免恶劣天气带来的安全隐患，监理工程师要求雷雨等天气应停止作业。

针对该建筑安装工程检查评分汇总表，已填入汇总表的项目及分值见下表。未填入的分项表与分值如下："塔式起重机与起重吊装""物料提升机与外用电梯"两项表的实得分分别为81分、86分。该工程使用了多种脚手架，落地式脚手架实得分为80分，悬挑式脚手架实得分为82分。

检查评分汇总表

单位工程名称	建筑面积（m²）	结构类型	总计得分（满分100分）	安全管理（满分10分分值）	文明施工（满分15分分值）	脚手架（满分10分分值）	基坑工程（满分10分分值）	模板工程（满分10分分值）	高处作业（满分10分分值）	施工用电（满分10分分值）	物料提升机与外用电梯（满分10分分值）	塔式起重机与起重吊装（满分10分分值）	施工机具（满分5分分值）
××住宅	36800	框剪		8.2	12		8.4	8.3	8.2	8.1			4

评语：

| 检查单位 | | 负责人 | | 受检项目 | | 项目经理 | |

问题1：本工程所用垂直运输机具的哪些人员需具备操作资格证书后方可上岗？

【答案】

（1）塔吊：起重机械安装拆卸工、起重司机、信号工、司索工。

（2）施工电梯：司机（即操作工）。

（3）物料提升机：操作工。

问题2：塔吊和物料提升机的安全防护装置有哪些？（至少写5项）

【答案】

（1）塔吊安全防护装置：动臂变幅限制器、行走限位器、力矩限制器、吊钩高度限制器、行程限位开关。

（2）物料提升机安全防护装置：安全停靠装置、断绳保护装置、楼层口停靠栏杆（门）、吊篮安全门、上料口防护棚、上极限限位器、下极限限位器、紧急断电开关、信号装置、缓冲器、超载限制器、通信装置。

问题3：施工电梯投入使用前应检查内容有哪些？还有哪些恶劣天气也应停止施工电梯运行？

【答案】

1. 施工电梯投入使用前应检查内容：

（1）限位安全装置；

(2) 制动；
(3) 楼层站台、防护门、上限位及前、后门限位；
(4) 运转情况。

2. 施工电梯应停止运行的恶劣天气还有：6级及以上大风、大雾、导轨结冰。

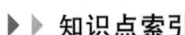

施工电梯需停止运行的情况

(1) 天气恶劣，如雷雨、6级及以上大风、大雾、导轨结冰等情况。
(2) 灯光不明，信号不清。
(3) 机械发生故障，未彻底排除。
(4) 钢丝绳断丝磨损超过规定。

问题4：计算未填入汇总表的各分项检查分值，并计算本工程总计得分。
【答案】
(1) "塔式起重机与起重吊装"分项检查分值：10×81/100＝8.1分。
(2) "物料提升机与外用电梯"分项检查分值：10×86/100＝8.6分。
(3) "脚手架"：
"脚手架"实得分：(80+82)/2＝81分。
"脚手架"分项检查分值：10×81/100＝8.1分。
(4) 本工程总计得分：8.2+12+8.1+8.4+8.3+8.2+8.1+8.6+8.1+4＝82分。

案例 87

▶▶ 知识点索引
(1) 基坑验槽
(2) 钢筋加工
(3) 后浇带两侧模板及竖向施工缝处理
(4) 模板工程重大事故隐患
(5) 设备设施安全验收检查对象

背景资料

一商住综合体工程，地下2层，地上16~31层，混凝土结构。由某施工总承包单位中标，合同签订后即进场施工。

事件一：本工程基坑土方开挖结束，由总监理工程师组织相关各方采用轻型动力触探进行基坑验槽，检查了地基持力层的强度等内容，各方一致同意验槽通过。

事件二：现场钢筋加工过程中，钢筋工采用弯曲机对两端进行弯钩加工。

事件三：主体结构标准层严格按照设计图纸预留后浇带，后浇带两侧用快易收口网作为侧模。后浇带混凝土浇筑前，对两侧竖向施工缝进行了处理。

事件四：现场组织安全检查时，发现模板工程的地基基础承载力不满足设计要求，判定为重大事故隐患。监理工程师会同施工方专职安全员重点对塔式起重机等设备设施进行了安全验收检查。

问题 1：轻型动力触探进行基坑验槽时，检查的内容还有哪些？

【答案】

（1）地基持力层的均匀性。

（2）浅埋软弱下卧层或突出硬层。

（3）浅埋的会影响地基承载力或地基稳定性的古井、墓穴和孔洞等。

知识点 引申

地基处理工程验槽

（1）换填地基、强夯地基：应现场检查处理后的地基均匀性、密实度等检测报告和承载力检测资料。

（2）增强体复合地基：应现场检查桩头、桩位、桩间土情况和复合地基施工质量检测报告。

（3）特殊土地基：应现场检查处理后地基的湿陷性、地震液化、冻土保温、膨胀土隔水等方面的处理效果检测资料。

问题 2：钢筋弯曲还可以用哪些工具？钢筋加工还包括哪些？

【答案】

（1）钢筋弯曲还可以用：四头弯筋机、手工弯曲工具。

（2）钢筋加工还包括：调直、除锈、下料切断、接长等。

问题 3：后浇带两侧模板还可以采用什么材料？后浇带混凝土浇筑前两侧竖向施工缝该如何处理？

【答案】

（1）后浇带两侧模板还可以采用：钢板网、铁丝网、小木板。

（2）两侧竖向施工缝处理：凿毛并清理干净，充分湿润，且不得有积水。

问题 4：模板工程还有哪些情形也应判定为重大事故隐患？设备设施安全验收检查的对象还有哪些？

【答案】

1. 模板工程应判定为重大事故隐患的情形还有：

（1）模板工程的地基基础变形不满足设计要求。

（2）模板支架承受的施工荷载超过设计值。

（3）模板支架拆除及滑模、爬模爬升时，混凝土强度未达到设计或规范要求。

2. 设备设施安全验收检查的对象还有：外用施工电梯、龙门架及井架物料提升机、电气设备、脚手架、现浇混凝土模板支撑系统。

知识点 引申

依据《住房城乡建设部关于印发〈房屋市政工程生产安全重大事故隐患判定标准（2022版）〉的通知》建质规〔2022〕2号

第四条 施工安全管理有下列情形之一的，应判定为重大事故隐患：

（1）建筑施工企业未取得安全生产许可证擅自从事建筑施工活动。

（2）施工单位的主要负责人、项目负责人、专职安全生产管理人员未取得安全生产考核合格证书从事相关工作。

（3）建筑施工特种作业人员未取得特种作业人员操作资格证书上岗作业。

（4）危险性较大的分部分项工程未编制、未审核专项施工方案，或未按规定组织专家对"超过一定规模的危险性较大的分部分项工程范围"的专项施工方案进行论证。

第五条 基坑工程有下列情形之一的，应判定为重大事故隐患：

（1）对因基坑工程施工可能造成损害的毗邻重要建筑物、构筑物和地下管线等，未采取专项防护措施。

（2）基坑土方超挖且未采取有效措施。

（3）深基坑施工未进行第三方监测。

（4）出现基坑坍塌风险预兆且未及时处理。

案例 88

知识点索引

（1）工程量清单计价特点

（2）基坑工程专项施工方案

（3）高强度螺栓连接

（4）幕墙子分部工程安全和功能检测项目

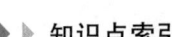
背景资料

钢结构办公楼工程，地下2层，地上18层，钢构件采用高强度螺栓连接，外墙为玻璃幕墙。采用工程量清单计价方式招投标，建设单位按照工程量清单计价的规范性特点，在招标文件中对计价方式、计价风险和清单编制等均做出了统一规定和标准。最终某施工单位中标，签订施工合同后即进场施工。

基坑工程专项施工方案编制完毕后，监理单位审查发现专项方案中施工图纸只有施工总平面布置图，要求施工单位补充完整。

钢构件高强度螺栓连接前，监理工程师提出钢构件的连接摩擦面应保持干燥、清洁，不应有相关缺陷。连接过程中，发现个别部位高强螺栓不能自由穿入，需修整螺栓孔。

装饰装修工程施工完毕验收前，按照规定对相关子分部工程进行安全和功能检测。具有相应资质的第三方对幕墙工程检测了结构胶的相容性和后置埋件的现场拉拔力，检测结果合格。施工单位随即向监理单位申请验收，监理单位以检查项目不全予以拒绝。

问题1：工程量清单计价的特点还有哪些？按照规范性的要求，还有哪些方面需做统一规定和标准？

【答案】

（1）工程量清单计价的特点还有：强制性、统一性、完整性、竞争性、法定性。

（2）需做统一规定和标准还有：分部分项工程量清单编制、招标控制价的编制与复核、投标价的编制与复核、合同价款调整、工程计价表格式。

问题2：基坑工程专项施工方案中的施工图纸还应包括哪些？

【答案】

（1）基坑周边环境平面图；

（2）监测点平面图；

（3）基坑土方开挖示意图；

（4）基坑施工顺序示意图；

（5）基坑马道收尾示意图。

知识点 引申

基坑工程专项施工方案

（1）监测监控措施：内容包括监测组织机构、监测范围、监测项目、监测方法、监测频率、预警值及控制值、巡视检查、信息反馈、监测点布置图等。

（2）验收内容：包括基坑开挖至坑底且变形相对稳定后支护结构顶部水平位移及沉降、建（构）筑物沉降、周边道路及管线沉降、锚杆（支撑）轴力控制值、坡顶（底）排水措施和基坑侧壁完整性。

问题3：高强度螺栓连接时，钢构件连接摩擦面不得有哪些缺陷？写出高强度螺栓不能自由穿入时修整螺栓孔的工具。

【答案】

（1）不得有缺陷：飞边、毛刺、焊接飞溅物、焊疤、氧化铁皮、污垢等。

（2）修整螺栓孔的工具：铰刀、锉刀。

知识点 引申

经表面处理后的高强度螺栓连接摩擦面

应符合下列规定：

（1）连接摩擦面应保持干燥、清洁，不应有飞边、毛刺、焊接飞溅物、焊疤、氧化铁皮、污垢等。

（2）经处理后的摩擦面应采取保护措施，不得在摩擦面上做标记。

（3）摩擦面采用生锈处理方法时，安装前应以细铁丝刷垂直于构件受力方向除去摩擦面上的浮锈。

问题4：幕墙子分部工程安全和功能检测项目还有哪些？幕墙子分部工程包括哪些分项工程？

【答案】

1. 幕墙子分部工程安全和功能检测项目还有：

（1）硅酮结构胶的剥离粘结性；

（2）槽式预埋件的现场拉拔力；

（3）幕墙的气密性、水密性、抗风压性能及层间变形性能。

2. 分项工程有：玻璃幕墙安装、金属幕墙安装、石材幕墙安装、人造板材幕墙安装。

案例 89

知识点索引

（1）申请领取施工许可证条件

（2）企业安全生产费用

（3）钢桩施工结束后检验内容

（4）建筑垃圾监管技术

背景资料

某建设工程项目，地下2层，地上18层，钢筋混凝土结构，钢桩筏板基础。经过公开招投标，由某施工企业中标。

在项目开工之前，建设单位已经依法依规办理了该工程用地批准手续，并已经确定了有效的施工企业，随即向住房城乡建设部门申请领取施工许可证。住房城乡建设部门以条件不完全具备拒绝，要求建设单位完善相关条件。

施工合同约定建设单位于开工后一个月内支付30%的安全生产费用，竣工决算后结余部分由双方对半分配。过程中，施工单位将配置应急救援技术装备、现场作业人员安全防护用品支出、安全生产管理人员薪酬等费用从企业安全生产费用中列支。

钢桩施工结束后，建设单位委托具有资质的第三方对桩位偏差等进行检验，检验结果合格。

为响应住房城乡建设部门创建智慧工地的要求，施工单位高度集成射频识别、车牌识别等技术，建立施工现场建筑垃圾综合监管信息平台，对建筑垃圾申报、识别等环节进行信息化管理。

问题1：建设单位申请领取施工许可证还应具备哪些条件？
【答案】
（1）取得建设工程规划许可证。
（2）施工场地已经基本具备施工条件，需要征收房屋的，其进度符合施工要求。
（3）有满足施工需要的资金安排、施工图纸及技术资料。
（4）有保证工程质量和安全的具体措施。

问题2：合同对安全生产费用的约定有哪些不妥，说明理由。
【答案】
不妥1：开工后一个月内支付30%的安全生产费用。
理由：应支付至少50%的安全生产费用。
不妥2：结余部分由双方对半分配。
理由：应退回建设单位。
不妥3：安全生产管理人员薪酬从企业安全生产费用中列支。
理由：企业职工薪酬、福利不得从企业安全生产费用中支出。

知识点 引申

依据《企业安全生产费用提取和使用管理办法》

建设工程施工企业安全生产费用应当用于以下支出：
（1）完善、改造和维护安全防护设施设备支出。
（2）应急救援技术装备、设施配置及维护保养支出，应急救援队伍建设、应急预案制订修订与应急演练支出。
（3）工程项目安全生产信息化建设、运维和网络安全支出。
（4）安全生产检查、评估评价、咨询和标准化建设支出。
（5）配备和更新现场作业人员安全防护用品支出。
（6）安全生产宣传、教育、培训和从业人员发现并报告事故隐患的奖励支出等。

问题3：钢桩施工结束后检验的内容还有哪些？
【答案】
检验内容还有：断面尺寸、桩长、矢高。

知识点 引申

依据《建筑与市政地基基础通用规范》GB 55003—2021

5.4.3 桩基工程施工验收检验，应符合下列规定：

（1）工程桩应进行竖向承载力检验。承受水平力较大的桩应进行水平承载力检验，抗拔桩应进行抗拔承载力检验。

（2）灌注桩应对桩长、桩径和桩位偏差进行检验。

（3）混凝土预制桩应对桩位偏差、桩身完整性进行检验。

（4）钢桩应对桩位偏差、断面尺寸、桩长和矢高进行检验。

（5）人工挖孔桩终孔时，应进行桩端持力层检验。

问题4：施工现场建筑垃圾综合监管信息平台需集成的技术还有哪些？该平台还可对建筑垃圾哪些环节进行信息化管理？

【答案】

（1）需集成的技术还有：卫星定位系统、地理信息系统、移动通信等。

（2）还可对建筑垃圾以下环节进行信息化管理：计量、运输、处置、结算、统计分析等。

案例 90

知识点索引

（1）工程进度检查内容

（2）施工进度调整的内容

（3）地基基础包含子分部工程、地下防水子分部工程包括的分项工程

（4）预制构件进场实体检验

（5）建筑节能分部工程验收合格条件

背景资料

某住宅小区，各单体住宅楼首层及以下为现浇混凝土结构，2层及以上为装配式混凝土结构。工期为300d。

由于工期紧张，建设单位要求施工方在施工过程中实时检查工程进度，同时强调过程中进度偏差通过资源供应的调整来纠正。

基础工程施工完毕后，施工单位将其划分成若干个子分部工程向监理单位申请地基基础分部工程验收。监理单位针对地下防水子分部工程再次分解为主体结构防水等分项工程来验收。

住宅楼装配式外墙板生产完毕后，厂家将预制外墙板运抵施工现场，向监理单位提供产品合格证和相关检测报告后，即要求进场。由于生产过程没有驻厂监督，监理单位要求对预制外墙板进行相关实体检验，满足规定后方可进场。

节能分部工程验收时，施工单位认为各分项工程已全部合格并且质量控制资料完整，建筑节能分部工程应认定为验收合格，被监理单位拒绝。

问题1：工程进度检查内容有哪些？施工进度调整的内容还有哪些？

【答案】

(1) 工程进度检查内容有：

① 审核计划进度与实际进度的差异。

② 审核形象进度、实物工程量与工作量指标完成情况的一致性。

(2) 施工进度调整的内容还有：施工内容、工程量、起止时间、持续时间、工作关系等。

问题2：写出地基基础分部工程包含的子分部工程。补充地下防水子分部工程包括的分项工程。

【答案】

(1) 子分部工程包括：地基、基础、基坑支护、地下水控制、土方、边坡、地下防水。

(2) 地下防水子分部工程包括的分项工程还有：细部构造防水、特殊施工法结构防水、排水、注浆。

问题3：预制外墙板实体检验内容包括哪些？

【答案】

(1) 主要受力钢筋数量、规格、间距、保护层厚度。

(2) 混凝土强度。

问题4：建筑节能分部工程验收合格应具备的条件还有哪些？

【答案】

(1) 外墙节能构造现场实体检验结果应对照图纸进行核查，并符合要求。

(2) 建筑外窗气密性能现场实体检验结果应对照图纸进行核查，并符合要求。

(3) 建筑设备系统节能性能检测结果应合格。

(4) 太阳能系统性能检测结果应合格。

案例 91

▶▶ 知识点索引

(1) 主要材料月度需求计划内容

(2) 岗前教育培训内容

(3) 人工挖孔桩安全控制要点
(4) 不合格材料退场记录

背景资料

某综合体工程，包括1栋低层商业、2栋办公楼，人工挖孔桩基础。某施工单位中标，签订施工合同后即进场施工。

为了保证企业物资采购部门工作的顺利开展，项目部开工前编制了主要材料月度需求计划，内容包括产品名称、规格型号等，报送给企业物资采购部门备案。物资采购部门通过招标采购确定材料供应商。

由于本项目工期紧张，施工方要求劳务分包方增加生产工人。该批次生产工人进场后，按照相关规定进行了安全生产法律法规和规章制度等内容的岗前教育培训。监理单位要求完善岗前教育培训内容。

人工挖孔桩施工过程中，桩孔内作业人员紧握吊绳上下井，每周都对井内有毒有害气体成分和含量进行检测，同时要求钻孔深度超过12m的桩孔应配专门向井下送风的设备。

某批次钢筋进场复验结果不合格，施工方项目物资管理部门报请监理工程师见证退场，并填写不合格材料退场记录，内容包括钢筋型号、规格、数量等。退场记录经相关人员签字后确认。

问题1：主要材料月度需求计划内容还有哪些？确定材料供应商的方式还有哪些？

【答案】
(1) 内容还有：单位、数量、主要技术要求（含质量）、进场日期、提交样品时间等。
(2) 确定材料供应商的方式还有：邀请报价、零星采购等。

知识点 引申

项目常用的材料计划

项目常用的材料计划包括：单位工程主要材料需用计划、主要材料年度需用计划、主要材料月（季）度需求计划、半成品加工订货计划、周转料具需用计划、主要材料采购计划、临时追加计划等。

问题2：生产工人岗前教育培训内容还有哪些？

【答案】
(1) 安全操作规程。
(2) 针对性的安全防护措施。
(3) 违章指挥、违章作业、违反劳动纪律产生的后果。
(4) 预防、减少安全风险，以及紧急情况下应急救援的基本知识、方法和措施。

问题3：指出人工挖孔桩作业过程中的不妥之处，并写出正确做法。

【答案】
不妥1：作业人员紧握吊绳上下井。

正确做法：必须设置应急软爬梯供人员上下井。

不妥2：每周监测井内有毒有害气体。

正确做法：每日开工前必须检测。

不妥3：钻孔深度超过12m的桩孔应配专门向井下送风的设备。

正确做法：钻孔深度超过10m的桩孔就应配置向井下送风的设备。

问题4：不合格材料退场记录内容还有哪些？退场记录需经哪些单位和人员签字确认？

【答案】

（1）不合格材料退场记录内容还有：运输车辆、见证人员、退场照片等。

（2）退场记录需经供应商、施工单位、监理工程师签字确认。

案例92

▶▶ 知识点索引

材料单价

背景资料

某项目部购买800mm×800mm×5mm的地砖3900块，由A、B、C三地采购，相关信息见下表。材料运输损耗率2.0%，采购及保管费率为3.0%，检验试验费率为0.8%。

地砖采购信息表

序号	货源地	数量（块）	购买价（元/块）	运输单价（元/m²·km）	运输距离（km）	装卸费（元/m²）
1	A	936	36	0.04	90	1.25
2	B	1014	33	0.04	80	1.25
3	C	1950	35	0.05	86	1.25
合计		3900				

问题：计算材料价格是每平方米多少元？

【答案】

（1）各地材料购买的比重。

A地比重=936÷3900=24%

B地比重=1014÷3900=26%

C地比重=1950÷3900=50%

（2）每平方米地砖的块数：1÷（0.80×0.80）=1.5625块/m²。

（3）材料原价：(36×24%+33×26%+35×50%)×1.5625=54.25元/m²。

(4) 运输费：0.04×90×24%+0.04×80×26%+0.05×86×50%=3.85 元/m²。

(5) 运杂费：3.85+1.25=5.10 元/m²。

(6) 运输损耗费：(54.25+5.10)×2.0%=1.19 元/m²。

(7) 采购及保管费：(54.25+5.1+1.19)×3.0%=1.82 元/m²。

(8) 材料单价：54.25+5.1+1.19+1.82=62.36 元/m²。

案例 93

▶▶ 知识点索引

价值工程

背 景 资 料

某项目通过调研分析，了解到外墙的功能主要是抵抗水平力（F_1）、挡风防雨（F_2）、隔热防寒（F_3）。现有设计方案为陶粒混凝土板，成本是 345 万元，其中抵抗水平力的功能占成本的 60%，挡风防雨的功能占成本的 16%，隔热防寒的功能占造价成本的 24%。这三项功能的重要程度比为 $F_1:F_2:F_3=6:1:3$。

问题：对该现有方案做出评价。如果限额设计目标成本为 320 万元，每项功能的成本改进期望值是多少？每个功能的成本控制如何进行？

【答案】

(1) 计算功能评价系数。

功能	重要度比值	得分	功能评价系数
F_1		6	0.6
F_2	$F_1:F_2:F_3=6:1:3$	1	0.1
F_3		3	0.3
合计		10	1

(2) 计算价值系数。

功能	功能评价系数	成本系数	价值系数
F_1	0.6	0.6	1.0
F_2	0.1	0.16	0.625
F_3	0.3	0.24	1.25

由上表计算结果可知，抵抗水平的功能与成本匹配较好；挡风防雨的功能不太重要，应

降低成本；隔热防寒的功能比较重要，应适当增加成本。

（3）计算成本改进期望值。

功能	功能评价系数 ①	成本系数 ②	目前成本 ③=345×②	目标成本 ④=320×①	成本改进期望值 ⑤=③−④
F_1	0.6	0.6	207.0	192	15
F_2	0.1	0.16	55.2	32	23.2
F_3	0.3	0.24	82.8	96	−13.2

注：计算目标成本时，要求各功能的价值系数越接近1越好。故价值系数等于1时，根据价值工程公式$V=F/C$，目标成本系数等于功能系数。故目标成本等于总目标成本乘以功能评价系数。

（4）每个功能的成本控制。

首先，降低F_2的成本，降低23.2万元。

其次，降低F_1的成本，降低15万元。

最后，增加F_3的成本，增加13.2万元。

案例 94

▶▶ **知识点索引**

网络图转化流水施工

背 景 资 料

某办公楼工程，建筑面积$6800m^2$，框架结构，基础工程分为两个流水施工段组织流水施工，根据工期要求编制了该基础工程的施工进度计划，并绘制了施工双代号网络计划图（时间单位：d），如下图所示。

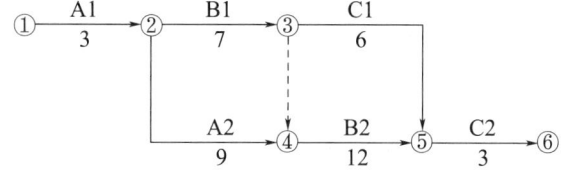

问题1：指出基础工程网络计划的关键线路（用工作名称表示），写出该基础工程计划工期。

【答案】

关键线路：A1→A2→B2→C2。

计划工期：3+9+12+3=27d。

问题 2：按照双代号网络图绘制流水施工横道图。

【答案】

（1）绘制流水节拍表。

	施工段一	施工段二
施工过程 A	3	9
施工过程 B	7	12
施工过程 C	6	3

（2）施工过程时间累加。

	施工段一	施工段二
施工过程 A 累加	3	12
施工过程 B 累加	7	19
施工过程 C 累加	6	9

（3）错位相减取大。

$$K_{A-B} \quad 3 \quad 12$$
$$- \quad \quad 7 \quad 19$$
$$\overline{\phantom{K_{A-B}} \quad 3 \quad 5 \quad -19}$$

$K_{A-B}=5d$

$$K_{B-C} \quad 7 \quad 19$$
$$- \quad \quad 6 \quad 9$$
$$\overline{\phantom{K_{B-C}} \quad 7 \quad 13 \quad -9}$$

$K_{B-C}=13d$

（4）绘制流水施工横道图。

分项	2	4	6	8	10	12	14	16	18	20	22	24	26	28
A	①——			②——————										
B				①————————			②————————————							
C										①————————			②——	